U0137601

李约瑟镜头下
的
战时中国科学

Chinese Wartime Science through the Lens of Joseph Needham

湖南教育出版社　长沙

刘晓

[英] 约翰·莫弗特　著

从我初到这里以来，你们的国家和人民所给予我的感受是无与伦比的。这是一个十分混乱的时期，然而正因为此，我能够深入各处城乡的生活（当然东奔西走历尽辛苦）；我踏着孤独的脚步闯入往往是废弃的孔庙、僧院、道观，因而充分欣赏了古树丛中和荒园中传统建筑的壮丽景色。我自由地体验了中国家庭和市集的生活，亲眼看到一个社会在崩溃中等待着即将来临的黎明时所经受的苦难。我说"历尽辛苦"，不是夸张。有时我搭个行军床在荒庙里过夜，有时蜷缩在合作工场的背后。除了免不了的虫蛇百足之外，还有成群的大老鼠。有一次我因为注射了哈夫金疫苗，高烧发到104（华氏）度，卧倒在嘉陵招待所，那些大老鼠总是一夜到天亮在帆布棚顶蹦上蹦下。但是另一方面，我却品尝到了许多好吃的东西，而且常常是在乡村街巷的摊头上。这些吃的东西一般西方人恐怕不大敢欣赏（我们大使馆的一些同事就是如此）。有一年春天早晨，我在江西赣县露天吃到的冰糖豆浆和油条，还有在广东从滚油锅里氽起来就吃的油炸饼，再有冬天在兰州，尽管朔风直穿窗上糊的破纸吹来，火锅和白干儿简直使你的灵魂也暖和起来。这许多好东西我怎么也忘不了。当你想吃甜食的时候，那就学路易·艾黎，到药店去买一罐蜂蜜，涂在叫做"锅盔"的车轮般大的甘肃面饼上一起吃。那完全是一个不同的世界，我永世感激你带我领略了这一切。

李约瑟致鲁桂珍

1944

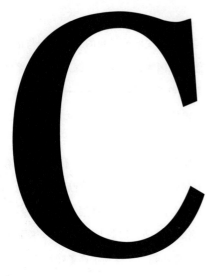

目录

李约瑟的思想和精神遗产　001

1　来华缘起　012

　（1）结缘中国　012

　（2）献给柯如泽　016

　（3）抗战时期科教机构的迁徙及李约瑟考察路线　020

2　重庆中英科学合作馆的建立与贡献　024

　（1）从昆明到重庆　024

　（2）中英科学合作馆的建立　026

　（3）中英科学合作馆的主要人员　044

3　李约瑟战时来华的资料综述　063

1　驻足英国领事馆　073

2　中央研究院与北平研究院　078

　（1）中央研究院化学研究所　078

　（2）中央研究院天文研究所与工程研究所　080

　（3）北平研究院　088

3　西南联合大学与清华大学研究所　098

　（1）西南联合大学　098

　（2）清华大学特种研究所　101

　（3）清华大学国情普查研究所　114

001
Foreword
前言

009
P
Preface
序章
雪中送炭的朋友

069
1
Part One
第一章
昆明初见
——研究院、西南联大与防疫处

4 其他研究和教学机构　*120*

（1）中国医药研究所　*120*

（2）中央机器厂　*125*

（3）国立云南大学　*128*

（4）云南大学—燕京大学社会学实习调查工作站　*132*

（5）中央防疫处　*138*

（6）云南省地质矿产调查所　*147*

5 小结　*153*

1 初到重庆　*156*

2 沙磁文化区　*162*

（1）中央大学　*163*

（2）重庆大学　*170*

（3）国立中央工业专科学校　*174*

（4）南开大学经济研究所　*178*

3 北碚科教中心　*180*

（1）中央地质调查所　*181*

（2）中央研究院动植物研究所　*190*

（3）中央研究院气象研究所　*194*

（4）国立编译馆　*197*

（5）中央工业试验所　*202*

（6）中央农业实验所　*209*

（7）中国科学社　*212*

（8）中国地理研究所　*216*

（9）复旦大学　*217*

155

2

Part Tow

第二章

陪都春秋

——沙磁、北碚与歌乐山

4 歌乐山科教机构 *220*

（1）卫生署中央卫生实验院 *220*

（2）上海医学院 *224*

（3）九龙坡区国立交通大学 *231*

5 资源委员会与企业 *236*

（1）资源委员会工矿产品展览会 *236*

（2）中央汽车运输配件厂 *243*

（3）天府煤矿 *246*

（4）天原电化厂 *258*

6 小结 *264*

1 沿途风景 *268*

（1）农业立国 *269*

（2）资中燃料酒精工厂 *280*

（3）自流井的盐井 *286*

（4）灌县都江堰 *290*

2 成都教育与研究机构 *294*

（1）华西坝五校 *294*

（2）国立四川大学 *320*

（3）四川省农业改进所 *330*

（4）苏坡桥科学仪器供应厂和四川机械公司 *336*

（5）中央大学医学院 *349*

（6）成都印象 *351*

3 乐山 *356*

（1）乐山风景 *356*

267

3

Part Three

第三章

天府之国

——成都、乐山与李庄

（2）武汉大学　*360*

（3）中央工业试验所木材试验室　*372*

（4）中央技艺专科学校　*379*

（5）永利化学工业公司　*380*

4　李庄　*382*

（1）江阔云低　*382*

（2）禹王宫里的同济大学　*386*

（3）中央研究院历史语言研究所　*398*

（4）中央研究院社会科学研究所　*402*

（5）中国营造学社和中央博物院筹备处　*404*

（6）兵工署第23兵工厂　*406*

5　李大斐的成都之行　*408*

6　小　结　*409*

1　重庆到双石铺　*416*

2　双石铺"工合"与培黎工艺学校　*433*

3　塞上明珠　*446*

（1）抵达兰州　*446*

（2）西北防疫处　*456*

（3）西北医院和西北医学校　*468*

（4）资源委员会甘肃机器厂　*471*

（5）国立西北师范学院　*476*

（6）甘肃科学教育馆　*478*

（7）兰州"工合"与培黎工艺学校　*479*

4　西出玉门关　*483*

（1）兰州出发　*484*

（2）山丹与中国工合　*488*

411

4

Part Four

第四章

西北斗柄

——塞上明珠、工合运动

与千佛洞

（3）嘉峪关与老君庙　　*506*

（4）敦煌　　*523*

（5）千佛洞外　　*527*

（6）千年洞天　　*554*

（7）月牙泉　　*565*

5　返程兰州　　*569*

6　小结　　*578*

581

5

Part Five

第五章

跋涉东南

——封锁、瘟疫与大溃败

1　铁路旅行　　*583*

2　曲江　　*587*

（1）岭南大学　　*587*

（2）东吴大学　　*592*

（3）中山大学　　*592*

3　从赣县到长汀　　*602*

（1）赣县工合　　*602*

（2）厦门大学　　*606*

4　临时省会永安　　*615*

（1）福建省研究院　　*621*

（2）福建省气象局　　*622*

（3）福建省地质土壤调查所　　*623*

（4）福建省农事试验场和农学院　　*623*

5　福建疫区　　*625*

（1）华南女子学院　　*626*

（2）松根炼油厂　　*627*

v

（3）暨南大学　*628*

（4）卫生署防疫站　*629*

（5）福建协和大学　*630*

（6）之江大学　*632*

6　穿越火线　*633*

7　广西考察：桂林与良丰　*636*

（1）资源委员会电子工厂　*636*

（2）中央研究院三所　*638*

（3）广西大学　*639*

（4）桂林科学实验馆　*641*

（5）广西建设研究会与广西省立艺术馆　*642*

8　广西考察：八步与沙塘　*643*

（1）平桂矿务局　*648*

（2）中央农业试验所与广西农事试验场　*649*

（3）省立柳州高级农业职业学校　*650*

9　小结　*651*

1　旅途概况　*655*

2　贵阳与安顺　*659*

（1）战时卫生人员训练所　*659*

（2）贵州省立科学馆　*665*

（3）贵阳医学院与湘雅医学院　*666*

（4）中央军医学校　*667*

3　再访昆明　*669*

（1）兵工署第 53 兵工厂　*677*

（2）兵工署第 21 兵工厂安宁分厂　*680*

653

6

Part Six

第六章

西南之旅

——兵工厂、野战医院与远征军

（3）兵工署第 23 兵工厂与资源委员会电厂铜厂　*682*

（4）兵工署第 52 兵工厂与利滇化工厂　*682*

4　滇缅公路西行　*684*

（1）喜洲华中大学　*684*

（2）西行保山　*690*

（3）从喜洲到昆明　*694*

（4）军医署血库　*695*

5　昆明到重庆　*697*

（1）光华化学公司　*697*

（2）贵州大学　*702*

（3）兵工署第 44、53、41 兵工厂　*704*

（4）浙江大学　*706*

6　小结　*718*

725

7
Part Seven

第七章

北方之旅
——华北院校、陇海铁路与炼丹术

1　旅途概况　*727*

2　璧山　*729*

（1）璧山社会教育学院　*729*

（2）唐山工程学院　*730*

（3）艺术学校　*731*

3　从三台到广元　*732*

（1）东北大学　*733*

（2）公路遇险与抗战胜利　*735*

（3）广元工厂　*740*

4　陕西汉中　*742*

（1）国立西北医学院及附属医院　*742*

（2）国立西北大学 *744*

（3）西北工学院 *745*

（4）庙台子 *747*

5　西安 *749*

（1）中央军医学校第一分校 *752*

（2）陕西省省立医学专科学校及省立医院 *753*

（3）陕西省卫生研究所和华西化学制药厂（西安，陕西） *754*

（4）陇海铁路西安机车修理厂 *756*

（5）陕甘宁边区与延安大学 *757*

6　从武功到宝鸡 *767*

（1）西北农学院及武功科研机构 *767*

（2）中国工合西北联合会 *770*

（3）河南大学 *771*

（4）陇海铁路宝鸡机车修理厂 *773*

（5）宝天铁路工程局 *774*

（6）黄河流域水利工程专科学校 *775*

（7）申新纱厂 *776*

（8）楼观台 *777*

（9）秦岭林业管理处 *781*

7　天水及返程 *783*

（1）双石铺 *783*

（2）天水城 *784*

（3）水土保持实验区 *787*

（4）成都拜别 *791*

8　小结 *795*

797

8 Part Eight

第八章

故都巡游

—— 上海、北平与南京

1 送别"雪中送炭"的朋友　*799*

2 上海　*801*

　　（1）上海中央研究院　*801*

　　（2）雷士德医学研究所　*803*

　　（3）军医署国防医学院　*804*

　　（4）食品药物实验室　*804*

　　（5）同济大学与震旦大学　*805*

3 北平　*806*

　　（1）北京大学　*807*

　　（2）清华大学　*810*

　　（3）燕京大学　*810*

　　（4）农林部农业试验站　*811*

　　（5）国立北平图书馆　*812*

　　（6）北平研究院　*812*

　　（7）北京协和医学院　*813*

　　（8）中国大学　*814*

　　（9）中法大学与辅仁大学　*815*

4 南京　*816*

　　（1）家庭团聚　*816*

　　（2）中央研究院　*825*

　　（3）中央大学　*825*

　　（4）金陵大学与金陵女子大学　*826*

　　（5）中央地质调查所　*827*

　　（6）卫生署和中央卫生实验处　*827*

5 从上海到香港　*829*

6 小结　*832*

835 **9** Part Nine

第九章

科学技术

——历史、现在与未来

1　李约瑟对我国战时科技力量情报的调查　*837*

（1）交通基础建设　*838*

（2）基础科学　*838*

（3）重工业　*839*

（4）轻工业　*839*

（5）医药系统　*840*

（6）农业科研机构　*840*

2　李约瑟和科学合作馆的主要工作和贡献　*841*

3　对中国传统科学文明的追寻　*842*

4　国际科学合作事业的开创　*844*

848 References

参考文献

1　李约瑟档案　*848*

2　李约瑟著作及相关研究图书　*848*

3　其他图书　*850*

4　论文　*852*

858 Postscript

后记

后　记　*858*

Certain it is that no people or group of peoples has had a monopoly in contributing to the development of Science. Their achievements should be mutually recognised and freely celebrated with the joined hands of universal brotherhood.

Joseph Needham

Science and Civilization in China Volume 1, Preface

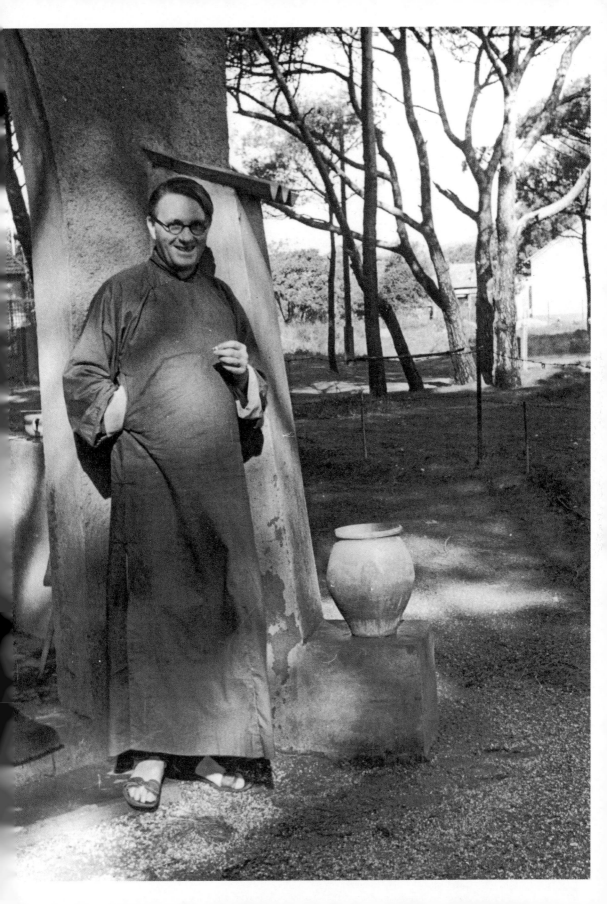

李约瑟的思想和精神遗产

梅建军
（英国剑桥李约瑟研究所）

摆在读者面前的这本书，名为《李约瑟镜头下的战时中国科学》。这是一本很特别的书，其文字朴实，娓娓道来，一段鲜活的历史跃然纸上；一幅幅黑白的图片，多是随手照得，虽难言精美，却珍贵无比。因为这些图片所记录的一切，随着时光的流逝，早已变得淡然而模糊；依循文字的讲解，细细品来，那段特定历史时期的人物风貌、思想碰撞、山河景观和事件演变，依然韵味醇厚，既扣人心弦，又引人深思。

本书的作者是中国科学院大学的刘晓教授和剑桥李约瑟研究所的莫弗特先生（John Moffett）。刘教授专长中国现代科技史，参与过"老科学家学术成长资料采集工程"，著有《国立北平研究院简史》等，对中国现代科学史上的人和事知之甚详。而莫先生担任李约瑟研究所东亚科学史图书馆馆长已达三十余年，对馆藏的各类资料尤其是历史照片了如指掌。他们两位各擅所长，精诚合作，写出这样一本特别的书，不仅全面和细致地描述了李约瑟1943—1946年中国之行的种种作为和见闻，更展现了中国科学家和学者们在极为艰难的情境下依然奋发有为、弦歌不辍的精神风貌。

李约瑟作为一名研究中国科学技术史的学者，为我们留下了皇皇巨著《中国的科学与文明》（SCC，也译作《中国科学技术史》），是一份极为丰富且厚重的学术遗产。作为20世纪的一名思想者，他留下的思想和精神遗产也同样丰富、独特而精彩。只不过，学术界和公众的关注通常都聚焦于其学术遗产和著名的"李约瑟之问"上，而较少深入探究其思想和精神遗产的内涵和意义。在李约瑟一生的经历中，1943—1946 年的中国之行可谓意义重大，因为自此之后他的研究兴趣发生了根本转移，实现了由生物化学家向中国科技史家的蜕变。

李约瑟（Joseph Needham）于 1900 年出生于英国伦敦一个中产阶级家庭。在英格兰著名的昂德尔（Oundle）公学上完中学后，他于 1918 年入剑桥大学学习生物学；1925 年博士毕业后，在霍普金斯爵士（Frederick G. Hopkins, 1861—1947）的实验室中从事化学胚胎学研究，1931 年出版三卷本的专著《化学胚胎学》，成为该学科的创始人。1934 年出版《胚胎学史》。1941 年，李约瑟当选为英国皇家学会会员。可以说，在李约瑟启程赴中国之前，他已是一位功成名就的生物化学家。但鲁桂珍（1904—1991）的出现，悄然间改变了他生命的轨迹。

1937 年，鲁桂珍来到英国剑桥大学攻读博士学位，其指导教师正是李约瑟的夫人李大斐（Dorothy M. Needham, 1896—1987）博士，因此机缘，她与李约瑟相识而相知。通过与鲁桂珍和其他中国学生的接触和交谈，李约瑟对中国文化及其历史产生了浓厚兴趣，并在鲁桂珍鼓励下，开始学习中文，进而产生了去中国进行实地考察的强烈意愿。1942 年，经不懈努力，他终获英国政府派遣前往中国，身份为英国驻华大使馆科学参赞。1943 年初，他抵达战时中国的首都重庆，数月后创立了中英科学合作馆（Sino-British Science Co-operation Office），旨在推进中英科学合作与交流。

1942 年，李约瑟在启程前往中国之前接受了记者的采访，谈到了他中国之行的使命，包括如下四个方面：其一是与政府部门建立密切的联系；其二是调查中国大学的学术需求；其三是探索中英之间教授交流的可能性；其四是做学术演讲，内容包括科学技术及其应用，尤其科学史与文化的关系、科学人文主义和东西方的关系。他还特别指出："迄今尚无一部科学史叙述中国古代哲学家科学思想之起源，致使西方完全不知中国之伟大贡献。"由此可见，李约瑟中国之行的目的主要是加强官方的联系，此外更重要的是调研中国的高等教育和研究机构，探求学术交流的契机，推动中英学术机构之间的合作。

我一直很好奇李约瑟为什么要放下在英国剑桥相对安逸的科学研究工作，跑到战火纷飞的中国四处奔走，忍受种种的艰难和不安定。而且，他抵达中国后，不是想着尽快完成所承担的工作，及早返回英国，而是积极运作，获得英国驻华使馆和英国政府相关部门的经费支持，创立"中英科学合作馆"。与他同期抵达中国的一位来自牛津大学的希腊哲学家陶育礼教授（E. R. Dodds），在中国待了一年，履行了计划中的讲学使命后，很快就返回英国了。李约瑟显然有自己长远的计划，因为成立了中英科学合作馆这样一个常设机构，有了自己的运行经费和工作人员，他便能够制订详细的考察计划，在战时中国的后方东奔西走，不惧艰苦，乐此不疲。后来他还让自己的妻子李大斐博士也到了中国，担任副馆长一职，共同为中英科学合作馆工作。很显然，李约瑟不仅愿意前往中国，而且愿意长时间地在中国生活和体验，近距离地观察和记录战时中国所发生的一切。那么，是什么在激励着他作出这样的选择呢？

　　要回答这个问题，可能要回到李约瑟的中学时代。对李约瑟一生有过长远影响的是昂德尔公学的校长桑德森先生（F. W. Sanderson）。他曾谆谆教导李约瑟和他的同学们："要以开阔的心胸思考问题"，"要找到值得一生去追求的东西"。这两句话对李约瑟的启迪和影响是至为深远的，以至他晚年回想起自己一生的经历时，还会想起这两句话来。可以说，李约瑟之所以要前往中国、之所以要转向研究中国古代的科技文明，在他思想的深处，应该就是要践行桑德森校长的教诲。这背后的驱动因素，应该就是他所怀抱的对东方和中国文化尤其是古代科学技术发展的强烈好奇心和求知欲。李约瑟在中国期间曾给鲁桂珍先生写信，谈到了他在中国的经历所带给他的感受："从我初到这里以来，你们的国家和人民所给予我的感受是无与伦比的。这是一个十分混乱的时期，然而正因为此，我能够深入各处城乡的生活（当然东奔西走历尽辛苦）；我踏着孤独的脚步闯入往往是废弃的孔庙、僧院、道观，因而充分欣赏了古树丛中和荒园中传统建筑的壮丽景色。我自由地体验了中国家庭和市集的生活，亲眼看到一个社会在崩溃中等待着即将来临的黎明时所经受的苦难。我说'历尽辛苦',不是夸张。有时我搭个行军床在荒庙里过夜,有时蜷缩在合作工场的背后。除了免不了的虫蛇百足之外,还有成群的大老鼠……那完全是一个不同的世界,我永世感激你带我领略了这一切。"[1]

读《李约瑟镜头下的战时中国科学》,一个最深切的感受是,李约瑟对践行出使中国的使命是如此尽责、尽力和尽心。自抵中国之后,他可谓马不停蹄地在中国后方各地奔走和考察,详细地记录他所走访的每一所大学和研究机构的现状,包括校舍、图书收藏、实验室设施、研究人员的数量、专长和工作内容。在整个抗战期间,没有人如他那样抱着深厚的同情心,不畏艰难地走访如此多的地方和机构,与如此多的人进行交谈,留下如此细致的观察和记录,包括所拍摄的大量珍贵的图片。要想认识和理解抗战时期中国后方各地知识界学人同仇敌忾、坚忍不拔、迎难而上的精神风貌,没有比李约瑟留下的记录和评语更全面、更直接和更客观的了。李约瑟看到并感受到了中国知识精英在国难当头的境况下所焕发出来的坚韧精神,也从中领悟到,中国文明不仅源远流长,而且蕴含着不可撼动的巨大的精神内涵和力量!

为了让全世界人民及时了解战时中国后方的科学研究和高等教育的状况,李约瑟每完成一项考察,必诉诸笔端,撰写相关的报道,及时发表在英国著名的《自然》杂志上,1943年有5篇,1944年有2篇,1945和1946年各有1篇。抗战结束后,李约瑟和李大斐将这篇文章汇集在一起,加上他和李大斐博士一起撰写的一些工作报告、信件、日记、诗歌和演讲,合编为一本书,名为《科学前哨》(Science Outpost)[2]。在此之前的1945年,李约瑟还汇集了他在中国拍摄的大量照片以及朋友赠送的有关陕北解放区科学研究状况的照片,在伦敦出版了《中国科学》(Chinese Science)的画册[3]。1947年,徐贤恭和刘建康挑选并翻译了李约瑟发表的6篇在华考察的文章和3篇演讲的文章,汇为一集,由上海中华书局以《战时中国之科学》的书名出版[4]。1952年,张仪尊将《科学前哨》编译为《战时中国的科学》(上、下册)[5],由台北中华文化出版事业委员会出版。1999年,在王钱国忠的积极推动和努力下,余廷明等人重新翻译了《科学前哨》和《中国科学》,以《李约瑟游记》之名由贵州人民出版社出版，并收入了《李约瑟研究著译书系》[6]。

2000 年 12 月 9 日，为纪念李约瑟百岁诞辰，位于台湾高雄的科学工艺博物馆与李约瑟研究所合作，举办了题为"李约瑟与抗战时中国的科学"展览，首次展出了与李约瑟生平相关的大量实物和图片资料，包括他 1943—1946 年在中国考察期间所使用的证件、名片、地图、笔记本，所收到的信件、聘书、奖章，以及砚台、书法和绘画礼品等。配合这一展览还出版了题为《李约瑟与抗战时中国的科学》特展图册，其中收录了李约瑟研究所第二任所长何丙郁教授撰写的短文，其论及李约瑟《中国的科学与文明》所带来的变化，有这样一段精彩的评论："一切一切的转变，实现了李博士大约五十年前的愿望，世人看中国的眼光，不再如此带着偏见，反能从人类文化发展的大环境欣赏其文明。'要研究人类精神及物质发展史，就不可能不研究中国科技史'，这已是新一代东西方学者的共识，也是李博士终其一生最大之成就，对后世最深邃的影响。"[7]

2015 年 9 月，李约瑟研究所与英国布里斯托大学合作，利用李约瑟 1943—1946 年在中国拍摄的大量照片，举办了题为《李约瑟镜头下的战时中国科学》图片展览，在剑桥大学开放日向社会公众开放。李约瑟研究所的莫弗特馆长和布里斯托大学的戈登·巴雷特博士 (Gordon Barrett) 精心策划和布置了这一图片展。自 2016 年以来，这一展览被安排在香港中文大学、香港大学、香港弘立书院、深圳大学等教育机构中展出，获得了广泛的关注和好评。这一展览的成功也直接促成了《李约瑟镜头下的战时中国科学》一书的写作。

李约瑟本人十分看重他 1943—1946 年在中国生活和旅行的这段独特的经历。1948 年，在向剑桥大学出版社提交《中国的科学与文明》写作计划的信件中，他这样写道："从 1942 年到 1946 年的四年间，我在中国处于一个特别有利的位置，既不是纯粹的政府官员，也不是商业人士或传教士，而是一个科学和文化合作使团的负责人。我极其幸运，因为我的职责使我能够在战时中国后方的广大区域做深入的考察，而且我不会放过任何机会就中国的科学与文明这一主题向中国学者讨教，并留下笔记。我也有幸积累了一批优秀的相关中文书籍，并安然无恙地运回剑桥，现在正为我所用。因此，我只能当仁不让，因为这是天时、地利与人和赋予我的责任。"[8]

在1954年出版的《中国的科学与文明》第一卷的序言中，李约瑟谈到了写作这部著作的作者必须具备的六项综合条件：其一是具备科学素养，并从事过多年的科学研究；其二是熟悉欧洲科学史，并从事过某一方面的研究；其三是了解欧洲历史上科学技术发展的社会背景和经济背景；其四是亲身体验过中国人的生活，并有机会在中国各地做过广泛的旅行；其五是懂得中文，有能力查阅中文文献；其六是有幸得到过广泛领域的中国科学家和学者们的指导[9]。可以看出，这六项综合条件中，至少有两项与他20世纪40年代在中国生活的这段经历直接相关，即亲身体验过中国人的生活，有机会与一大批中国的科学家和学者建立密切的联系，并得到他们的指导和帮助。那么，为什么在中国的生活经历，以及与中国科学家和学者的交往如此重要呢？读完眼前这本《李约瑟镜头下的战时中国科学》一书，我相信读者们自会找到答案。在我看来，李约瑟之所以如此看重这段在中国生活和旅行的经历，在于他从中找到了值得自己一生去追求的事业，那就是通过东西方文明的互鉴，增进东西方之间的了解，从而为人类的未来开辟一条合作和共同繁荣的和平道路。

这样一本书在今天出版有什么特别的意义呢？或者说为什么在今天还要出版这样一本书？是为了回顾抗战时期中国科学的发展吗？是为了更好地了解李约瑟在战时中国的考察经历吗？抑或是为了让读者们更充分地分享李约瑟在战时中国所拍摄的大量图片？毕竟这些图片是极具史料价值的珍贵资料。在我看来，仅仅从这样的视角去看待这本书的出版动机和价值，未免有些过于狭隘。如果我们能从李约瑟一生所从事的中国科技史研究事业，来反观他在抗战时期中国的考察经历，我们就能意识到，正是这一经历奠定了李约瑟后半生著述事业的基础及其精神内涵。因此，在今天出版这本书，其意义不仅在于保存完整而珍贵的历史资料，更在于进一步地认识、发掘和揭示李约瑟的思想和精神遗产！

英国学者利昂·罗恰（Leon A. Rocha）在 2016 年发表的一篇论文中指出，李约瑟的思想"包含了政治远见、开放精神和道德要求，值得我们继承！"因为他的思想表明：现代科学和医学远未完结，仍处在发展之中；它们对"真理"可能并不具有垄断性；非西方的文化也有可能修正人们获取真知的途径和方法；而研究非西方文化中的科学和医学史将有助于构建一种多元化的科学，不仅完全认同自然和现实的复杂性，而且包容来自不同阶级、性别、民族和文化的片面视角。罗恰的评论反映了新一代欧美学者仍在反思李约瑟的思想和精神遗产，并肯定其积极的长远的价值和意义。从这样的视角看，刘晓教授和莫弗特先生撰写的这本《李约瑟镜头下的战时中国科学》来得非常及时，必将进一步推动学界对李约瑟思想和精神遗产的研究，也必将推动对中国现代科学史的研究。我在此要向刘教授和莫先生表示祝贺和感谢，祝贺他们所取得的这一重要的学术研究成果，感谢他们为此所付出的长达数年之久的辛勤研究与写作！

1. 鲁桂珍. 李约瑟的前半生 [A]// 李国豪，等. 中国科技史探索 [C]. 上海：上海古籍出版社，1986: 37-38.

2. Needham, J. & Needham, D.(eds). Science Outpost: Papers of the Sino-British Science Co-operation Office(British Council Scientific Office in China) 1942—1946[C]. London: The Pilot Press Ltd., 1948.

3. Needham, J. Chinese Science. London: Pilot Press Ltd., 1945.

4. 李约瑟. 战时中国之科学 [C]. 徐贤恭，刘健康，译. 书林书局，1947.

5. 李约瑟，李大斐. 战时中国的科学 [C]. 张仪尊，译. 台北：中华文化出版事业委员会，1952.

6. 李约瑟，李大斐. 李约瑟游记 [C]. 余廷明等，译. 贵阳：贵州人民出版社，1999 年.

7. 何丙郁. 李约瑟研究所暨附设东亚科学史图书馆简介 [A]// 王玉丰. 李约瑟与抗战时中国的科学 [C]. 高雄：科学工艺博物馆，2000: 16.

8. Ho Peng Yoke. The Needham Research Institute and East Asian History of Science Library[A]// 王玉丰. 李约瑟与抗战时中国的科学 [C]. 高雄：科学工艺博物馆，2000: 21.

9. Joseph Needham, Science and Civilisation in China, Vol. 1, Introductory Orientations[M]. Cambridge: Cambridge University Press, 1954:6.

P

序章　雪中送炭的朋友

第二次世界大战后期，中英两大主要盟国的关系升温，进入了全面合作的新阶段。在世界主要国家均已参战，反法西斯阵营同仇敌忾的关键时刻，受英国文化委员会派遣，皇家学会会员、剑桥大学生化学家李约瑟不远万里来华，为当时艰苦卓绝的中国科学教育事业提供了物质和道义上的援助。提到李约瑟，除了皇皇巨著《中国科学技术史》外，他本人的来华经历和见闻也已成为中国现代科学史上的研究热点之一，尤其是战时来华"雪中送炭"的三年（1943 年 2 月—1946 年 3 月）更是堪称传奇。

作为战时中英之间科学、教育、文化合作的代表性人物之一，李约瑟来华之前，便已开始探讨"中国对科学史和科学思想史的贡献"问题，而通过深入全面的实地考察，广泛接触中国科学界，引发了他对中国科学的现实和未来的思考。看到古庙里的课堂，山洞里的兵工厂，战地的军医院，道教的圣地……他用当时在中国颇为稀有的相机，拍摄了流落在穷乡僻壤的文化遗迹和科教星火。他意识到这批资料的珍贵，希望"不久在英国和美国出一本影集，取名为《战时中国的科学与技术》"。

在中国现代科技史上，抗战时期的文献资料尤其是照片资料一直较为缺乏，因而李约瑟保存下来的这批资料显得极为珍贵。本书将以他的报告、日记、书信为基础，穿插一幅幅的照片，全面讲述他在华的所见所闻，以缅怀现代中国那段科教事业颠沛流离而又弦歌不辍的岁月，彰显老一辈科学家和教育工作者历尽艰辛而又矢志不移的精神风貌和家国情怀。

李约瑟和汤飞凡　昆明西山，1944 年 8 月 21—28 日

1

来华缘起

（1）结缘中国

李约瑟战时来华的动因和身份，根据英国剑桥大学图书馆和英国国家档案馆的资料，前人已有过不少梳理和分析[1]。众所周知，李约瑟与中国的结缘始于 1937 年，三名中国留学生——沈诗章、王应睐和鲁桂珍前往剑桥大学生物化学系攻读博士学位。通过他们，李约瑟了解到中国古代的科学文明。李约瑟后来在《中国科学技术史》(SCC) 第一卷序言的致谢部分写道："他们从剑桥大学带走了什么，这里姑且不提，但他们在剑桥留下来一个宝贵的信念：中国文明在科学技术史中曾起过从来没有被认识到的巨大作用。"他还努力学习中文，"在这一方面，对我影响最大的是鲁桂珍博士"。李约瑟写道，他应当给予他们三人，特别是鲁桂珍作为《中国科学技术史》的"荷尔蒙或招魂者"的荣誉。从那时起，李约瑟就产生了一个想法，想写一部系统的、客观的、可信的关于中国文化区域内的科学、科学思想和技术史的著作。1939 年他和鲁桂珍便合作撰写了《中国营养学史上的一个贡献》。

用一场绯闻来解释皇家学会会员李约瑟从一名生化学家转型为科学史家，显然是难以让人信服的。即使李约瑟本人也意识到：这几位中国朋友对他产生了巨大影响，这种影响大得几乎令人难以理解[2]。综合现有研究，我们可以总结出一些更深层的原因：

其一，李约瑟当时正在经历自己学术生涯的"中年危机"。他似乎预感到，使用传统的化学分析方法和光学显微镜等实验器具，恐怕无法与卡文迪什实验室那些掌握最新 X 光衍射照相技术的年轻人展开竞赛了。要实现个人价值，必须寻求新的突破[3]。李约瑟中年转向中国科技史研究，是在分析自身条件和人生经历的优势后做出的慎重选择，成就也是有目共睹的。

其二，以 1938 年为界，欧洲科学发生了深刻的变化。由于法西斯主义对科学家的迫害，各国科学家转入了秘密研究，主要为各自的政府服务。英国学者素来有关注"科学与社会联系"的传统，李约瑟和他的剑桥左翼科学家朋友都开始思考科学家的工作与周围的社会和经济现象之间的关系。贝尔纳(J. D. Bernal，1901—1971) 已在大讲《科学的社会功能》(*The Social Function of Science*，1939)[4]，另一位柯如泽[5](J. G. Crowther，1899—1983) 则于此年开始专注写作《科学的社会联系》(*The Social Relation of Science*，1941)[6]。因此，李约瑟也试图从社会和经济的背景考察现代科学发生并发展于欧洲而不是中国的原因，可谓殊途同归。

其三，李约瑟从中国文化中发现了让自己着迷的因素。他认为中国文化不仅对其本身，而且对评判他自身所处的文化具有无可估量的价值。他从中找到了与自己成长的背景和传统相同及相反的东西。后来更认为"我们愈深入地研究这两种文化，就愈深刻地感到它们就像两个不同的作曲家所谱写的两部交响曲，而其基本旋律却是完全一致的"[7]。当 1938 年圣诞节鲁桂珍在送给李约瑟的书上题字"为民族争光"时，李约瑟将其翻译为"以人类的相互理解为目标"(Towards the people's mutual understanding)[8]。因此不难理解李约瑟在生活上的明显"中国化"，以及越来越浓厚的道家思想。

1939 年 6 月，鲁桂珍提前从剑桥大学毕业，获得博士学位，然而战火阻隔，有家难回。正值第六届太平洋科学会议(1939 年 7 月 24 日—8 月 12 日)在美国伯克利、斯坦福和旧金山召开，中央研究院委托在海外的赵元任、鲁桂珍等四人作为代表参加。7 月底，鲁桂珍动身前往美国，在会议上将他们的研究成果作了题为《中国的维生素 B$_1$ 缺乏症研究》的报告[9]。会后不久，英、法对德宣战，第二次世界大战全面爆发，鲁桂珍不得已滞留美国，进入加州大学伯克利分校医学院工作。

鲁桂珍离开剑桥之际，李约瑟萌生了前往中国的想法。1939 年 7 月，李约瑟向英国援华会 (China Campaign Committee) 试探性地表达了意愿。援华会当时正在组织将物资运往战时的中国，也包括书籍和科学设备。但这种联络性工作并没有立即引起李约瑟的兴趣。

1939 年 11 月，李约瑟再致函中英庚款董事会下设的中国大学委员会 (Universities' China Committee) 以及中国驻英大使，说明自己有中文说写能力，愿意在中国停留一段时间。只是当时中国正值全面抗战初期，节节败退，李约瑟此行的时机尚不成熟。但李约瑟的想法，已经被介绍给在牛津大学推动中英文化合作计划的罗忠恕[10]。罗忠恕随即与李约瑟会面，使李约瑟对中国大学的状况和开展文化交流的必要性有了更深刻的认识。效仿牛津大学，李约瑟在剑桥大学迅速联署了《剑桥大学教授致中国学者及大学教授论中英大学学术合作书》（《剑桥宣言》），发起成立"英中文化合作委员会" (Anglo-Chinese Intellectual Co-operation Committee) 并担任秘书，负责与中国的联络。《剑桥宣言》很快在中国知识界获得了广泛的回应[11]。与此同时，随着英国参战，李约瑟也关注欧洲局势，应理性主义者出版协会 (Rationalist Press) 文学顾问的要求，撰写了关于纳粹打击国际科学与学术的小册子[12]。

因鲁桂珍滞留美国，1940 年 6—11 月，李约瑟前往斯坦福大学和加州大学伯克利分校做长期讲学。利用这次难得的机会，他修订完成了新著《生物化学与形态发生》(*Biochemistry and Morphogenesis*)。其间，英国情报部英美处官员与他接洽，希望他尽可能地多做关于现今欧洲科学一般形势的演讲，要强调纳粹在所有欧洲国家对国际科学和学术的摧残，以唤起美国科学界的警惕。李约瑟利用长期以来积累的学界私人关系，先后访问了美国的 17 个大学和学术机构，出色地完成了这个任务。

返回剑桥后，他一边校对书稿，一边向情报部撰写报告[13]。他已迫不及待地想与一位志同道合的老朋友柯如泽分享这段经历。12月下旬，李约瑟路过伦敦拜访柯如泽，谈论美国的情况。给情报部的报告于 1941 年 1 月 10 日修订完毕，受到了情报部和外交部的高度赞赏。而完稿不到一个星期，他就把这份机密文件送给了柯如泽。柯如泽在回忆录中写道：

> 1940 年李约瑟游历美国，在 5 个月时间里到全美多所科研机构讲学。他把这段经历的详细报告给了我一份。其中包含了许多思想，让他后来的科学外交工作格外出色……
>
> 李约瑟已经表现出他是一名卓越的科学—政治宣传家。[14]

柯如泽的这一印象，是他后来极力推荐李约瑟赴华的重要原因。

1. 段异兵. 李约瑟赴华工作身份 [J]. 中国科技史料, 2004（3）：199-208；王玉丰. 从剑桥大学图书馆李约瑟档案看李约瑟抗战时的使华经过 [M]// 王玉丰. 李约瑟与抗战时中国的科学纪念展专辑. 高雄：科学工艺博物馆, 2001.

2. 李约瑟. 一个名誉道家的成长 [A]// 李约瑟文献中心. 李约瑟研究（第 1 辑）[C]. 上海：上海科学普及出版社, 2000：14.

3. 王晓, 莫弗特. 大器晚成：李约瑟与《中国科学技术史》的故事 [M]. 郑州：大象出版社, 2022：60.

4. Bernal J D.The Social Function of Science [M]. New York：The Macmillan Company, 1939.

5. 柯如泽（J. G. Crowther），也译作克劳瑟、柯罗守、葛罗瑟。苏塞克斯档案馆（Sussex Archive）柯如泽档案里的一页手稿中，有"柯如泽"字样，故作为他认可的中文名字。

6. Crowther J G. The Social Relation of Science [M]. New York：The Macmillan Company, 1941.

7. 李约瑟. 四海之内 [M]. 劳陇, 译. 北京：三联书店, 1987：94.

8. 王扬宗. 李约瑟识小二题 [J]. 科学文化评论, 2005（03）：90-94.

9. 刘亮. 太平洋科学会议及其对民国时期科学发展的影响 [J]. 北京林业大学学报（社会科学版）, 2015（6）：17.

10. 罗忠恕（1903—1985），四川武胜人，1922 年考入华西协合大学医科。1929 年入北平燕京大学哲学研究院。1931 年回华西协合大学任教，1937—1941 年到牛津大学，推动成立牛津大学英中文化交流合作委员会。1941 年回国，继任华西协合大学文学院院长。

11. 王玉丰. 从剑桥大学图书馆李约瑟档案看李约瑟抗战时的使华经过 [M]// 王玉丰. 李约瑟与抗战时中国的科学纪念展专辑. 高雄：科学工艺博物馆, 2001.

12. Needham to Crowther. 1940-1-2. Sussex Archive.

13. Needham, J. Report on four months' tour in the United States, 1941-1-10. Sussex Archive.

14. Crowther J G. Fifty Years with Science[M]. London: Barrie&Jenkins, 1970: 223.

（2）献给柯如泽

翻开《科学前哨》[1] 的扉页背面，正中是该书的题献：

献给 J. G. 柯如泽
英国文化委员会科学部前主任
没有他的设想和不懈支持，本书所描述的事业将永远不会开始或坚持下去

柯如泽是李约瑟的同代人，1917 年进入剑桥大学三一学院。为服务战争，他次年加入了军需部位于朴茨茅斯（Portsmouth）的一个防空实验小组，因此没有在剑桥大学获得学位。但他立志成为一名专职科学记者，1928 年被任命为曼彻斯特《卫报》（*The Guardian*）首位科学通讯员，此后科学写作成为他的主要职业。

《科学前哨》的扉页背面

自 20 世纪 30 年代起，柯如泽作为科学记者，接触到许多著名科学家，他以准确而简洁的概括叙事能力，赢得了学术界的信任。1932 年，他成为李约瑟《化学胚胎学》（*Chemical Embryology*）一书的评论者。1934 年，柯如泽出版《科学的进展：最新物理学、化学和生物学基础研究的报告》（*The Progress of Science: An account of recent fundamental researches in physics, chemistry and biology*），其中关于化学胚胎学的整节介绍，就是基于李约瑟的专著[2]。他们在图书出版方面还有其他多次合作。

而两人之所以能建立起更为紧密的关系，还因为他们具有共同的政治理念。20 世纪 30 年代形成的剑桥左翼科学家群体，包括霍尔丹（J. B. S. Haldane, 1892—1964）、贝尔纳等年轻科学家。他们受到马克思主义思想的影响，尤其都参加过 1931 在伦敦召开的第二届国际科学史大会，让他们对科学的社会作用有了深入的理解。

1941 年 5 月，英国文化委员会（British Council）设立了威廉·布拉格爵士（Sir William Bragg）领衔的科学委员会，柯如泽被任命为秘书。英国文化委员会是一个成立于 1934 年的对外文化宣传机构，主要任务是推广英语和宣传英国，加强英国和其他国家的文化联系。科学最初并不被视为文化交流的一部分。然而，随着该组织活动领域的扩大，科学成为一种有价值的新媒介，驻外科学人员的地位也从专业助手上升为正式的外交官员。而此时正值苏德战争爆发前夕，英国有意加强与苏联的关系，柯如泽等左翼科学家从而进入了对外联络系统。李约瑟得知消息后，立即写信祝贺。

1941 年底，太平洋战争爆发，日本进攻英国的东南亚殖民地，英国亟须加强同中国的政治和军事联系。同时英国也预见到，战后庞大的中国市场将会迅速发展，无疑对英国贸易有重大的利益。因此，1942 年 2 月英国文化委员会和政府各部门的一次联席会议上，讨论了派遣英国驻华文化代表的问题。由于这一职位的重要性，经过冗长的讨论，十多个提名都被否决。

就在讨论因缺乏共识陷入僵局之际，柯如泽提议，李约瑟博士或许是个合适的人选。他解释道，李约瑟是一位杰出的生化学家，长期对中国感兴趣，手下还有做生化研究的中国学生。会议开始认真考虑李约瑟的可能性，许多人也表示支持，于是李约瑟便获得推荐。[3]

2月26日，柯如泽密信李约瑟：

高层提出一项紧急要求，派一名杰出的英国人访问中国的大学，与中国学者和科学家交换消息，并向中国人介绍英国以及英国人的生活和文化。目前向重庆输送任何人员都有巨大的实际困难，前去的人必须要做好应对一切的准备。

如果有可能安排到飞机上必要的座位，你是否考虑接受这个访问中国的邀请？[4]

李约瑟立刻做出了肯定的答复，在3月1日的信中写道："无须多言，我对此非常感兴趣（I need hardly say, interested me very much）。我肯定愿意接受任何提议或邀请，您可以确定地把我的名字提交上去。"[5]

5月20日，柯如泽又告知李约瑟最新的进展，询问他是愿意在重庆任职，还是到其他某所重要的中国大学担任一段时间的讲席。这个地点将作为他的总部，指挥其他中心的活动。

接着，李约瑟与剑桥大学谈妥，校方同意他因服务政府而暂时离职，但停发薪水，费用由文化委员会承担。8月13日，文化委员会科学部正式批准了这一派遣计划，李约瑟领导英国文化委员会驻华办事处（British Cultural Mission to China），科学部下设立办公室，处理与中国的科学交换事宜。

准备赴华期间，李约瑟约见各界朋友，听取建议。1942年7月28日，他先后会见了援华委员会的伍德曼（Dorothy Woodman）和外交部的普拉特爵士（Sir John Pratt）等人。普遍看法是，远东的战后重建将主要依靠美国，如太平洋关系协会（Institute of Pacific Relation）、洛克菲勒基金会（Rockefeller Foundation）等组织。李约瑟认为，在动身去中国前，非常有必要先联系一些美国人。他到中国不能仅是充当外交部的宣传工具，而要做一些永久的善事，就需要设法广泛地利用各种途径，他在美国有很多朋友和经验，因此可以做到。美国驻英大使魏奈特（John G. Winant）也于 8 月 15 日致信文化委员会，建议李约瑟先到美国，与美国相关团体和人士建立联系。[6]

11 月 3 日，李约瑟登上了跨越大西洋的飞机前往美国。在华盛顿、纽约、波士顿、纽黑文等地，走访了战时经济委员会、农业部、国务院文化处等政府部门，会见了美国副总统华莱士、中国驻美大使魏道明等人。李约瑟说，他在华盛顿遇到的最重要人物之一是拉杰曼（Ludwik Rajchman），他是前国联卫生组织负责人，当时在华盛顿的中国军需供应处担任宋子文的顾问。通过交谈，他了解到，联合国（United Nations）现在正组织一个救济与重建理事会（Relief and Reconstruction Board），将在战后相当长一段时间内发挥作用。科学联络与合作的整个问题，在拉杰曼看来，到和平时期应该最终纳入联合国救济与重建理事会的领导。李约瑟写道：人们不难预见到，科学联络的国际组织，将在联合国救济与重建理事会下工作，合适的从事研究的科学家可以被劝离工作岗位 2 ~ 3 年时间来帮助这一世界联络服务组织。[7]

李约瑟随行携带了汉学家修中诚（E. R. Hughes）的一本《古典时代中国的哲学》（*Chinese Philosophy in Classical Times*, London: Dent, 1942），他在扉页上记下了自己的路线：伦敦—纽约—华盛顿—纳塔尔（Natal，巴西）—鱼湖（Fish Lake，利比里亚）—迈杜古里（Maiduguri，尼日利亚）—开罗（埃及）—巴士拉（Basra，伊拉克）—卡拉奇（巴基斯坦）—加尔各答（印度）—昆明—重庆。他可能 11 月 19 日从华盛顿出发，乘坐飞机辗转于 1943 年 2 月 3 日到达印度加尔各答。等到 24 日，再乘坐美国的军用飞机，李约瑟抵达中国昆明。

1. Needham, J.& Needham, D.(eds). Science Outpost: Papers of the Sino-British Science Co-operation Office(British Council Scientific Office in China) 1942-1946[C]. London: The Pilot Press Ltd., 1948.

2. Crowther J G. The Progress of Science[M]. London: K Paul. Trench. Truber&Co.Ltd., 1834:187-214.

3. Crowther J G. Fifty Years with Science[M]. London: Barrie&Jenkins, 1970: 224-235.

4. Crowther to Needham. 1942-2-26. Sussex Archive.

5. Needham to Crowther. 1942-07-28. Sussex Archive.

6. 段异兵. 李约瑟赴华工作身份[J]. 中国科技史料，2004（3）：199-208.

7. Needham to Crowther. 1942-12-08; 1943-01-12. Sussex Archive.

（3）抗战时期科教机构的迁徙及李约瑟考察路线

1931 年九一八事变后，东北各高校一律停办，许多师生流亡关内。1937 年全面抗战爆发，日本侵略者有意识地摧毁中国的文化机关，战前主要分布于南京、北平以及沿海城市的各高校及科研机构遭到战火的严重破坏，损失极为惨重。为救亡图存，保留薪火，广大高校和科研机构开展内迁自救。战时陪都重庆，以及四川、云南、贵州、广西、陕西等省一时高校云集，极大地提升了内地的办学和科研水平。

整个抗战时期的高校与科研机构的迁徙，随着战局的变化，有过三次高潮：一是 1937—1938 年间，在短短一年中，北平、天津、上海、南京、广州、武汉等重要城市相继失守，绝大部分高校遭到战争的破坏，数十所高校被全部摧毁或停办。这一时期内迁高校 75 所，是规模最大的一次。

第二次是 1941—1943 年间，随着太平洋战争爆发，以及日本侵略军在中国战场的步步紧逼，英美在华创办的教会高校，以及避居租界的一些高校和科研机构被迫内迁，一些迁到东南地区的高校也由于战火延烧而再次内迁。

第三次是 1944—1945 年间，在抗战临近结束之际，国民党正面战场遭遇大溃败，迁到广西、贵州以及东南等地的一些高校不得不紧急进行小范围的迁移。

从地域上看，内迁后的高校及科研机构形成了以下几个中心区域：一是以重庆、成都为中心的四川，由于陪都地位以及深入腹地，高校及政府研究机构最为集中，战时科研和生产活跃。二是以昆明为中心的云南、贵州、广西等西南地区，此处是国际交流的主要通道，学术气氛活跃。三是以浙江、江西和福建的内陆山区形成的东南地区，此处由于交通不便，缺少战略价值，受战争影响较小。最后是以陕西、甘肃组成的西北地区，聚集了西北联合大学及一些地方性的科研机构，同时共产党在陕北的根据地，也积极开展教育和科研活动。

李约瑟来华之初，正值抗战进入相持阶段、第二次迁移高潮结束之际，大部分高校和科研机构进入相对比较安定的状态，从而能够记录它们在后方从事科研和教学的情况。1943 年李约瑟主要考察了昆明、重庆等学术中心，四川和西北之行深入大后方的腹地。1944 年的考察则走向前线，东南之旅远行至福建，见证了豫湘桂战场的溃败，广西、贵州高校被迫再度内迁。西南之行，则与中国军队的反攻密切相关。1945 年的北方之旅，抗战刚刚结束，科学事业又将面临命运的抉择。李约瑟曾试图访问延安，显然对战后中国的前景有所思考。1946 年的东部之行，则见证了上海、北平和南京等学术文化中心在复员之际呈现的复杂形势。

李约瑟对大后方科研教育和文化机构的考察，遍及上述区域，再加上中英科学合作馆其他人员的访问，这些旅行的主要路线和人员见下表：

李约瑟及合作馆人员在华旅行表[1]

序号	时间	名称	到访主要城市	人员
1	1943 年春	初访西南	昆明及附近地区	李约瑟
2	1943 年夏	川西之行	成都、嘉定（乐山）、五通桥、李庄、泸县	李约瑟与黄兴宗
3	1943 年秋冬	西北之行	兰州、玉门、敦煌	李约瑟与黄兴宗
4	1944 年春夏	东南之行	贵阳、柳州、桂林、衡阳、曲江、赣县、长汀、南平、福州、邵武	李约瑟与黄兴宗
5	1944 年夏秋	西南之行	贵阳、安顺、昆明、大理、保山	李约瑟、李大斐、曹天钦
6	1945 年夏	访问昆明	昆明	萨恩德
7	1945 年初；1945 年夏	访问成都	成都	李大斐、萨恩德、邱琼云；毕铿、曹天钦
8	1945 年夏	访问兰州	兰州	萨恩德
9	1945 年秋	第二次西南之行	贵阳、安顺、昆明、大理	毕铿、萨恩德、侯助存
10	1945 年秋冬	北方之行	三台、广元、汉中、城固、古路坝、宝鸡、武功、西安、天水	李约瑟、李大斐、曹天钦、邱琼云
11	1946 年春	东部之行	上海、北平、南京和香港	李约瑟、鲁桂珍

其中，第1~5、10、11次旅行均由李约瑟本人前往或带队前往，以川西之行、西北之行、东南之行、西南之行和北方之行最为重要，当然昆明、重庆作为战时全国的文化中心，教育学术机关密集，专门考察的重要性也是不言而喻的。李约瑟将自己的考察路线标注在一幅英文地图上，本书根据该地图重绘了历次旅行的路线图。

本书的章节安排即根据上述旅行展开：李约瑟来华抵达的首个重要城市是昆明，作为西南科教机构的中心，李约瑟对昆明便利的交通条件和宽松的政治环境留下了极好的印象，甚至计划将中英科学合作机构设于昆明，第一章将随着李约瑟的访问顺序介绍这些机构，1944年李约瑟重访昆明的照片资料，也一并涵盖。

重庆是战时的政治文化中心，特别是沙磁文化区和北碚，云集了大量内迁的科教机构。第二章主要讲述李约瑟在重庆与学界、政界人士的交流。

以重庆为中心，李约瑟开展了六次长途旅行：第三章"天府之国"，讲述1943年夏的川西之行。第四章"西北斗柄"，讲述1943年秋冬的陕西甘肃之行。第五章"跋涉东南"，讲述1944年春夏的广西、福建之行。第六章"西南之旅"，讲述1944年夏秋的云南、贵州之行。第七章"北方之旅"，讲述1945年秋冬的陕西寻访。1946年春，李约瑟回国前夕到访上海、北平和南京等地，第八章"故都巡游"，讲述他的东部之行，以及离别中国前后的事宜。

中英科学合作办公室的三名工作人员
重庆，1944年11月1日—1946年3月31日

1. 根据《中英科学合作馆第二年与第三年的工作》整理，见 Science Outpost. 69-70.

2

重庆中英科学合作馆的建立与贡献

（1）从昆明到重庆

1943 年 2 月 24 日，李约瑟从印度加尔各答出发，先飞至阿萨姆邦汀江（Dinjan），沿驼峰航线北线（汀江—葡萄—云龙—云南驿—昆明）飞抵昆明。壮观的景象让他赞叹不已："有机会乘飞机飞过中印边界的人们，永远不会忘记从云南省会昆明到西部阿萨姆之间所看到的这些大江在峡谷中参差并列的惊人奇观。"[1]

云南是滇越铁路[2]、滇缅公路[3]、驼峰航线[4]等国际交通线的交会处，战略地位十分重要。科学教育方面，除云南大学外，迁滇高校主要有 11 所，影响较大的主要有西南联合大学（1938—1946），中央研究院天文、化学、工程研究所，北平研究院等，为大后方科学教育中心之一。踏上向往已久的中国土地，李约瑟无比兴奋。李约瑟在昆明停留 25 天，到访这些重要的科学教育机构，这些精彩内容我们将在第一章讲述。

3 月 21 日，李约瑟和皇家信使普拉特（Pratt）登上了前往重庆的飞机，在群山和山谷上空颠簸了两个半小时，抵达国民政府陪都重庆，着陆在长江江心的一个平坦小岛上。船工们看他穿着中式长袍，便亲切地称他为"老乡"。走过浮桥，爬上 480 级的石阶，他坐上了英国大使馆的汽车。大使馆位于重庆南郊文峰乡新力村，地处长江南岸与巴县交界的一个小山坡。大使馆有一个小平台，一块草坪，长江的美景尽收眼底。

英国大使馆为他举行了欢迎会，时任大使为薛穆爵士（Sir Horace Seymour，也译作霍勒斯·西摩，1942 年 1 月就职）[5]。李约瑟还会见了老资格的台克满爵士（Sir Eric Teichman，又译埃里克·泰克曼，曾乘卡车穿越戈壁到新疆），此外还有一位来自行政院的客人和另两位来自交通部的客人——交通部长（曾养甫）和潘光迥[6]博士（Dr. Francis Pan）。晚上到大使薛穆爵士住处。他住在一座美丽的山顶别墅里，山岭俯瞰着两江河谷。

1. 李约瑟. 中国科学技术史：第一卷：导论 [M]. 北京：科学出版社，2018：59.

2. 滇越铁路，自越南海防至昆明，全长 854 公里，1910 年通车。1937 年全面抗战爆发，各沿海主要港口被日军占领，云南成为抗战的大后方。沿海及内地的企业、工厂、机关、学校大批内迁，滇越铁路成为几十万沦陷区的同胞进入云南及西南各省最便捷的通道，滇越铁路的客货运量猛增。1940 年 6 月，法国在对德交战中失利，向德国投降并签订了《德法停战协定》。7 月，日寇在越南北坼登陆，法国殖民政府停止中越运输。

3. 滇缅公路，1938 年 12 月 1 日开通，自昆明至缅甸腊戍，每月输入中国物资约 4000 吨，是抗日战争时期中国西南后方的一条历时最久、运量最大的国际通道。

4. 驼峰航线，始于印度东北阿萨姆，经缅甸北部抵达云南。1942 年 6 月，中国成为美国租界协定的受援国，但滇缅公路已被切断，中美联合开辟了这条飞越喜马拉雅山的运输线，成为抗战后期国际援助的最主要通道。

5. 周勇，程武彦. 重庆抗战图史：上 [M]. 重庆：重庆出版社，2016：62.

6. 潘光迥，1904 年出生，上海宝山人，1926 年毕业于达特茅斯大学商学院，1927、1929 年先后获得纽约州立大学研究院商学硕士、博士学位。抗战时期曾任交通部人事司长、总务司长、欧亚航空公司董事、公路运输总局代局长等职。

(2) 中英科学合作馆的建立

李约瑟与陶育礼（E. R. Dodds）以"英国文化与科学赴中国使团"的名义来华，主要任务是恢复发展文化、科学领域的中英两国关系。按 1942 年 6 月李约瑟最早提出的设想，一是代表英国科学界官方表达对中国科学与教育事业的支持，二是分别面向学术界和大众开设科技讲座及一般演讲，三是商讨如何对中国进行文化援助。

李约瑟来华后很快访问了多所大学和研究所，同领军的中国科学家接触。他了解到，从 1941 年起，中国的科学界几乎被完全封锁，与外部世界隔绝，这些实验室在边远地区，面临着难以想象的困难。他同时也看到科学界人士在严酷的战时环境下所取得的成就。而他的访问，则从道义和物质上支持了中国科学家：恢复交往不仅提振了士气，还得到了急需的器材和文献。李约瑟本可以从事科学史的某个分支研究，并得到了一些中国学者的帮助和支持，但是，他"觉得道义和物质援助的需要太迫切了，不允许这样做"。因此，就在 1943 年 4 月底动身前往成都之前，李约瑟向英国文化委员会撰写了报告，提出成立中英科学合作馆，帮助中国从海外取得图书、期刊、仪器设备和材料等物资，建立中西方科学家之间的联系，输出中国科学家的成果，以及关于中国科学的讯息。6 月，李约瑟从成都返回重庆时，即收到伦敦方面的批准，当晚便列出了考察途中记录的中国科技机构急需的物品清单，工作自此开展起来。

李约瑟与国民政府有关部门进行了磋商，决定中英科学合作馆与国防科学技术策进会建立正式的联系。国防科学技术策进会成立于 1942 年 12 月，直属国家总动员会，由国家总动员会会长与教育部长分任正副会长，下设五个部门（制造与工艺、通讯与医学、科学人事、文化交流与宣传、总务）。1943 年 8 月，李约瑟向国民政府提议组设"中英科学合作处"，蒋介石批示交由国防科学技术策进会办理[1]。由此，中英科学合作馆得到了国民政府的认可，并与相关部门建立了联系。李约瑟在第一年报告中，列出了合作馆在国民政

中英科学合作馆徽章，吸收了中央研究院院徽的蓝边白底，和北平研究院院徽的文字环形设计，中间为"格物"二字

府主要部门中的联络官：

军政部——陈廷缜上校（军政部长何应钦将军的副官）

经济部——钱昌照博士、朱基清先生、包新德先生

教育部——李惟远先生

卫生署——署长金宝善博士

农林部——中央农业试验所副所长沈宗瀚博士

中央研究院——外事秘书许骧博士[2]

正是由于这些联系，李约瑟名片上的头衔，也从"中央研究院通讯会员，中英科学合作馆主任，英国皇家科学会会员，剑桥大学生物化学教授"逐渐变成了"英国大使馆参赞，经济部资源委员会顾问，航空委员会航空研究院委托研究员，军政部军医署咨询专员"。

来华初期，李约瑟在英国大使馆内办公。使馆房屋沿着山头分布，每排房屋都是狭长的平房，户外走廊连接着一系列办公室。李约瑟的办公室位于最低一排的边缘，就像随时会倒塌的土房，大片大片的石灰涂料剥落了，露出墙里的竹筋。重庆的酷暑湿热难耐，"连天的阴雨使它更显

英国大使馆的中英科学合作馆窗外，可见墙皮脱落后的竹筋
重庆，1943 年 6 月 16 日—8 月 7 日

得破烂败落。只消一夜，便会到处出现绿色霉菌，满布在打字机匣、皮鞋面、公文皮包和墙壁表面上。但等雨一停，骄阳立即施威，那些霉菌很快消失得无影无踪"。[3]

随着人员的充实，有必要解决办公用房问题。战时重庆房屋异常紧张，1944 年 3 月上旬，李约瑟决定自行建造一座新的楼房。很快他便在离美国大使馆不远的嘉陵江畔，看好一处地方，核准图纸，找好建筑商签订合同，并委托班威廉（William Band，1906—1993）全权负责。班威廉 4 月 1 日从成都返回重庆（5 月 9 日，国民政府才正式批准了班威廉在中英科学合作馆的任职）。李约瑟安排他担任了中英科学合作馆办公室主任。

班威廉要负责在嘉陵江边为中英科学合作馆监造一栋有36 间房的新楼。为此李约瑟可能专门给班威廉颁发了一份盖有公章的证明书："查班威廉教授系中英科学合作馆重要职员，彼授有一切行政上之权柄。此证，馆长李约瑟"。在班威廉的主持下，原定 9 月完工的新楼如期完成，9 月中旬搬入家具。正式地址为两浮路胜利新村一号（1 Victory Village, Liangfulu），中国学术界纷纷志贺，李书华等人赠送了条幅。王世杰和杭立武赠送楹联：举世逞干戈科学光芒耀寰宇；生灵正涂炭文明启迪仰中英。两人都曾留学英国，王世杰担任过武汉大学校长、教育部长，1943 年出席开罗会议；杭立武为中英庚款董事会总干事，1933 年创办中英文化协会，1944 年 12 月担任了教育部常务次长。

通向中英科学合作馆主楼的台阶有 97 级，李约瑟说，每天都要好几次顺这个又高又陡的石阶上上下下，遇有日军空袭，则到附近的山洞躲避[4]。由于此地外国机构众多，胜利新村不久改为"国际村"。如今两浮路也改为长江一路。1986 年，李约瑟最后一次来华访问，途经重庆时，他特地提出到合作馆故地探访，虽然楼房已被拆除，但台阶和防空洞依旧。李约瑟再一次站在台阶下，眺望嘉陵江。

1. 徐凡. 抗战时期的国防科学技术策进会 [J]. 中国科技史杂志, 2017, 38（01）: 49-65.

2. 李约瑟, 李大斐. 李约瑟游记 [C]. 余廷明等, 译. 贵州: 贵州人民出版社, 1999: 7.

3. 黄兴宗. 李约瑟博士 1943—44 旅华随行记 [A]// 李国豪, 等. 中国科技史探索 [C]. 上海: 上海古籍出版社, 1986: 59.

4. 潘吉星. 记李约瑟博士 1986 年最后一次中国之行 [J]. 自然杂志, 2005(02): 119-123.

人们正在向中英科学合作馆主楼搬运物资，台阶有 97 级，可见"中英科学合作馆"标牌

重庆，1945 年 1 月 1 日—1946 年 3 月 31 日

中英科学合作馆主楼，两浮路胜利新村 1 号

重庆，1945 年 1 月 1 日—1946 年 3 月 31 日

1   3 | 4

2 |

1、2. 中英科学合作馆的前后两侧
      重庆中英科学合作馆，1944 年 11 月

3、4. 中英科学合作馆的最后修缮
      重庆中英科学合作馆，1944 年 11 月

从中英科学合作馆俯瞰两浮路

重庆中英科学合作馆，1944 年 11 月

从中英科学合作馆俯瞰两浮路

重庆中英科学合作馆，1944 年 11 月

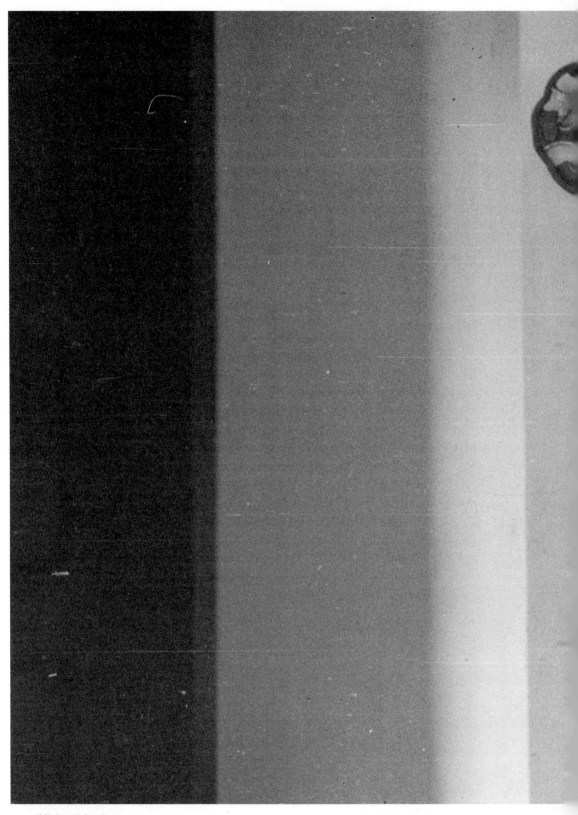

装饰华丽的餐厅门口

重庆中英科学合作馆，1944 年 11 月

1		5
2		6
3	4	7

1. 办公室内景

   重庆中英科学合作馆，1944 年 11 月

2、3、4. 办公室墙上贴英文版中国地图，上有李约瑟旅行的标记，
   图上方为中英两国国旗。另一面墙上贴王绍尊绘"中华
   儿女"

   重庆中英科学合作馆，1944 年 11 月

5. 中英科学合作馆主楼会客室

   重庆中英科学合作馆，1945 年 1 月 1 日—1946 年 3 月 31 日

6. 中英科学合作馆主楼餐厅的内部

   重庆中英科学合作馆，1944 年 11 月 1 日—1946 年 3 月 31 日

7. 中英科学合作馆的阳台

   重庆中英科学合作馆，1944 年 11 月

（3）中英科学合作馆的主要人员

李约瑟最重要的助手是黄兴宗和曹天钦。1943 年 5 月，李约瑟在成都与黄兴宗见面，共同完成了川西之行、西北之行和东南之行。经李约瑟推荐，他获得英国文化委员会的奖学金，1944 年秋留学英国，工作由曹天钦接任。黄兴宗后来参与《中国科学技术史·发酵与食品科学》分册的编写工作，1990 年应邀出任李约瑟研究所副所长。

李约瑟的妻子原名多萝西·玛丽·莫伊尔 (Dorothy Mary Moyle, 1896—1987)，中文名李大斐，是李约瑟在剑桥大学霍普金斯生化实验室的同事，研究方向为肌肉化学。因战时参与英国化学武器的研究与开发工作，未能与李约瑟同行来华。1943 年底，李大斐终于获得批准，于 1944 年 2 月 7 日从伦敦启程，乘英国皇家空军飞机，经直布罗陀、突尼斯、埃及、伊拉克、印度，

李大斐在华期间的日记
现藏于剑桥格顿学院 (Girton College))

于 16 日抵达昆明，接着到重庆。第二天她不顾旅途劳顿即和李约瑟一起与中央研究院的学者共进晚餐。

她没有加入 4 月李约瑟和黄兴宗的东南之行，而是留守重庆，担任化学顾问及办公室副主任，负责合作馆的运行，并访问重庆周边地区。此后参加了李约瑟的西南之行和北方之行，1945 年春还和萨恩德、邱琼云到访成都。然而，她因北方之行感染肺结核，1945 年底不得不提前返回英国。她于 1948 年当选英国皇家学会会员，并陪同李约瑟多次来华。

同时到来的还有英国物理学家班威廉，他 1929 年来华，任教于燕京大学物理系。1942 年初进入晋察冀抗日根据地，1944 年 1 月离开延安，2 月份到达重庆。由于两年根据地的经历引起了国民党当局的怀疑，李约瑟正好安排他到合作馆任职。在等待批准期间，班威廉夫妇离开重庆到成都（燕京大学内迁地）去住了一段时间。此外，李约瑟办公室还聘到一位专业秘书谢幼文女士，担任速记打字员。

1944 年 7 月，李约瑟结束东南之行回来，中英科学合作馆又增添了邱琼云女士，以及准备接替黄兴宗的曹天钦[1]。黄兴宗已得到英国文化委员会奖学金，10 月赴牛津大学留学奖学金，即将赴英国留学。曹天钦 1944 年 8 月从燕京大学毕业，便从成都赶到重庆，立即陪同李约瑟和李大斐参加了西南之旅，以及北方之旅。在李约瑟的关心下，1946 年秋曹天钦获得英国文化委员会奖学金，赴剑桥大学攻读博士学位，期间帮助李约瑟研究中文文献。后来成为著名生物化学家。

12 月 13 日，班威廉夫妇在国民党当局的压力下被迫离开重庆回国。为得到中国学者的协助，李约瑟聘任武汉大学的胡乾善到中英科学合作馆担任物理学及机械学技术顾问，并接替班威廉主持中英科学合作馆的日常工作，负责协助李约瑟处理有关数理、工程方面的工作。

李约瑟还有两名英国同事，劳伦斯·毕铿（Laurence E. R. Picken, 1909—2007）和戈登·萨恩德。毕铿博士来自剑桥大学动物学实验室，在农业和应用生物学方面知识广博。萨恩德博士来自牛津大学的病理实验室，充当合作馆的医学顾问。他们都承担了一些办公室工作，毕铿负责重新组织文书档案，萨恩德安排期刊的分发，邱琼云小姐则主持书籍的分发工作。

秘书长的工作由廖鸿英小姐和侯助存先生共同承担。廖鸿英是农业化学家，曾留学牛津大学，后到武汉大学执教。侯助存是化学家。

1945 年底萨恩德博士离去后，鲁桂珍从纽约赶来加入了合作馆。得知抗战胜利的消息，居留美国七年半的鲁桂珍借道英国和印度回国。根据李大斐日记的记载，鲁桂珍 11 月 17 日乘飞机抵达重庆。[2] 李约瑟在总结报告中写道："作为一名营养生化学家，鲁桂珍的主要工作是临床领域，总体负责科学馆的医药事务。"

秘书人员中，合作馆聘请到两个中国"豪门望族"的代表：著名社会学家陶孟和的女儿陶维正小姐，以及著名学者康有为的外孙女麦佳曾小姐。合作馆拥有一辆卡车和两辆吉普车，主司机邝威，机械师林美新。

曹天钦（右一）、李大斐（左二）和两名女士在一起

重庆，1944 年 2 月 18 日—1945 年 12 月 9 日

1. 曹天钦（1920—1995），1938 年入燕京大学专修化学，1941 年转入大后方，到陕西宝鸡参加中国工业合作运动。1943 年燕京大学在成都复校，他即前往复学。参见龚祖埙. 追怀曹天钦教授 [J]. 生命的化学，1995: 15(3): 43-45.

2. Dorothy Needham. China 1944—1945. DIARY II(GCPP Needham 5/1/1/2).

曹天钦在长江边远眺

重庆，1946 年 3 月

1. 鲁桂珍在长江渡口
   重庆，1946 年 3 月

2. 鲁桂珍与一名职员
   重庆，1946 年 3 月

3. 胡乾善
   重庆，1946 年 3 月

4. 鲁桂珍和曹天钦在长江渡口
   重庆，1946 年 3 月

	1	
2	3	4

李约瑟与中英科学合作馆职员在老君洞

重庆，1946 年 2 月 1 日—3 月 6 日

中英科学合作馆职员们穿过树林

重庆，1946 年 2 月 1 日—3 月 6 日

中英科学合作馆的司机邝威（左）和期刊处职员侯贵铭

重庆，1946 年 3 月

中英科学合作馆的机械师林美新

重庆，1946 年 3 月

1、2、3、4.　合作馆的一些职员

　　　　　　　重庆，1946年2月1日—3月6日

5.　从中英科学合作馆楼上俯拍，一辆标记"中英科学合作馆"
　　的卡车正在准备出行，右侧仰望者为鲁桂珍

　　重庆，1946年2月1日—3月6日

6.　从中英科学合作馆楼上俯拍

　　重庆，1946年2月1日—3月6日

1	5
2	
3	
4	6

1	2
3	4

1. 鲁桂珍与一名职员

重庆，1946 年 2 月 1 日—3 月 6 日

2、3、4. 曹天钦和其他职员

重庆，1946 年 2 月 1 日—3 月 6 日

中英科学合作馆的科技人员和行政人员名单

科技人员：

李约瑟博士（Joseph Needham）	生物化学	馆长
黄兴宗先生（Huang Hsing-Tsung）	有机化学	
廖鸿英小姐（Liao Hung-Ying）	农业化学	
李大斐博士（Dorothy Moyle Needham）	生物化学	化学顾问
班威廉教授（William Band）	物理学	物理学顾问
班纳吉博士（Gautom G. Banerji）	生物化学	印度供应服务处代表
邱琼云小姐（Chiu Chiung-Yun）	药物学	图书官员
曹天钦先生（Tsao Tien-Chin）	有机化学	供应服务处官员
毕铿博士（Laurence Picken）	生物物理学	生物与农业顾问
萨恩德博士（Gordon Sanders）	病理学	医学顾问
胡乾善教授（Hu Chien-Shan）	物理学	物理、数学与工程学顾问
钱家祺教授（Chien Chia-Chi）	物理学	
侯助存先生（Hou Tsu-Tsun）	化学	
周家炽教授（Chou Chia-Chih）	植物病理学	昆明供应服务处代表
鲁桂珍博士（Lu Gwei-Djen）	生物化学	营养学顾问
龙怀民先生（吴展，Long Huai-Min）	无线电物理学	技术翻译
博尔顿博士（C. M. G. Bolton）	地质学	地质顾问

行政人员：

梁子华（Liang Tze-Hua）	会计官员
彭振华（Pêng Chen-Hua）	中文秘书
郑逸云夫人（Chêng I-Yün）	期刊处官员
麦佳曾小姐（Mai Chia-Tsêng）	图书处助理官员
陶维正小姐（Tao Wei-Chêng）	秘书
刘碧霞小姐（Liu Bi-Hsia）	秘书
吴佩珠小姐（Wu Pei-Dju）	秘书
谢幼文小姐（Hsieh Yu-Wên）	秘书
杨佩松（Yang Pei-Sung）	秘书
陈瑞棠小姐（Chen Rjui-Tang）	秘书
Mr. Chen Bo-Tao	期刊处职员
孙美莲小姐（Sun Mei-Lian）	期刊处职员
侯贵铭 （Hou Kuei-Ming）	期刊处职员
Mr. A. S. Doshi	印度供应处职员

3 李约瑟战时来华的资料综述

李约瑟很早就认识到他战时来华期间所见所记内容的重要性，他希望通过这些文章和图片，让英美等世界其他国家了解中国科学界的情况，促进科学的国际合作；同时他也希望让中国朋友知道，"我怎样叙述和赞美他们这种克服战争与流亡的种种困难的努力"[1]。

早在1944年底李约瑟回伦敦述职期间，便整理了四川、西北（陕甘）、东南（桂粤赣闽）和西南（黔滇）的科研机构的95张照片，配以简要的文字介绍，形成一本薄薄的小册子《中国之科学》(Chinese Science)，于次年出版[2]。李约瑟返回英国后，将战时发表于英国杂志的介绍各地科学状况的文章、中英科学合作馆的年度报告、部分日记、信件等结集为《科学前哨》(Science Outpost)[3]。他解释说："我们大家，英国科学家和中国科学家一起，在中国西部构成了一个前哨。"虽然此书内容编排略显杂乱，却是后来研究者参考的重要资料来源之一，这本书在1952年由曾任四川大学教授的张仪尊译成《战时中国的科学》[4]。其中部分内容，1947年由徐贤恭和刘健康译为《战时中国之科学》一书。1999年，贵州人民出版社推出"李约瑟研究著译书系"，其中将《科学前哨》与《中国之科学》重新翻译出版，命名为《李约瑟游记》[5]。王玉丰主编的《李约瑟与抗战时中国的科学纪念展专辑》[6]，则呈现了李约瑟研究所收藏的物品照片。

要对李约瑟战时来华尤其是几次旅行的情况作细致了解，就必须全面运用当时形成的原始资料。剑桥大学档案馆保存有李约瑟的全宗档案，其中C部分为166卷中英科学合作馆的资料，包括赴华代表团的由来、通信往还、机构访问、讲座、报告、出版物和广播、行政事务、杂项等。

近年来，剑桥大学图书馆和东亚科学史图书馆启动工程，将李约瑟和李大斐在华期间拍摄的全部照片扫描了高清版，旅行日记进行数字化识别，历次旅行报告和专门报告也扫描了电子版，大量的中英文人名卡片也录入数据库，这些一手资料构成了本书的框架基础。较为系统的旅行报告，有《西北之行报告，1943 年 8—11 月》《东南之行报告，1944 年 4—6 月》《西南之行报告，1944 年 8—10 月》《北部之行报告，1945 年 9—10 月》以及《东部之行报告，1946 年 3—4 月》。这些报告配有相应的日记，部分日记经整理已收入《科学前哨》。黄兴宗的《李约瑟博士 1943—44 旅华随行记》详细记录了四川中部之行、西北之行和东南之行的情况，并对重庆的生活有所描述。此外，李大斐战时来华期间的日记完成了数字化并公布，鲁桂珍、曹天钦也有关于这一时期的回忆文章。

另一类比较重要的文献是李约瑟在华期间撰写的各类报告。其中《从社会层面上看相关性与冲突性》，他最早开始提出并尝试解答"现代科学未能在中国文明中产生"的问题;《中国科学与技术的现状和前景》是他对中国科学的分析和建议;《科学以及战后世界组织中国际科学合作的地位》等三个关于科学国际合作的备忘录，是他通过中国经验对未来科学形态的设想，促成了联合国教科文组织的创建。

得益于王钱国忠[7]、文思森 (Simon Winchester)[8] 等人关于李约瑟本人的大量研究和资料，更受惠于近十余年来丰富的民国科技史、抗战史和人物传记研究，李约瑟到访的许多机构、接触的许多人物，都能找到相互印证的文献，在此不再一一列举。戈登·巴雷特（Gordon Barrett）曾参与李约瑟档案资料的整理工作，他在《描绘中国科学：李约瑟科学外交中的战时照片》[9] 一文中阐述了李约瑟战时外交活动中这批照片的价值。近年国外对李约瑟的战后国际科学合作贡献研究较多，《十字路口的李约瑟：战时中国的历史、政治和国际科学（1942—1946）》[10] 揭示了他这段经历与他来华前后思想的连贯性。《获得一席之地：联合国体系中的科学》[11] 讲述了李约瑟推动教科文组织设立科学部并主持的经历。还需要特别提及的一本著作，是王晓与莫弗特合著的《大器晚成：李约瑟与〈中国科学技术史〉的故事》[12]。该书从出版专业的角度讲述了李约瑟写作《中国科学技术史》的历程，资料之翔实，结论之精彩，令人赞叹，足为本书之楷模。本书也因此可以专注于现代，以期相映成趣。

1.　李约瑟. 战时中国之科学 [M]. 徐贤恭，刘健康，译. 书林书局，1947：自序.

2.　Needham, J.Chinese Science[M]. London：Pilot Press Ltd.1945.

3.　Needham, J.& Needham, D.(eds). Science Outpost: Papers of the Sino-British Science Cooperation Office(British Council Scientific Office in China)1942—1946[C]. London：The Pilot Press Ltd., 1948.

4.　李约瑟，李大斐. 战时中国的科学 [C]. 张仪尊，译. 台北：中华文化出版事业委员会，1952.

5.　李约瑟，李大斐. 李约瑟游记 [M]. 余廷明等，译. 贵阳：贵州人民出版社，1999.

6.　王玉丰. 李约瑟与抗战时中国的科学纪念展专辑 [M]. 高雄：科学工艺博物馆，2001.

7.　王钱国忠. 李约瑟传 [M]. 上海：上海科学普及出版社，2007；王钱国忠. 李约瑟大典 [M]. 北京：中国科学技术出版社，2012；王钱国忠. 李约瑟文献 50 年：1942—1992 [M]. 贵阳：贵州人民出版社，1999.

8.　Winchester, S. The Man Who Loved China：The fantastic story of the eccentric scientist who unlocked the mysteries of the middle kingdom.Harper Collins. 2008. 英国版书名为 Bomb，Book & Compass：Joseph Needham and the great secrets of China，中文版为文思淼. 李约瑟：揭开中国神秘面纱的人 [M]. 上海：上海科学技术文献出版社，2009.

9.　Barrett G. Picturing Chinese science: wartime photographs in Joseph Needham' s science diplomacy[J]. The British Journal for the History of Science. 2023, 56(2):185-203.

10.　Mougey, T. Needham at the crossroads: history, politics and international science in wartime China (1942‐1946) [J]. The British Journal for the History of Science. 2017, 50(1): 83-109.

11.　Petitjean, P. Finding a footing: the sciences within the United Nations system[A]//Petitjean, P. et al (eds.). Sixty Years of Science at UNESCO 1945‐2005[C]. Paris: UNESCO, 2006: 48‐52.

12.　王晓，莫弗特. 大器晚成：李约瑟与《中国科学技术史》的故事 [M]. 郑州：大象出版社，2022.

重庆渡口，一个男孩在撑船

重庆，1946 年 3 月

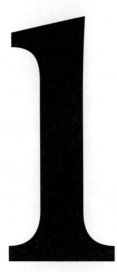

Part One

第一章

昆明初见

——研究院、西南联大与防疫处

李约瑟来华的第一站，就是云南昆明，当时我国联结西方盟国的唯一孔道。

云南位于我国西南边陲，与越南、老挝和缅甸三国交界。清末以来，云南就成为抗击英法在中南半岛殖民势力的前沿堡垒。辛亥革命期间，云南率先响应武昌起义，光复全省并组建多支北伐军，有力支援了全国革命浪潮。南京国民政府时期，龙云(1884—1962)主政云南，当地文化教育获得长足发展，拥有云南大学和云南法政专门学校等高等教育机构。

云南大学会泽院
昆明，1944 年 8 月 18 日

1937 年全面抗战爆发，随着正面战场节节败退，云南从大后方逐步变为抗击侵略的前线，战略地位十分重要。从国际上看，云南紧邻法属越南、英属印缅，是滇越铁路、滇缅公路等国际交通线的交会处。从国内看，云南北通重庆、四川，东接贵州、广西，是抵御日军西侵和远征军奔赴缅甸的战略基地。1942 年日军攻占缅甸，切断滇缅公路，并进犯云南，占领怒江以西领土。为援助中国，1942 年 7 月盟军开辟了从印度经缅北，穿越喜马拉雅山、高黎贡山和横断山脉，抵达云南的驼峰航线，云南民众全凭人工修建了 40 多个机场，供盟国空军起降。1942 年 11 月，自印度利多 (Ledo) 经缅甸畹町到中国昆明的中印公路[1] 开始修建，于 1945 年 1 月通车。

全面抗战初期，许多东部高校和科研机构通过陆路、海路抵达云南，从而极大地改变了云南高等教育和科研机构的布局。迁滇高校主要有 11 所，分布于昆明、大理、澄江、昆阳、禄丰、蒙自等地[2]，在滇时间较长、影响较大的主要有西南联合大学 (1938—1946)，中央研究院天文、化学、工程研究所，北平研究院，私立中法大学 (1939—1946)，私立武昌华中大学 (1939—1946) 等。此外，同济大学、中山大学、上海医学院等多所高校也曾在云南停留。

1943 年 2 月 24 日，李约瑟经驼峰航线抵达昆明，驻足 25 天后飞往重庆。1944 年 8—10 月，李约瑟进行为期三个月的西南之行，往返在昆明共计停留一月有余，许多照片都是这时拍摄的。因大多数机构都是重访，故将两次昆明访问的经历合并叙述。

1. 中印公路自印度利多 (Ledo) 到中国昆明。滇缅公路被切断后，同盟国为了支援中国对日本的作战，及缅北反攻部队后勤所需而修建的一条公路。1945 年 1 月 19 日通车，也称史迪威公路。
2. 任祥. 抗战时期云南高等教育的流变与绵延 [M]. 北京：商务印书馆，2012：153.

1 驻足英国领事馆

1943 年 2 月 3 日，李约瑟取道埃及开罗抵达印度加尔各答，做好了前往中国的准备。2 月 24 日黎明，李约瑟登上了美国空军运输部队的飞机，两小时后降落在驼峰航线的起点——阿萨姆邦的汀江 (Dinjan)。加油和更换机组人员后，飞机沿北线飞抵昆明。英国驻昆明领事馆的副领事戴维·霍夫 (David Hough) 和普拉特到机场迎接。

驱车进城时，李约瑟难掩兴奋，蓝色的行人衣着，黄色的土地和砖墙，灰色的石板瓦，都让他感到新鲜。城里的房屋是有一点土气的两层楼，招牌也较为粗糙，但屋顶的线条和招牌的书法都很好看。昆明四季如春，气候与剑桥有些类似，看见翠湖就会想起剑桥的柯芬沼地 (Coe Fen)，四周山脉的轮廓又像苏格兰的西部，让一直思考中国问题的李约瑟仿佛回到故乡。

英国领事馆距离云南大学不远，楼房外的花园栽培着鲜花和绿植，李约瑟的卧室窗外是一片竹林。让他高兴的是，仆人听得懂他的中文。时任总领事为奥格登 (A. G. Ogden)，看上去有点像小说家威尔斯 (H. G. Wills)。

凉爽的傍晚，他们和副领事一起外出散步，穿过云南大学的校园，经由一个小城门出城，走过大学农学系的土地。跨过部分完工的滇缅铁路，到了属于领事馆的一个花园，那里的一名老园丁正在嫁接果树。老园丁一绺白须，头戴蒙古帽，身穿破旧的蓝色衣裤，拿着长长的竹烟杆，不时在李树上做些嫁接。

晚上，李约瑟翻看收到的信件。一封来自重庆的教育部长杭立武，一封来自云南大学社会学实习调查工作站的许烺光[1]，还有一份来自北平研究院的聘书，盖有大红的公章，任命他为国立北平研究院的通讯研究员。

英国领事馆的花园

云南昆明，1944 年 8 月 21—28 日

英国总领事奥格登站在领事馆门口
云南昆明，1944 年 8 月 21—28 日

第二天（25日），三位中国科学家来到领事馆拜访李约瑟。他们是清华大学细胞生理实验室的汤佩松、中央研究院化学研究所的吴学周（有机化学家）和西南联大教务长兼化学系主任杨石先（植物生化学家）。四人一起用茶，安排好了李约瑟此后几天的行程。

安顿好后，李约瑟收到美国文化人类学家玛格丽特·米德(Margaret Mead，1901—1978)的来信，询问他来华的最初36小时的印象。李约瑟26日的回信中说："提笔时刻，蓝天点缀朵朵白云。真奇怪，一切都是那么熟悉（我对中国魂牵梦绕已久），恍然如梦。"

李约瑟此次驻足昆明，不到一个月的时间，却在《自然》杂志上发表了两篇《中国西南部的科学》。因此，本章也将以李约瑟在昆明的第一次行程为主线，勾勒昆明的科研和教育机构。

1.　许烺光(1909—1999)，行为科学家。1937年考取中英庚款，赴英国伦敦经济学院攻读人类学，1940年获博士学位，师从马林诺夫斯基(B. Malinowski)，是费孝通的师弟。在伦敦期间，他和费孝通做过一年的室友，并与李约瑟相邻相熟。毕业后应费孝通之邀回国任教于云南大学人类学系。1944年赴美国，曾任第62届(1977—1978)美国人类学会主席。

2 中央研究院与北平研究院

中央研究院是民国时期的最高学术机关，成立于 1928 年。因 1937 年淞沪会战爆发，各研究所陆续辗转内迁重庆、昆明、桂林等地。其中设于上海的化学研究所、工程研究所、物理研究所，以及南京的天文研究所迁往昆明[1]。1940 年院长蔡元培逝世，国民政府任命朱家骅为代理院长，李约瑟在华期间，叶企孙、李书华、萨本栋先后担任总干事。

北平研究院是民国时期仅次于中央研究院的国立综合科研机构，成立于 1929 年，院长李石曾，副院长李书华，下设 9 个研究所，所长多为留法背景的学者。抗战时期，总办事处和多数研究所都迁到昆明。

（1）中央研究院化学研究所

化学研究所人员于 1938 年经香港抵达昆明，先租用昆明灵光街 51 号作为临时办公场所。因时任所长庄长恭不堪行政事务繁琐，所长一职改由吴学周代理。研究所人员虽对前途充满未知，但已准备克服困难，矢志科研。吴学周说："既已入滇……无论租房或自建实验室，我等必积极进行。"[2]1939 年，化学研究所租用桃源街平房，落成临时实验室，堪称昆明科研机构中"设备最完全之机关"。化学研究所接着又与工程研究所共同在小西门棕树营兴建实验室，该永久实验室 1940 年 7 月落成，占地 40 亩，房屋 20 余间，建筑及设备花费十余万元，大部分由中英庚款董事会捐赠。

立足国防及战争的需要，化学研究所主要聚焦于工业化学方面，先后开展铝、铁的试制，蓖麻油试制润滑油，松节油制造甲苯等众多研究，直接服务于国防工业建设[3]。研究方面，在吴学周博士的指导下，进行有机和无机化合物的紫外线光谱分析，如对当地药物有效成分的分析。

化学研究所的实验室位于翠湖西南方向，2 月 28 日，李约瑟到访这片新居。吴学周盛情邀请他在此居住，但这里似乎对李约瑟没有太大吸引力。上午，李约瑟向 50 余名研究人员演讲《战争与和平时期的国际科学合作，以及战备中的科学》。这篇报告在 7 月北碚举行的中国科学社年会上被再度宣读。李约瑟后来写道，他自 1943 年以来在中国对国际科学合作的思考，促成了联合国教科文组织在 1945 年年末的成立。

李约瑟认为，科学技术在所有的文明里正发挥着显著的作用，为了让科学跨越国界，采取某些有效的手段已刻不容缓、必不可少。当前的一些科学合作组织是战争压力的结果，但战后应该保留这些机构。李约瑟设想的是某种世界科学合作服务组织，各国的代表享有半外交官的地位和政府提供的便利。其近期目标就是：将最先进的应用科学与纯科学，从高度工业化的西方国家输送到工业化程度较低的东方国家。

关于科学在战争中的作用，李约瑟认为，相比英国动员起 85% 的科学力量，中国的动员水平偏低，但也情有可原。特别是科学与政府之间的关系问题尚未在中国得到解决。

午餐后，他们登上了一条船，沿着通向滇池的运河，划行到滇池北端的大观公园。水榭亭台，遥望远山，众人到附近村中晚餐后方回。李约瑟记述了一件有趣的事：有很多中国学者曾在德国留学，如第 23 兵工厂厂长顾敬心[4]、第 53 兵工厂厂长周自新[5]，以及云南大学的实验胚胎学家崔之兰（张景钺的夫人，毕业于弗莱堡大学动物学系）。尽管李约瑟自 1933 年就没有讲过德语，但很快唤醒记忆，不停地用德语发问，如："德文中的'菜'怎么说？"

1. 李约瑟到昆明时，物理研究所已迁桂林，1944 年底再迁重庆北碚。

2. 王庆祥，等 . 吴学周日记 [M]. 长春：长春市政协文史和学习委员会，1997：15.

3. 高佳，潘淘 . 抗日战争时期的中央研究院化学研究所 [J]. 大学化学，2017，32（03）：75-83.

4. 顾敬心 (1907—1989)，1928 年毕业于中央大学化学系。1934 年获德国柏林工业大学工学博士学位。抗战期间，他从牛骨中成功地提炼出黄磷，结束了中国不能制造黄磷的历史。

5. 周自新 (1911—1971)，1928 年留学德国，曾应国民政府委托到蔡司厂实习，1934 年回国。1939 年在昆明柳坝村成立中国第一个军用光学工厂——第 22 兵工厂，周自新任厂长。该厂生产望远镜和测远镜。1941年兵工厂迁入海口中滩山洞中，1942 年该厂与制造机枪的第 51 兵工厂合并，成立第 53 兵工厂，周自新任厂长。李约瑟在日记中误作"制造玻璃的赵先生"。

（2）中央研究院天文研究所与工程研究所

　　中央研究院天文研究所成立于 1928 年，所址位于南京鼓楼，并在紫金山建成天文台。1938 年迁昆明，在小东城脚 20 号租用私宅为办事处，选定昆明东郊羊方凹村的凤凰山作为台址。建盖的三幢平房和观测圆顶室由余青松亲自设计，天文所技工周锡金制造金属部件，临时工负责木工制造，1939 年 7 月落成。用从南京带来的变星仪、太阳分光仪等仪器，继续观测研究工作。李约瑟见到了曾留学剑桥的戴文赛，他以前是斯特拉顿 (F. J. M. Stratton) 教授的合作者，1941 年回国，担任了天文研究所的副研究员。刚刚从西南联大研究生毕业的黄昆，则于 1944 年秋天来到这里担任助理研究员，并考取中英庚款第八届公费生，1945 年秋前往布里斯托大学攻读博士学位。

羊方凹中央研究院天文台
云南昆明，1944 年 9 月 2 日

羊方凹中央研究院天文台
云南昆明，1944 年 9 月 2 日

羊方凹中央研究院天文台的两名天文学家，右为戴文赛

云南昆明凤凰山，1944 年 9 月 2 日

羊方凹中央研究院天文台外的牧羊人
云南昆明凤凰山，1944 年 9 月 2 日

　　中央研究院工程研究所在所长周仁的带领下，主要从事玻璃技术和冶金方面的研究，其车间为其他科研机构制造各种各样的仪器，比如喉头录音器、呼吸计等。钢铁方面的相关研究，推动了中国电力制钢厂 1941年 8 月在昆明西郊建成投产，并炼出了第一炉电炉钢，周仁被聘为总经理。提供铸铁原料的云南钢铁厂也于 1943 年 7 月在安宁建成。

　　工程研究所还以制造优良的玻璃器皿而闻名，包括一种耐热玻璃。同时试制理化仪器玻璃及药用中性玻璃，以备装防疫药苗供军方使用。尽管近期暂停生产，但关于玻璃制造的研究一直在进行。此外，为满足美军和清华工学院的需要，还对各种中国木材的强度进行研究，以用于桥梁建筑等。

右起：李约瑟、中央研究院工程研究所所长周仁、曹天钦、美国牙医 Mr.Queensbury

云南昆明，1944 年 8 月 28 日

（3）北平研究院

全面抗战前，北平研究院未雨绸缪，镭学研究所和药物研究所迁到上海法租界，植物学研究所迁陕西。抗战时期，北平研究院的总办事处及多数研究所都迁到了昆明，地质学研究所（实为中央地质调查所）迁到北碚并脱离关系。1938年4月，北平研究院在昆明黄公东街十号设立办事处。物理学、化学、生理学、动物学、史学等研究所陆续迁滇，其他研究会和附设机关均暂停[1]。1940年秋，昆明屡遭轰炸，总办事处及物化两所大部由城内迁至黑龙潭。动物学和生理学两研究所则于西山附近苏家村自造草房十余间，作为研究室。动物学研究所与云南建设厅合组云南水产试验所，在西山下昆明湖畔设立养鱼池。1941年12月太平洋战争爆发，上海租界被占，滞留法租界的镭学研究所与药物研究所也被迫停止工作，于1943年迁往昆明。植物学研究所则于

北平研究院物理学研究所与化学研究所
云南昆明黑龙潭，1943年5月4日

1940 年在刘慎谔主持下，在昆明建立了昆明植物研究所及标本室。1944 年植物学研究所也迁到昆明。

李约瑟以英国皇家学会会员身份来华，昆明是其第一站，北平研究院对李约瑟极为重视。1943 年 1 月 19 日，在北平研究院院务会议上，决议聘请李约瑟为通讯研究员。次日，李书华致信李约瑟，告知院务会议选其为通讯研究员，并致送聘书：

1943 年 1 月 20 日
英国驻昆明总领事转交尼德汉教授

亲爱的先生：

根据本院 1943 年 1 月 19 日院务会议通过之结果，我荣幸地通知您已被选为北平研究院的通讯研究员，兹奉上中文聘书。

我代表本院热烈欢迎您的加入，并衷心期望您与本院的合作。

您忠实的朋友
李书华

1943 年 3 月 5 日，北平研究院副院长李书华亲自乘车来到领事馆，接李约瑟前往位于黑龙潭的总办事处。黑龙潭位于昆明北郊龙泉公园，地下涌泉，潭深水碧，潭边建有黑龙宫、龙泉观及薛公祠[2]。此处交通便利，1938 年，静生生物调查所即与云南省教育厅合组农林植物研究所，借用龙泉公园为办公地，蔡希陶主持研究所并兼任公园经理。[3]

李约瑟抵达黑龙潭，首先参观了这里的道教圣地龙泉观。龙泉观又称上观，山门牌坊上书有"紫极玄都"，五进建筑群，内有唐梅、宋柏、明茶等古木，环境优雅。也许从这一刻起，李约瑟就迷上了道教，他对道教的符号和器具颇感兴趣，仔细观摩。

北平研究院院徽

中午，北平研究院安排了隆重的欢迎仪式，不仅刘慎谔（植物学）、经利彬（生理学）、张玺（动物学）等各所所长出席，还邀请了中法大学教务长周发岐、中央机器厂总经理王守竞、西南联大理学院院长吴有训和化学系主任杨石先、中央研究院化学研究所所长吴学周等学术机构的负责人，以及英国汉学家修中诚。正式的午宴过后，李约瑟发表了演讲，接着被授予一枚北平研究院的徽章。中间为"知难行易"，出自孙中山的论述。李约瑟认为："在战时中国有这样一枚徽章非常有用，人人都戴着一枚。"

李约瑟参观了物理学研究所，称该所已经完全转向了战时工作。物理学研究所在严济慈的带领下，钱临照、林有苞、钟盛标等人借助抢运出来的仪器设备，开辟光学工场，根据战争需要开展水晶振荡片和应用光学仪器的制造工作。先后向资源委员会中央无线电器材厂、军政部电信器材修理厂和中央广播事业管理处提供了各种厚度的优质水晶振荡片1000余片；还为驻昆明的美军和驻印度的英国皇家空军解决了几片急需的水晶振荡片。钱临照曾回忆切割水晶的巧妙方法：从美孚油桶上剪下一片马口铁皮圆盘，用榔头敲打成薄片，然后放在脚踏机械上令其飞速旋转，便可切割水晶。

钟盛标与北平研究院制造的显微镜

云南昆明黑龙潭，1944 年 8 月 31 日

钟盛标与北平研究院制造的物镜
云南昆明黑龙潭，1944 年 8 月 31 日

北平研究院物理研究所的光学工场
云南昆明黑龙潭，1943 年 5 月 4 日

应用光学方面，生产用于教学与科研的显微镜400余架，各类工程用测量仪器100余套。整个物理所几乎变成了兵工厂，严济慈也被下属戏称为"严老板"。

此外，物理研究所在物理探矿方面也颇有成绩。地球物理研究方向的工作人员有顾功叙、王子昌、张鸿吉、胡岳仁等。应资源委员会各矿厂的邀请，采用电阻系数法、自然电流法、地磁场分布测定等物理探矿方法，探测滇、黔两省的煤、铁、铜、锡、铅锌、硫磺等共计12处重要矿床的矿体分布情形及储量。

北平研究院化学研究所时任所长为刘为涛（战后到四川大学任理学院院长）。西南联合大学化学系朱汝华教授也到化学所兼职，她的兴趣在于菲频哪醇（phenanthrene pinacol）化合基的移色习性，以及维生素K与磺胺药物之间可能存在的联系。王序博士是一位留学奥地利的有机化学家，1941年入职，研究当地生长的抗疟疾药用植物——大黄科植物所含的蒽醌化合物。

动物学研究所迁昆明后，原所长陆鼎恒于1940年因病逝世。在继任所长张玺领导下，研究所与云南建设厅合作，成立云南水产试验所，研究水产经济动物及淡水渔业的问题，同时对云南一般动物进行调查研究。李约瑟看到，动物学研究所"坐落在昆明平原的大湖边上"，有一个很好的工作图书馆。该所正在调查研究湖中浮游生物，以及湖中可食用鱼类的疾病和一种可食用的胎生软体动物。

　　李约瑟为北平研究院提供了宝贵的帮助。3月13日，他致信李书华，称可帮助购买化学药品及仪器，北平研究院立即通知各所研究员开出所需物品清单，16日即交李约瑟。后来李约瑟帮助北平研究院购买的物品，主要是物理研究所在光学、探矿方面急需的设备和材料。

　　李约瑟在黑龙潭有一个重大收获，曾经考取中英庚款留学名额留英的钱临照告知他《墨经》中有科技资料，让他惊叹不已。钱临照出身无锡钱家，自幼喜欢文史，寄居黑龙潭北平研究院史学研究所期间，闲暇之时便翻阅所内藏书，无意中看到《墨经》，发现里面有不少和现代科学知识相通的记载，特别是关于几何学、物理学有多条记述。于是在所长徐炳昶的鼓励下，写成《释墨经中光学、力学诸条》，1942年刊登于《李石曾先生六十岁纪念论文集》。该文开启了现代对《墨经》科学内容的研究。李约瑟在《中国科学技术史》第一卷感谢的科学家中，排在第一名的就是钱临照。

1.　北平研究院抗战前还设有水利研究会、字体研究会、经济研究会、海外人地研究会，以及自治试验村事务所、测候所、测绘事务所、博物馆等附设机关。参见刘晓. 国立北平研究院简史[M]. 北京: 中国科学技术出版社，2014.

2.　此祠为纪念明末书生薛尔望而建，薛尔望1661年因明亡而举家投潭殉节。

3.　农林植物研究所以胡先骕为所长，刚留英归来的汪发缵为副所长，人员有蔡希陶、俞德浚、郑万钧等。但到抗战后期，生活难以为继，主要人员先后散去，汪发缵也于1945年加入北平研究院植物学研究所。

昆明西山的北平研究院动物研究所

云南昆明，1944 年 8 月 21—28 日

3 西南联合大学与清华大学研究所

（1）西南联合大学

3月1日上午，李约瑟到访了西南联合大学。西南联大是1938年在国民政府要求下，由清华大学、北京大学和私立南开大学在昆明合组而成。三校校长蒋梦麟、梅贻琦和张伯苓组成常务委员会，领导全校行政。当时梅贻琦负责校务和地方事务，蒋梦麟负责外部事务。李约瑟称其"也许是自由中国最大的教育中心"，两位校长"都有杰出的人品，是中国学者的理想化身"。

西南联大位于云南大学西侧，在李约瑟看来校园景色有些像苏格兰，远方的松树、丘陵历历在目。联大设有文、法商、理、工、师范5个学院，26个系。各系的教学和研究都在泥砖建造的"临时营房"中，房顶上盖着瓦和铁皮，内部地面是夯实的土，掺有少量的水泥。每间泥砖房的地下放个大汽油桶，警报响起来时将所有最贵重的仪器都放在里面。除非炸弹直接命中，仪器都能够保存下来。校内没有防空洞，如果空袭来临，人们就躲进山中。即使安身在这些简陋的房屋里，西南联大还是遭受了几次轰炸，很多平房成排地被炸毁。

在这样艰苦的条件下，配置教学和研究使用的实验室颇能考验人们的聪明才智。李约瑟列举了多种详细事例：没有煤气，所有加热必须用黏土自制的电炉进行；电炉丝用完后，工作陷入停顿，后来找到云南一家兵工厂制炮车床的刨屑，成为很好的代用品；细胞核染色用的苏木精买不到，就从云南土产的一种橘黄色苏木中提取；显微镜的载片不够，就切割被空袭震破的窗玻璃代替；买不到盖板就代之以当地产的云母片。

这天适逢周一，李约瑟在一个露天的石台上，向2700多名师生发表了40分钟的演讲，题为《科学在大战中的作用》。他感觉自己的演讲非常成功，而且最后一页使用了中文，让听众无比兴奋。

接着，在理学院院长吴有训陪同下，李约瑟参观了泥砖平房内的物理系。很多精密的仪器都是自制，摆放整齐。工作主要有赵忠尧和张文裕博士进行的宇宙射线的分布及其性质的研究。他俩都出自卡文迪什实验室，赵忠尧 1931 年秋前往那里工作了几个月，张文裕则于 1935—1938 年在那里攻读博士学位。李约瑟得知，赵忠尧用从北平清华大学带出来的 50 毫克镭，做了些人工（中子）放射性元素实验，虽然成就不够理想，却代表了一种"知其不可为而为之"的精神，而这种精神成为联大九年"坚毅刚卓"校训的象征和力量源泉。

因条件困难，物理方面更多的是进行理论研究工作。吴大猷博士 1940 年出版了英文专著《多分子的结构及其振动光谱》，马仕俊和马大猷在研究无线电物理问题。王竹溪 [福勒 (Ralph Fowler) 爵士的学生] 和黄子卿在从事数学物理、热力学等方面的研究。著名青年数学家华罗庚战前曾留学剑桥，跟随哈代 (G. H. Hardy) 教授。

化学研究主要是由杨石先与曾昭抡教授指导，他俩都是有机化学家。主要课题是研究中国传统药典中抗疟疾药品的生物碱和糖甙，这在当时世界上奎宁短缺的情况下至关重要。曾昭抡和他的合作者也在研究乙二醇润滑油。不幸的是，由于缺乏化学试剂，研究严重受阻，供应试剂的需求似乎比供应图书和期刊更迫切。化学工程由谢明山博士讲授，他是埃格顿 (Alfred Egerton) 爵士的学生。物理化学家钱人元，是辛赐五 (C. N. Hinshelwood) 的学生，辛赐五后来当选为皇家学会会长。

生物学方面，在张景钺教授的领导下进行了大量的植物学研究；细胞学以吴素萱博士为代表（她曾在密歇根的安阿伯留学）；植物生理研究以李继侗博士为代表，正在对紫罗兰植物的闭花授粉进行有趣的研究。精力过人的沈同博士领导一项营养学实验，他们刚刚发现了一种特别丰富的维生素 C 的新来源——也许是已知最丰富的——余甘子（Emblica officinalis），它常常被描述为中国橄榄，但实际上是大戟属植物。昆虫学方面，在刘崇乐和陆近仁的领导下，正在进行紫胶虫的研究，这种动物对中国具有重要的经济价值。同样地，特别是在害虫方面，对云南省毛虫的全面调查已接近尾声。关于云南植物全面调查的资料，正在由简焯坡进行整理以便出版。该项工作此前由已故的吴韫珍教授（1899—1942）进行。吴韫珍曾留学康奈尔大学学习园艺和植物分类学，1927年获博士学位，由于在云南的采集工作操劳过度，胃病复发，手术后缺乏抗生素药品，不幸早逝。简焯坡 1940 年清华大学毕业后留校，担任吴韫珍先生助教。

此外，西南联大的地质学家在孙云铸教授和袁复礼教授的领导下，与云南省地质矿产调查所密切合作，一起调查了云南省的大部分地区。他们还有一位杰出的同事，德籍犹太人、构造地质学家彼得·米士(Peter Misch) 教授。孙云铸(1895—1979) 也是留德博士，曾访问过伦敦和剑桥。他担任西南联大地质地理气象系主任期间，为弥补教学条件的不足，组织大家更多地进行野外工作，短期内较系统地搜集了以云南地区为中心的区域地层和古生物标本。

中午，李约瑟到校长梅贻琦家吃午餐，李约瑟称梅贻琦是中国学者的完美典型，身穿长衫，风度翩翩，脸型俊美如同雕塑。陪同人员有副领事戴维·霍夫，经利彬、张玺、崔之兰，以及校内人员吴有训、杨石先、曾昭抡等七人[1]。李约瑟感到午餐极为丰盛，还饮用了可口的葡萄酒。席后李约瑟会见了四名即将前往剑桥的中国学生（袁随善、沈元、张自存等），并给他们写了介绍信。

1. 梅贻琦. 西南往事：梅贻琦西南联大时期日记 [M]. 北京：石油工业出版社，2019：184.

（2）清华大学特种研究所

　　20 世纪 30 年代，清华大学为推进研究工作，特别是在战争临近的局势下加强与国防有关的科研，先后创办农业、航空、无线电、金属和国情普查等 5 个特种研究所，由特种研究所委员会主席叶企孙直接指导。其中农业研究所 1934 年成立于北平，下设植物病理研究组、昆虫研究组、植物生理研究组，各组业务、人员、经费和场所都是独立的，分别由戴芳澜、刘崇乐、汤佩松任主任。航空研究所 1936 年设于南昌，无线电研究所 1937 年筹办于长沙，金属研究所、国情普查研究所 1938 年成立于昆明，李约瑟到访时，所长分别是庄前鼎、任之恭、吴有训、陈达。1939 年，为了躲避轰炸，无线电研究所、金属研究所，以及农业研究所的植物病理研究组和植物生理研究组，基本上都集中在昆明西北郊的大普集（也作大普吉）。

　　李约瑟首先想见的就是汤佩松等几位同行。汤佩松是我国著名的生理学家，1930 年获得美国约翰斯·霍普金斯大学博士学位。1931 年李约瑟出版的《化学胚胎学》中，收集有汤佩松的几篇关于卵细胞受精前后呼吸强度的论文，并给予高度评价，因此两人神交已久。

　　1943 年 3 月 1 日下午，在汤佩松的带领下，李约瑟骑自行车出昆明市区，行七八公里，经过大河埝村，走完一段古河堤，就到了大普集。这是一个只有十几户人家的小村落，清华大学在这里新盖了一座四合院，供研究所使用。清华大学的教职员居住在附近的大河埝村和龙院村（梨园村），教学人员到市内上课，研究人员则到大普集上班。

　　大普集的清华研究所位于一座四合院，中央研究院化学研究所的图书馆也疏散到这里。实验室之外，住有汤佩松、戴芳澜、孟昭英、叶楷等教授和一批年轻的研究人员、职员，所以让李约瑟感到"一切都和寝室混在一起"。汤佩松为李约瑟安排了农业研究所实验室隔壁的一处带客厅的卧室。这里的房屋如同农舍，除了床和桌椅之外，几乎什么都没有。正如汤佩松所言："就像一次漫无尽头的野餐，已经持续的太久了。"李约瑟对汤佩松的实验室格外感兴趣，两人深入交流了相似的课题。实验室还包括一间装有壁炉的图书室，既供阅览，也是学术交流场所。这一天，丰盛的中式晚餐之后，汤佩松和夫人召集一些研究人员家庭，围着壁炉举行了一次晚会，让李约瑟感到浓厚的情谊。"他们围火塘而坐，中国人非凡、漂亮的面容愈加明显。"李约瑟尤其喜欢中国人的长衫，觉得在特定的场合，能够给人以修道士的印象。

汤佩松等人为李约瑟既安排了热烈的学术活动，也有温馨的私人接触。李约瑟做过三四次演讲，题目包括《化学胚胎学》《中国科技发展史》《肌肉收缩期间 ATP 的作用》，以及战时国外科学动态等。3月2日上午，李约瑟向这里的科学家作了80分钟的演讲。接下来的露天烧烤午餐会上，李约瑟认识了西南联大的细胞学家吴素萱。3月3日晚上，大家又在图书馆聚会，李约瑟兴致勃勃地讲起中国科学史，在物理化学家黄子卿的主持下，人们展开了热烈讨论。黄子卿还送给李约瑟一本中国化学史方面的书，这是他首次接受赠书。

3月2日下午李约瑟参观了金属研究所的晶体物理实验室，主持人余瑞璜教授曾留学曼彻斯特大学，师从劳伦斯·布拉格（Lawrence Bragg）研究 X 射线晶体学。他主要负责以 X 射线研究金属及合金，王遵明则主持冶金学方面的应用研究，研制了高度热电压合金、锌锑合金单晶等重要的工业产品[1]。

无线电研究所在极为艰苦的环境中仍保持"高效"，实验室研制各种满足抗战需要的无线电仪器。其中范绪筠等人利用美国进口的原材料，组装了多种型号的真空管，令李约瑟感佩不已。张景廉等人研制了多台军用无线电机及航空用短距离通话机，林家翘和陈芳允研制了军用秘密无线电话机，孟昭英改进了直线调幅器，并和毕德显研制了短波定向仪等器件[2]。后来中英科学合作馆还为无线电研究所运送了一大桶急需的稀有气体。

次日下午，李约瑟看望了汤佩松的研究团队。植物生物研究组聚集了营养学家沈同、植物生长激素专家殷宏章、生物物理学家娄成后等年轻人，研究包括植物生长激素、阴极射线示波器、鸡蛋的呼吸等等。他们特别关注对中国经济具有重要价值的课题，如落花生的地下结果机制，蚕的新陈代谢和生理，

清华大学农业研究所植物生理研究组主任汤佩松
（左）向曹天钦展示秋水仙素处理的无籽黄瓜

云南昆明大普集，1944 年 8 月 28 日

作物多倍体的产生等，均有广泛的系列研究。汤佩松自己对活细胞的呼吸很有研究。1944 年西南之行的照片中，他在向曹天钦介绍通过借助秋水仙碱（素）培养的无籽黄瓜。

　　汤佩松向李约瑟介绍了这些人的工作，并请他一起座谈、参观和讨论。李约瑟认为，在极为原始的条件下，能够拥有如此完善的分析植物生长物质的实验室，是一件非同寻常的事。在李约瑟的帮助下，汤佩松不仅为实验室添置了极为珍贵的仪器和药品，还把自己归国十余年来研究工作的心得体会、对生命现象的观点和思考的论文结集成书，由李约瑟带到英国出版，定名为《绿色的奴役》(*Green Thraldom*, 1949)。李约瑟在序言中称赞汤佩松："他懂得如何在诚挚的气氛中把年轻有为的科学工作者团结在自己的周围以储备人才。"[3] 不久，殷宏章和娄成后便先后被邀请到英国访学。照片中的刘金旭，1939 年毕业于清华大学生物系并留校任教，1946 年被公费派往澳大利亚悉尼大学进修，翌年转入美国康奈尔大学营养学院攻读动物营养学，1952 年获得博士学位。

1

2

1. 清华大学农业研究所刘金旭在温室中
   云南昆明大普集，1944 年 8 月 28 日

2. 清华大学农业研究所汤佩松（左一）、戴芳澜（右二）陪同李大斐（左二）和曹天钦（右一）参观
   云南昆明大普集，1944 年 8 月 28 日

余瑞璜（前排左二）、李大斐（前排左三）、汤佩松（前排左四）和一大群清华大学农业研究所的研究人员

云南昆明大普集，1944 年 8 月 28 日

1

| 1 | 4 |
| 2 | 3 |

1. 2. 清华大学农业研究所的实验室　　　3. 清华大学农业研究所娄成后操作一台阴极射线示波器
　云南昆明大普集，1944 年 8 月 28 日　　　　云南昆明大普集，1943 年 3 月 3 日

4. 清华大学农业研究所的科学家在加工车间

    云南昆明大普集，1943 年 3 月 3 日

清华农业研究所的植物病理研究组，由戴芳澜博士主持。李约瑟参观时，"各种有趣的研究"也在进行着。如菌类分类学（裘维蕃），大麦枯萎病线性虫的传播物（俞大绂），豆类枯萎病和大麦锈病的抵抗力遗传（方中达），水生真菌的形态和结构研究（沈善炯），白蚁与某一菌类之间一种共栖或交相刺激的特别组织（周家炽）等。

清华大学还有一个航空研究所。该所1936年成立于南昌，顾毓琇、庄前鼎分别担任正、副所长，1939年9月迁至昆明白龙潭。航空研究所主要进行空气动力学、高空气象方面的研究，发表论文百余篇。在昆明期间，建成了当时国内唯一可用的5英尺（1英尺=0.3048米）风洞，为飞机制造厂作改良机型的试验。李约瑟在前往黑龙潭的路上，曾到场参观，"这里有一个风洞和在本地制造的航空动力学实验必不可少的全部仪器"。

清华大学航空研究所的风洞
云南昆明白龙潭，1944年9月1日

李约瑟居住在大普集期间，还参加了大学教授组织的座谈会。他了解到昆明特别是大普集一带学术机关众多，便试图通过英国的昆明领事馆，想把未来的中英科学合作机构设在大普集。当然从全国角度看，此地还是过于偏僻了。1943 年 3 月 4 日，李约瑟与汤佩松从大普集骑车回到昆明城内。

1. 王公，杨舰. 二战时期中国的科技动员一例：清华大学抗战时期的特种研究事业 [J]. 中国科技史杂志，2023，44(04): 481–492+478.

2. 王公，杨舰. 二战时期中国的科技动员一例：清华大学抗战时期的特种研究事业 [J]. 中国科技史杂志，2023，44(04): 481–492+478.

3. 汤佩松. 为接朝霞顾夕阳：一位生理学科学家的回忆录 [M]. 北京：化学工业出版社，2021: 146.

清华大学航空研究所的风洞模型试验装置
云南昆明白龙潭，1944 年 9 月 1 日

（3）清华大学国情普查研究所

3月7日，李约瑟乘车从昆明北郊穿过城区，来到东南方向的呈贡。此地是距昆明约20公里的县城，却有两个社会学研究机构。一是云南大学与燕京大学合作创办的社会学实习调查工作站，设在魁阁，站长为费孝通。一是清华大学国情普查研究所，位于孔庙，所长是陈达博士。

上午在实习调查工作站用完午餐，李约瑟和大家一起散步，不知不觉进入了一座美轮美奂的孔庙中。众人当然不是无意登临，这里除了堂皇的建筑，还有清华大学的国情普查研究所。

国情普查研究所以清华大学社会学系为基础，1938年成立于昆明，是清华大学五个特种研究所中唯一的社会科学研究所，旨在搜集人口、农业、经

文庙入口的大型门楼，清华大学国情普查研究所驻此
云南昆明呈贡，1944年9月3日

114

济、自然资源等方面的数据，以了解国情。所长为陈达，李景汉主持调查部，戴世光主持统计部。研究所成立之初就选定呈贡县为实验区，开展人口普查。1939年，研究所迁到呈贡文庙。

经过一系列堂皇的牌楼和大门，李约瑟进入主殿的院落。主殿位于高台之上，古松环绕。大殿之中，体现了儒教真正的克己精神，里面只有圣人的金字牌位，周围是弟子门徒的牌位，可以辨别出孟子和朱熹的名字。下面摆放着统计员使用的计算器和索引卡片。李约瑟读过《论语》，他想到孔子一定会为兴旺的人丁而高兴，让他们先"富之"而后"教之"。

李约瑟了解了这里的工作，该研究所选定某些区域，开展实验性的调查工作，观察农民的反应，查清各种失误的根源，寻求如何更好地让中国农民适应即将必然发生的变革。1942年起，该所开展了四个县的户籍调查工作，出版了《云南省户籍示范工作报告》(1944)，该项工作对于内政、教育、国防、卫生等方面均有重大意义。在历次普查的基础上，陈达完成专著《现代中国人口》，1946年在《美国社会学杂志》全文发布，被誉为"一本真正以科学态度论中国的书"。[1]

进入文庙
云南昆明呈贡，1944年9月3日

1. 潘乃谷. 魁阁的学术财富 [A] // 潘乃谷，等.
   重归魁阁 [C]. 北京：社会文献出版社，2005.

进入文庙
云南昆明呈贡，1944 年 9 月 3 日

圣人牌位和祭桌，下面桌子上放着现代的计算器

云南昆明呈贡，1944 年 9 月 3 日

4 其他研究和教学机构

（1）中国医药研究所

　　3月3日上午，李约瑟访问了清华大学特种
研究所邻近的中国医药研究所。1942年该研究
所由主管教育部的陈立夫下令成立，隶属于教
育部。它坐落在陈家营一座年久失修的土主庙
里，大殿供奉着一尊巨大的观音像。

土主庙中的医药研究所

云南昆明大普集，1944年8月28日

中国医药研究所主要从事中国原生药用植物和制药的研究，试图利用中草药解决抗战期间大后方缺医少药的困难。所长为国民党元老经亨颐的长子经利彬（1895—1958），他曾留学法国里昂大学，获理学、医学博士学位，1929 年任北平研究院生理学研究所所长（因迁滇过程中仪器、图书及各项设备损失惨重，该所工作于 1943 年暂停）。

1942 年 7 月，云南建设厅与中国医药研究所协议合组云南药物改进所，主要任务是试验改良滇产药用矿植物，以增加生产，弥补抗战急需的药品。其中一项工作就是编制药用植物图谱。从 1943 年 1 月起，就在神像之下，吴征镒、匡可任等人采集植物标本，利用一台石印机和一张绘图方桌，自写、自画、自印，编纂《滇南本草图谱》[1]。当时已经印刷了几期描述新种植物的通报，还被寄往英国植物园。

李大斐（右二）与汤佩松（右一）等在医药研究所共进午餐
云南昆明大普集，1944 年 8 月 28 日

《滇南本草图谱》以明代《滇南本草》为基础，成书于 1945 年 5 月，收录植物 26 种，包括一个新属——金铁锁属。该书是线装本，雕版印刷，纸张为宣纸，封面是黄色的油纸，经利彬请陈立夫为此书作序。《图谱》刊印之后，中国医药研究所随即解散。

石印《滇南本草图谱》留存不多，2008 年此书重印[2]，吴征镒在跋中回忆了编写时的情景：

在昆明西北郊的大普集（今名大普吉）坝子里的陈家营东边小河旁，有一座破烂不堪的土主庙，那大殿里土主神像旁也就容得下一台石印机和一张看标本、绘图的大方桌。绕着这台石印机，经常有三或四个二三十岁的年轻人"忙乎""转悠"。转了三年，到 1946 年终于"转"出了一本自写、自画、自印而成的《滇南本草图谱》第一集来。

《滇南本草图谱》封面及题赠蔡希陶的扉页[3]

这一天，李约瑟还会见了曾访问过剑桥大学的华罗庚。1936 年，任教清华的华罗庚获得中基会资助，应哈代(G. H. Hardy) 的邀请访问英国剑桥大学。两年间华罗庚发表了 18 篇论文，在解析数论上作出了突出的贡献。1938 年，华罗庚回到昆明西南联大。为躲避轰炸，1941 年举家搬到大河埂村附近的陈家营，与闻一多家一起挤在三间房子里。就在这样困难的条件下，华罗庚完成了 20 多篇论文和专著《堆垒素数论》。李约瑟早就知道这位享誉国际的"中国拉玛努金"(S. Ramanujan)，两人讨论了中国数学史。

中国医药研究所所长兼北平研究院生理学研究所所长经利彬

云南昆明，1944 年 8 月 21—28 日

1.　张玲. 一本诞生于抗战硝烟中的珍贵药书：《滇南本草图谱》[J]. 云南档案，2020（10）：29-31.

2.　经利彬，吴征镒，匡可任，蔡德惠. 滇南本草图谱（第一集）[M]. 昆明：云南科技出版社，2008.

3.　见刘华杰科学网博客 https: // blog. sciencenet. cn / blog -222-273412. html.

（2）中央机器厂

3月6日上午，李约瑟在王守竞的带领下，与北平研究院的一些成员一起访问了国立中央机器厂。该厂位于黑龙潭附近的茨坝山谷隧洞之内，隶属资源委员会，1939年正式成立。该厂设有七个分厂及一座炼钢厂，能制造蒸汽轮机、内燃机、发电机，以及纺织和农业机械，是当时中国西南规模最大、设备最齐全的机器制造厂。

中央机器厂积极引进国外先进技术和设备，并重视技术研发。李约瑟看到，简陋的山洞里，数千工人正在紧张工作，场面壮观。技术工人建造了最现代化的吹氧炉炼钢，操作复杂的机械设备生产高精度要求的精密工具、齿轮和其他机器零件，在恒温室里用蔡司万能测量仪检查机械加工的精度。工厂的主要产品是一些基础设备，比如钻床、刨床、铣床、镗床和辊轧机，这些机器供应给兵工厂和其他工厂。

李约瑟还注意到，学徒制给人留下了深刻的印象，有专门的车间培训年轻的装配工和机工。中央机器厂积极鼓励技术人员在实践中学习，同时注重提高技术工人的素质，采用"导师制"培训练习生。

王守竞带头钻研技术，训练有素的工科大学生和普通工人并肩工作，严谨负责，吃苦耐劳，让李约瑟大感意外。他认为中国人正在努力克服文人远离体力劳动的旧传统，摆脱过于繁琐的旧礼仪，转变了过去对待实际工作的态度。

中午李约瑟回到黑龙潭吃午餐，王守竞的父亲王季同（1875—1948）出席作陪。王季同曾游学英国，1911年即在《爱尔兰皇家学会会刊》上发表数学论文，在物理机电工程方面也有建树，曾参与筹备中央研究院。晚年他转向佛学研究，特别是佛教与科学的关系。当时他正在写作《佛法省要》，认为"佛法是不折不扣的科学"。午餐期间，王季同阐述了自己的观点，但并未让李约瑟信服，后来他在《中国科学技术史》中也讨论到佛教对中国古代科技发展的影响问题，但得出总体上起负面影响的结论。

当天下午，李约瑟又去了附近龙头村，访问北京大学历史系、中文系，会见闻一多及修中诚。

国立中央机器厂的地下钢铁冶炼炉

云南昆明，1943 年 3 月 1 日—1945 年 12 月 1 日

（3）国立云南大学

　　云南大学位于昆明城内，翠湖之畔，贡院旧址。古老的至公堂是贡院建筑群的核心，抗战时期作为云南大学的礼堂，成为大后方学者的集会之地。梁思成、林徽因设计的映秋院，本为女生宿舍，此时也住进了许多教授。云南大学的标志性建筑会泽院，则是由留法建筑师张邦翰设计，法式古典风格穿插着中国文化符号。

　　该校源于1922年成立的私立东陆大学，龙云担任省主席后，于1930年改为省立，1934年更名省立云南大学。随着全面抗战的爆发，昆明成为重要的大后方，1938年国民政府批准云南大学改为国立，10月正式任命熊庆来为校长，逐步跻身全国著名大学行列。学校除了得到国库、省库的经费支持外，还争取到了教育部中英庚款董事会、中法教育基金会董事会、中华文化教育基金委员会的经费补助，增添了大量图书仪器，并扩充了校舍。

　　云南大学与西南联大等迁滇高校之间有着良好的合作关系。在西南联大迁昆之前，梅贻琦曾致信熊庆来，求助选择办学地点。西南联大迁昆后，两校相距百米之遥，教师到云南大学上课成为常态。云南大学抓住文

云南大学会泽院正面
云南昆明，1944年8月18日

绿树掩映的云南大学

云南昆明，1944 年 8 月 18 日

化机关内迁时机，延揽学者，聘任何鲁（教务长兼理学院院长）、林同济（文法学院院长）、闻宥、吴晗、曾作忞、罗仲甫、赵雁来、赵忠尧、严楚江、杨克嵘（工学院院长）、李炽昌、张正平、范秉哲（医学院院长）等一批教授，至 1946 年，教授达到 102 人，堪称人才济济。[1]

李约瑟了解到这里的许多教工都会讲法语。校长熊庆来是留法的数学家。云南大学理学院理化系主任、有机化学家赵雁来为里昂大学博士，曾师从诺贝尔奖获得者格林尼雅（V. Grignard）。医学院院长范秉哲也在法国里昂大学获医学博士学位，李约瑟说，云大的医学院小而精致，课程都用法语讲授。在系主任一级中，形态学家崔之兰教授是德国柏林大学的博士，她一人承担了多门课程，还在研究无尾两栖类嗅器官的胚胎发育。

1940—1941 年日军飞机两次轰炸校区，特别是 1941 年 8 月 14 日的轰炸造成更严重的破坏[2]，照片上可见化学楼损毁严重。云南大学各院系曾疏散到嵩明、呈贡、会泽、广通等地。

1. 云南大学附近被炸毁的街道
   云南昆明，1944 年 8 月 18 日

2. 云南大学被空袭炸毁的化学楼
   云南昆明，1944 年 8 月 18 日

1

2

1.　　任祥. 抗战时期云南高等教育的流变与绵延 [M]. 北京：商务印书馆，2012：236-237.

2.　　任祥. 抗战时期云南高等教育的流变与绵延 [M]. 北京：商务印书馆，2012：156.

（4）云南大学—燕京大学社会学实习调查工作站

李约瑟专门提到，云南大学在社会科学方面很强。政治经济系聘请著名的政治学家王赣愚（1903—1997）。王赣愚为清华大学1929年毕业的首届学生，留学哈佛大学并获博士学位，曾到伦敦大学访学，师从政治思想家巴克教授（Ernest Barker）。回国后任教南开大学，为筹建西南联大作出贡献，并应邀在云南大学授课。

云南大学的社会学系成立于1939年，由来自燕京大学的吴文藻主持。同年以两校合作的名义，附设一个实习调查工作站，费孝通接受中英庚款董事会的资助，主持工作站并开展农村实地调查。1940年，因敌机轰炸昆明文化区，工作站迁到呈贡的魁（星）阁，一直工作到1945年。魁（星）阁始建于1818年，当地称之为"古城魁阁"，旁边松树林中，常有白鹤起舞。石基之上，这座陈旧的木建筑分为三层：一层供工作站成员用餐；二层摆放着三四张办公桌，书架装满书籍和文稿，大家在这里读书讨论；三层是费孝通埋头工作的地方，魁星的神像也摆在一旁。'3月7日上午，李约瑟到访魁阁，李约瑟难以置信于这座具有传奇色彩的宝塔竟成为人类学研究的宝地。

这里的条件很艰苦，费孝通说过："大部分时间我们必须自己做饭和打水；没有秘书，我们必须一个字一个字地抄写，一页纸一页纸地油印；当我们去做田野调查时，我们不得不步行几十里山路，有时连着几天翻山越岭；村民也并不总是那么友好，有一次他们把我们安置在存放死马的房间里过夜。"但这些困难反而激发了他们的热情，越是在民族危亡的时刻，他们越是感觉到了自己的责任。

费孝通曾留学伦敦经济学院，师从人类学家马林诺夫斯基（B.Malinowski）。费孝通认为，中国在抗战胜利之后还有一个更严重的问题要解决，那就是我们将建设成怎样的一个国家，而自己有责任用学到的知识，多做一些准备工作，那就是科学地认识中国社会。秉承英国的学术风气，费孝通在魁阁吸引了一支研究团队，除了同门师弟许烺光外，还有十余名青年学者。他们注重理论与实际结合，经常组织集体讨论，完成了一系列社会调查报告，引起了学界关注和好评。1943 年 6 月，费孝通赴美访学一年，将魁阁时期的代表性成果——他的《禄村农田》和张之毅的《易村手工业》《玉村农业和商业》翻译成英文，以《云南三村》(*Earthbound China: A Study of Rural Economy in Yunnan*) 为名出版，产生了较大的国际影响。

李约瑟看到工作站新近出版的大量报告和专著，特别是许烺光对当地社会霍乱流行的观察报告。1941 年，许烺光曾到云南喜洲的华中大学教书，那里暴发了一场霍乱，当地人举行了复杂的仪式，许烺光对此兴趣浓厚，经常从头看到尾，详细记录了仪式的步骤，完成报告《滇西的巫术与科学》[2]。

1944 年夏秋的西南之行，李约瑟盘桓昆明月余，9 月 3 日，他和李大斐再度造访呈贡，并与费孝通、许烺光等一起在魁阁用餐。

魁阁上的云南大学云南燕京社会学与人类学研究所
云南昆明呈贡，1944 年 9 月 3 日

---

1. 王铭铭. 魁阁的过客 [A] // 潘乃谷，等. 重归魁阁 [C]. 北京：社会科学文献出版社，2005.

2. 许烺光后来写成了《宗教、科学与人类危机》(*Religion, Science and Human Crises: A study of China in transition and its implications for the west*，1952)，第二版名称改为《驱除捣蛋者——魔法、科学与文化》(*Exorcising the Trouble Makers: Magic, Science, and Culture*，1983)。

吴学周的儿子吴景阳（左）、女儿吴宜
南（中）和他们的邻居殷慕昭（右）

云南大学云南燕京社会学与人类学研究所许烺光（右一）及夫人（右二）、费孝通（左一），图中费孝通的身影挡住了李大斐

云南昆明呈贡，1944 年 9 月 3 日

李大斐、许烺光和男孩（吴学周的儿子吴景阳）在魁阁门口

云南昆明呈贡，1944 年 9 月 3 日

（5）中央防疫处

在昆明西山脚下滇池岸边的高峣村，李约瑟参观了中央防疫处，处长汤飞凡被他赞誉为"中国最能干的细菌学家之一"。汤飞凡（1897—1958），1925年留学哈佛医学院，师从著名细菌学家汉斯·秦瑟（Hans Zinsser）教授，1929年应颜福庆之邀回国，任教于中央大学医学院。1932年，中央大学医学院脱离大学独立，改名国立上海医学院。作为最早用物理方法研究病毒性状的科学家之一，汤飞凡在国际微生物学界享有一定的声望，兼任了英国设于上海的雷士德研究所细菌系主任。1935年被英国国家医学研究所聘为客座研究员，开展过短期合作研究。

中央防疫处的生产大楼
云南昆明西山，1944 年 8 月 21—28 日

李约瑟与中央防疫处主任汤飞凡
云南昆明西山，1944 年 8 月 21—28 日

中央防疫处成立于 1919 年，原在北平，1935 年迁南京。1938 年初迁到长沙，人员只有 20 余人，从北平运出的设备本来就不多，一路又散失不少。颜福庆担任了卫生署长，邀请汤飞凡主持重建该机构。汤飞凡来到中央防疫处时，这里只能制造狂犬疫苗等一些简单制品，主要靠分装北平带出的牛痘苗和抗毒素维持。汤飞凡力主将防疫处迁昆明，认为重庆的中央机关太多，而昆明可以通过缅甸与外界联系。到昆明后，汤飞凡先是利用私人关系，向云南昆华医院借用部分房舍，又筹措到一笔银行贷款作为资金，从 1939 年初开始生产牛痘苗、狂犬疫苗等。

生产生物制品，要同细菌、病毒打交道，需要饲养牛马和家兔、小白鼠等实验动物，选址郊外比较合适。汤飞凡看中了昆明西郊位于西山脚下滇池边上的高峣，这里有大片长满野草的荒滩。经过努力，防疫处1940 年建成新址，包括一座二层的主实验楼。聘请了从美国回来的魏曦和北平大学的沈鼎鸿，还有爱国华侨黄有为和周朝瑞。魏曦也是哈佛大学医学院秦瑟的学生。到 1942 年，全处员工达到近百人。李约瑟看到，在汤飞凡的带领下，作为一项公共活动，每周一次，全所工作人员，包括医学人员、细菌学家以及玻璃工、常规装瓶工、采样工、动物饲养人员等，一齐动手平整土地，改善环境，以便把这里变成一座花园。

科学家们利用兔子进行疫苗标准化实验
南昆明西山，1944 年 8 月 18 日—9 月 18 日

中央防疫处的科研和技术人员，其中有黄有为（前排左二）、汤飞凡（前排右三）、魏曦（前排右一）等

云南昆明西山，1945年1月1日

防疫处的任务，首先是生产抗战急需的血清和疫苗。根据李约瑟的记录，1942年这里生产了500万支伤寒疫苗，还生产了天花疫苗、白喉疫苗、斑疹伤寒疫苗、破伤风类毒素和许多其他用品，包括诊断伤寒的肥达氏试验和诊断梅毒的康氏试验所需的抗原。这里的血清则提供给中国军队和中国战区的盟国军队。经过汤飞凡的整顿，防疫处各种制品的质量都达到了当时欧美同类制品的水平。实验室技术水平也得到国际承认，魏曦负责的检定室被美军选为"指定化验室"[1]。

尤其可贵的是，这里的研究人员以敏锐的洞察力及时跟进医药科研的最新步伐，在汤飞凡的组织下，樊庆笙、魏曦、朱既明、黄有为等年轻科学家1941年冬即开始试制青霉素。从1941年至1944年，中央防疫处经历数百次试验，获得青霉素帚状菌40余株，合并1944年春汤飞凡、黄有为分别从印度和美国带回来的菌株，以及英国红十字会捐赠的一批，技术团队才最终完成菌株的收集与甄选。利用培养青霉素的特殊设备，在原有培养基地基础上，加自制的玉黍浆和当地产的棕色蔗糖，终于培养出青霉素。1944年9月5日，中国自行研制的青霉素在高峣村诞生。第一批出品仅5瓶，每瓶5000单位，其中两瓶送往重庆，两瓶分送英、美两国鉴定，均获肯定。第二批青霉素即进行了临床试验，取得良好效果。1945年，汤飞凡建成了中国第一个抗生素生产车间。青霉素的试制成功，在当时具有极其重要的意义，挽救了无数抗日将士的生命。

制取青霉素的瓶子
云南昆明西山，1944年8月18—28日

中央防疫处黄有为

云南昆明西山，1944 年 8 月 18—28 日

中央防疫处的菌苗培养室

云南昆明西山，1944 年 8 月 18 日—9 月 18 日

职员和孩子们在为药瓶贴标签

云南昆明西山，1944 年 8 月 18—28 日

正如李约瑟看到的那样，工厂的故事本身就是一首史诗。唯一可用的锅炉，是从长沙大火的余烬中抢运回来的，漏水且不安全，每晚使用后都需要维修。但所有器皿的消毒、蒸馏水的供应，都要靠这台锅炉，幸运的是没有发生过什么意外。最能体现防疫处顽强精神的典型做法，是通过特殊处理而重复利用琼脂。利用仅有的少量材料在岸上搭建好透析槽，然后放到湖中筏子上，只要没有鱼类的侵扰便可进行透析。如果商用蛋白酶供应不足，就会建造一个养猪场，到了可以提取胃蛋白酶的时候，就会用特殊的饲料将猪催肥。当然，这么做耗资巨大，实际上饲养这些动物是一个沉重的负担，因此马的数量被迫大幅减少。

1944 年 8 月，李约瑟重访中央防疫处，赠送了 3 箱新到的仪器。此时，疫苗生产工作仍在继续，但越来越受限于资金的短缺。汤飞凡完成了关于青霉素的大量研究，并成功地用于许多病例。李约瑟首次参观了中央防疫处的疫苗工厂和贵阳分处。这里有一些非常有趣的研究，特别是试图用家蚕幼体代替卵黄囊，来培养斑疹伤寒的立克次体。

1. 刘隽湘. 医学科学家汤飞凡 [M]. 北京: 人民
   卫生出版社, 1999: 71.

（6）云南省地质矿产调查所

　　李约瑟首访昆明的文献中，还提到云南省建设厅地质矿产调查所。地质矿产调查所与地质矿产陈列馆位于大普集乡间一座"如画的古建筑"中。陈列馆的收藏非常丰富，有各自独立的地层、矿苗和古生物。

1 　 2

1. 云南省地质矿产调查所大门
　　云南昆明大普集，1944 年 8 月 21—28 日

2. 云南省地质矿产调查所院内
　　云南昆明大普集，1944 年 8 月 21—28 日

云南矿产资源丰富，可开采的矿石包括锑、砷、锌、铜、铁、磷等。东川的铜矿、个旧的锡矿，都有数百年的开采历史，但开采方式落后，储量探测不明。抗战以来，国民政府资源委员会与云南省政府合办滇北矿务公司(1939 正式开办)，统一开采滇北的铜、铅、锌。同时成立平彝钨锑公司等。

云南省地质矿产调查所的职员，孙云铸(右五)、彼得·米士(右四)、孟宪民(右三)、袁复礼(右一)，居中女学者为郝诒纯

云南昆明大普集，1944 年 8 月 21—28 日

高校和科研机构内迁也充实了地质矿产的调查研究力量，西南联大的地质学家就在孙云铸教授和袁复礼教授的领导下与云南省地质矿产调查所合作，调查了该省的大部分地区。云南大学矿冶系也获得长足发展，聘请了张正平、石充、冯景兰、孟宪民、许杰等到校任教或兼职，他们对云南地质矿产的调查和开发作出了巨大贡献。此外，经济部地质调查所昆明办事处的程裕淇和王学海在昆阳发现富磷矿，卞美年、谢家荣等又做过后续调查。李约瑟文中提及，磷矿储藏分布很广，磷的含量高达 38%。中央研究院工程研究所承担电力制钢厂的设计，1945 年中央研究院地质研究所孟宪民、邓玉书勘测东川铜矿，编写《云南东川铜矿地质》。北平研究院物理研究所也在云南和贵州开展过物理探矿方面的工作。

1. 郝诒纯（1920—2001），1943 年毕业于西南联合大学地质
    地理气象学系，任云南地质调查所技士，并考取了清华
    大学地学系研究生。她当时是中共地下党员，1980 年当
    选为中国科学院学部委员。

1. 云南省地质矿产调查所的职员
   云南昆明大普集，1944 年 8 月 21 日—28 日

<u>1</u>
2　3

2、3. 云南省地质矿产调查所的房屋
   云南昆明大普集，1944 年 8 月 21 日—28 日

5　小结

　　昆明是李约瑟来华第一站，中央研究院、北平研究院和西南联大恰好代表着中国基础科学的最高水平。科研条件虽然简陋，但科研人员的聪明才智和团结奋斗的精神风貌，让李约瑟对中国科学和教育事业产生了良好的第一印象。他很快以皇家学会代表身份与两个研究院的科学家建立联系，西南联大也成为他眼中顶尖大学的代表。

　　滇缅公路是以昆明为起点的重要国际通道。1941 年 12 月 23 日，中英在重庆签署《中英共同防御滇缅路协定》，是两国走向同盟的标志，也是李约瑟得以来华的契机。由于这一国际通道的存在，让云南特别是昆明成为战时仅次于重庆的科学教育中心，这也是中央防疫处、中央机器厂等机关选址的考虑因素。而对国际科学合作的思考，从他的首场报告开始，便成为开展工作和积累经验的着眼点。

　　李约瑟首先较为细致地参观了各机构的科研条件和工作情况，包括房屋建筑、仪器设备、图书馆藏书等，了解内迁对科研工作造成的影响。许多研究继续进行，如吴学周的紫外线光谱分析、汤佩松的植物生长研究等。甚至还兴建大型的科研基础设施，如中央研究院天文研究所的简易天文台、清华大学航空研究所的风洞。中央防疫处更是白手起家，生产出高质量的血清和疫苗，奇迹般地试制出战场急需的青霉素。

　　基础科学与应用科学之间的关系也是李约瑟考察的重点。许多科学家转向了战时工作，如北平研究院物理学研究所的光学工场、清华大学金属研究所制造无线电仪器等。李约瑟认为，相比英国对科学家的战时动员，中国科学家的动员水平偏低，一是因为科学家不希望放弃纯粹科学的传统，但更重要的是因为科学与政府之间的关系仍存在问题。

　　虽然李约瑟在昆明仅停留了不到一个月，但他却恋恋不舍，甚至在日记中认为"如果可以不把总部设在重庆，这里肯定是一个设总部的理想之地"。

云南省地质矿产调查所院墙拐角的鸟形雕像
云南昆明大普集，1944 年 8 月 21—28 日

2

陪都春秋

第二章

——沙磁、北碚与歌乐山

抗战全面爆发三个多月，正面战场节节败退，国民政府被迫决定迁都重庆，准备长期抗战。中国北方和东南沿海的大中学校、科研机构，连同大量的机关、工厂纷纷迁往内地省份。重庆作为战时的陪都，自然成为科研和教育机构云集之地。仅科研机构便包括中央研究院、中央工业实验所、中央地质调查所、经济部矿冶研究所、中央农业实验所、中国地理研究所、中国工业经济研究所，以及原有的西部科学院、新成立的中央林业实验所等十余个[1]。高等教育机构，则有中央大学、重庆大学、复旦大学、交通大学、上海医学院等数十所。重庆还是政府科学管理机构和科学团体总部的所在地，资源委员会、兵工署、国防科学技术策进会等动员和聘用了大量科学家从事战时服务，中国科学社、中国工程师学会、中国地质学会等均将总部设于重庆。此外，随着抗战后期中国国际地位的提升，重庆的科研机构在对外科技交往方面发挥了关键的作用，如派遣留学生、科技专家互访等，1943 年中央研究院还设立了专门的国际科技合作部门。

1.　程雨辰. 抗战时期重庆的科学技术 [M]. 重庆：重庆出版社，1995：42.

1 初到重庆

3月22日，李约瑟到重庆的第二天，便前往中央研究院办事处，与总干事叶企孙讨论战后中西科学合作事宜。抗战爆发后，中央研究院总办事处迁到重庆，最后落脚在牛角沱江边的生生花园。各研究所则分布于重庆、昆明以及李庄等地[1]。

因为工作上的关系，李约瑟与叶企孙有过多次接触、交谈，相互有了一定的了解，成了好朋友。李约瑟向中央研究院提供了最近出版的英国《自然》（*Nature*）杂志和其他科技刊物的缩微胶卷，这可能是抗战时期国内唯一的一份外国最近出版的科技杂志的缩微胶卷，可以帮助我国科学家了解国外科技发展情况。而李约瑟在华期间，叶企孙也给予了很多热情、诚恳的帮助，为他提供了不少的资料和方便。在中国科学技术史方面，两人有着共同的志趣和见解。李约瑟在《中国科学技术史》第四卷第一分册扉页上写道："此卷谨献给最热心的朋友叶企孙教授，感谢他在昆明和重庆那段艰难时期里给我提供的宝贵帮助。"

接下来，是拜会各位国民政府要员，包括国民党中央秘书长吴铁城、教育部长陈立夫、国民党中央设计局秘书长王世杰，以及朱家骅、蒋梦麟、梅贻琦、竺可桢等教育界人物。显然李约瑟对这类官方的应酬活动兴趣不大，在日记中罕有记录，仅提到"与国防部长何应钦的会面使人筋疲力尽"。

当然，李约瑟也了解到与科学有关的政府部门，包括国立资源委员会，由经济部部长翁文灏博士兼任资源委员会主任委员，钱昌照担任副主任委员。资源委员会正式成立于1935年，负责开发各地的自然资源，发展、经营和控制基础工业、重要的采矿企业和电力企业，以及管理政府分配的企业。像英国的科学与工业研究署一样，还资助一些大学和研究所的科研工作。另一个是卫生署，署长是金宝善博士，下设中央卫生实验院。

李约瑟热衷的是参观重庆的科学和教育机构，刚到重庆两周，便安排了密集的考察计划。而 4 月底离开重庆的川西之行，则让他感到"如释重负"。

1943 年 4 月 9 日，李约瑟结束沙坪坝之行回到市区，中午行政院长孔祥熙在范庄宴请了李约瑟和陶育礼 (E. Dodds, 1893—1979)，英国驻华大使薛穆和杭立武（中英庚款董事会总干事）、陈立夫、王世杰，以及竺可桢、梅贻琦、程天放等教育界人士陪同。

下午四点，中央研究院在中央图书馆[2]为他和陶育礼两位教授的访华举行了欢迎茶会。欢迎会邀请了比利时、英国、苏联等国大使和学术文化界200 余人参加，代理院长朱家骅主持欢迎会，陶育礼宣读了英国国家学术院（British Academy）、英国各大学副校长协会及牛津大学给研究院的函，李约瑟宣读了皇家学会、英国科学促进会及剑桥大学的来函。研究院授予李约瑟动植物研究所通讯研究员称号，授予陶育礼历史语言研究所通讯研究员称号。

李约瑟获赠的中央研究院徽章

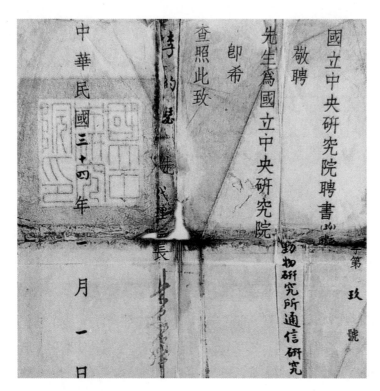

中央研究院颁发的聘书

朱家骅在欢迎词中说："两位先生并有中英科学合作办法的建议，所列项目甚多，如互相供给研究资料，交换研究意见及文献，教授学生等盛意，至为可感。"[3]

刚到重庆的李约瑟，几乎马不停蹄地安排了访问学术机关的计划。在1943年3月29日给张资珙的信中，李约瑟写道：

很抱歉，下个月5日周一前往沙坪坝，早就安排好了，无法变更。因此，我5日到9日将在那里。10日到13日在北碚，14日到16日在歌乐山，最后19日周一早晨到南温泉，我将在那儿住一夜，晚上与您会面并将那两本书完璧归赵。[4]

南温泉位于重庆南部，距市中心18公里。由于温泉周围环境优雅，森林密布，不易被日军飞机侦察到地面情况，第二次世界大战期间，蒋介石、林森、孔祥熙等政要在温泉旁修建了休养和避难寓所。

4月19日，李约瑟赴南温泉参观，与张资珙会面，讨论中国科技史，并为张夫妇摄影、签名。

张资珙（1904—1968），广东梅县人。教育家、科学史家、化学家，1924年毕业于上海沪江大学化学系，毕业后留校任教。1927年考取清华留美预备学堂，赴美留学。1930年获约翰斯·霍普金斯大学哲学博士学位，回国后先后在厦门大学、华中大学、岭南大学和武汉大学执教。1937年再赴美，曾与科学史开创者乔治·萨顿共同切磋科学史问题。1944年8月应英国文化委员会之邀到英国剑桥大学和伦敦大学讲学两年，并应邀去巴黎大学、比利时布鲁塞尔大学讲授中国科学史，特别是中国古代化学史，在西欧学术界引起轰动。

1. 国立中央研究院. 国立中央研究院概况 [M]. 国立中央研究院，1948.
2. 中央图书馆位于重庆两路口复兴路 (今长江路)56 号的三层楼大厦。
3. 中英学人携手，我方昨欢迎英来华两教授，宣读英学术团体托带函件 [N]. 大公报 (重庆版)，1943-4-10.
4. 郭世杰，李思孟. 李约瑟致张资珙的两封信 [J]. 中国科技史料，2003（02）：84-87.

张资珙与夫人王苏榛在南温泉

重庆，1943 年 4 月 19—25 日

2　沙磁文化区

　　重庆位于长江与嘉陵江汇合处。沿嘉陵江上行，至重庆西郊沙坪坝、磁器口一带，歌乐山则位于磁器口以西。抗战时期，这一带因地势平坦开阔，自然环境幽美，水陆交通便利，成为内迁国民政府机关、文教科研机构的聚集地，被称作"沙磁文化区"。

　　早在 1933 年 10 月，刚成立四年的省立重庆大学从市区迁到沙坪坝，加上在磁器口创办的四川省乡村建设学院，奠定了该地区高等教育发展的基础。1936 年张伯苓在沙坪坝创办南渝中学，拉开了东南城市大中学校内迁西南的序幕。受蔡元培"大学区制"（全国设置若干大学区，区内设大学一所，管理一切学术与教育事宜）教育思想的影响，1936 年底，重庆大学校长胡庶华提出应在沙坪坝建设重庆的文化区的倡议，并制定了具体的步骤。[1]

　　全面抗战爆发后，多所高等院校和卫生机构随国民政府西迁重庆。沙坪坝一带具有良好的教育公共设施基础，迅速发展成为文化学术中心。1938 年2 月，重庆大学、中央大学、四川省立教育学院等 12 个机构，发起成立了"重庆沙坪文化区自治委员会"，1939 年 1 月，改组为"巴县沙坪文化区社会事业促进会"，因日本飞机轰炸重庆，沙坪坝、磁器口一带被划为疏散区，改由重庆市政府管辖，称沙磁区。1940 年 9 月，国民政府命令，定重庆为中华民国陪都，沙磁文化区被称为陪都文化区。

　　沙磁文化区实际上包括歌乐山、新开寺、山洞、新桥、盘溪地区。沙坪坝和歌乐山连为一片。抗战期间，迁渝高校共 25 所，其中迁入沙磁区 16 所，卫生机构则多集中在歌乐山。

　　李约瑟对重庆科学事业的介绍，即从沙坪坝开始。根据事先制订的计划，他实际于 4 月 5—9 日访问沙坪坝，10—14 日访问北碚，15—16 日访问歌乐山。以这些考察为基础，李约瑟撰写了《重庆的科学》，发表于《自然》杂志[2]。

1. 重庆市沙坪坝地方志办公室. 抗战时期的陪都沙磁文化区 [M]. 重庆：科学技术文献出版社重庆分社，1989：9-10.
2. Needham. J. Science in Chungking[N]. Nature, 1943, 152：64.

(1) 中央大学

中央大学是南京国民政府时期的最高学府，也是战时迁校办学的成功典范。早在 1935 年日军进攻上海，南京遭到轰炸之际，中央大学校长罗家伦就开始筹划迁校事宜，并考察了重庆沙坪坝地区。中央大学的西迁得到各方帮助，重庆大学愿意出让嘉陵江边松林坡 200 亩地修建校舍，卢作孚的民生公司轮船慨允免费运送。1937 年 9 月，教育部批复中央大学"准迁重庆"，11 月 1 日即开学复课。

由于提前规划，迁校一次完成，中央大学较为完整地保存了办学实力，招生规模很快恢复，又在柏溪建分校舍供一年级新生用。医学院及农学院畜牧兽医系则迁到成都华西坝，借用华西大学校舍。

中央大学将图书馆修建在山坡顶部，俯瞰沙坪坝全校景色，沿坡向下依次建立各系办公楼、教学楼和宿舍。在教学方面，中央大学和重庆大学互相支持，教授互相兼课，学生也互相听课。

抗战期间，罗家伦校长 1941 年离职，继任的顾孟余校长将中央大学研究

国立中央大学一名学生坐在防空洞口俯瞰嘉陵江

重庆沙坪坝，1943 年 4 月 5—8 日

国立中央大学化学实验室外景

重庆沙坪坝，1943 年 4 月 5—8 日

院的 7 个研究所改为 7 个学部，其中理科学部下设数学、物理、化学、生物、地理、心理 6 个研究所；农科学部下设农艺、森林、农业经济、畜牧兽医 4 个研究所，医科学部下设生理、生物化学、公共卫生 3 个研究所，从而建立起较为完备的研究系统。1943 年春，发生顾孟余辞职风波，蒋介石兼任校长到 1944 年 8 月，由教育部政务次长顾毓琇接任至抗战结束，后由清华大学理学院院长吴有训担任校长。

就在李约瑟访问沙坪坝一周前，中央大学刚刚经历了换校长的风波，蒋介石决定亲自兼任校长。3 月 4 日上午，蒋介石偕新任教育长朱经农同赴中央大学视事，正式就任。当然，这位校长更多是象征性的，实际负责的还是教育长。

虽然中央大学在规模、学科齐全度、教授阵容上均居全国各大学之首，经费甚至相当于北京大学、清华大学、交通大学和浙江大学四校的总和，李约瑟仍看到这所"努力促进理学科目教学"的高校面临着"基本化学药品和仪器急剧减少"的问题。

李约瑟参观了中央大学的化学实验室。在临时搭建的竹筋泥墙房子里，时任化学系主任高济宇教授[1]正在领导进行等张比容和酸、碱、盐对有机化合物的光学旋度影响的研究。战时开展化学实验，除了研究经费和器材的短缺外，最困难的是化学试剂，工业纯的试剂品种不多，化学纯的试剂更是难觅。高济宇筹备建立制药部，配备精干的教职员，生产出化学纯试剂，供应化学系的教学科研实验。此外，化学实验室还研究飞机用的油漆和喷漆技术，服务国防。

在植物生理与病理学系，沈其益教授[2]在研究中国栽培作物的病毒病害和水稻品种对水的特殊要求等方面的课题。李约瑟特别注明，沈其益还担任中华自然科学社的总干事。中华自然科学社 1927 年在南京中央大学成立，早在 1932 年，时为中央大学三年级学生的沈其益就加入了该社。抗战期间，中华自然科学社在重庆借用中央大学和重庆大学的校舍集会。作为英国科学界的代表，李约瑟转交了英国科学工作者协会致中华自然科学社的信函，对我

国科学家致力于艰苦的抗战工作表示敬佩，希望与该社保持密切联系，加强协作。中华自然科学社也聘请李约瑟为《科学文汇》的顾问[3]。后来，中国科学工作者协会成立，沈其益担任常务理事。

在生物学系，系主任欧阳翥教授[4]正在从事脑组织学研究，以前他在德国和奥斯卡·沃格特(Oscar Vogt)一起开展这项研究。1934 年参加伦敦国际人类学大会，与英国学者进行辩论，驳斥其毁谤中国人脑的谬论，证明白种人与黄种人大脑皮质结构无差异。1934 年回国任教于中央大学，继续进行研究。要进行人脑研究必须有大型切片机，全面抗战前费心添置的切片机却在搬迁途中被损坏，极大地妨碍了他的工作。

此外，李约瑟注意到，中央大学的物理学家也非常活跃，居里夫人的学生施士元教授[5]发明了制造氧化铜整流器的方法，同时他还研究用钨钢制造永久磁铁的方法。赵广增[6]和杨澄中[7]则正在研究一氧化碳分子受电子撞击而激发的紫外线光谱。

数学物理学也没有被忽视。张宗燧1936年至1938年在剑桥大学攻读博士学位，是统计物理学家拉尔夫·福勒爵士的学生，曾与李约瑟在英国相识。1939年张宗燧回国受聘于中央大学，继续进行介子理论的研究，这次见面，他将两篇论文《介子理论》《自旋矢量》托李约瑟转交福勒，均发表于《皇家学会会刊A》（Proc. Roy. Soc. A）。抗战期间，通过李约瑟及中英科学合作馆送交西方出版的中国科学家论文计139篇，张宗燧一人贡献了6篇。1945年，李约瑟向中英文化协会推荐张宗燧等3名教授访英。

国立中央大学教授高济宇（中）、欧阳翥（左）、沈其益（右）
1943年4月5—8日

1. 高济宇（1902—2000），毕业于唐山交通大学，1931年获伊利诺伊大学博士学位，1931年回中央大学（后南京大学）任教，先后担任化学系主任，教务长，南京大学理学院院长、教务长和副校长等职务。1980年当选为中国科学院化学学部委员。1944年至1949年兼任中国化学会副总干事和总干事。

2. 沈其益（1909—2006），1933年毕业于中央大学，1937年考取中英庚款赴英留学，在伦敦大学皇家学院和洛桑斯特农业研究试验场研究学习，1939年获博士学位，同年赴美国明尼苏达大学，1940年回国任中央农业实验所技正。1941年起任中央大学生物系教授，先后教授植物生理学、真菌学和植物生态学等课程。1949年后历任北京农业大学教务长、副校长。

3. 沈其益，杨浪明.中华自然科学社简史[J].中国科技史料，1982(02):58-73.

4. 欧阳翥（1898—1954），1924年毕业于国立东南大学生物系。1929年去欧洲留学，在法国巴黎大学动物系研究神经解剖学，次年转德国柏林大学学习动物学、神经解剖学和人类学，1933年获哲学博士学位。1934年8月归国，任中央大学生物系教授。

5. 施士元（1908—2007），1929年毕业于清华大学物理系，1933年获法国巴黎大学科学博士学位。回国后任中央大学物理系教授。

6. 赵广增（1902—1987），1930年毕业于北京大学，1939年获美国密歇根大学哲学博士学位，1940年回国任中央大学教授，1946年任北京大学物理系教授。

7. 杨澄中（1913—1987），1937年毕业于中央大学物理系，留校任助教、讲师。1945年底赴英国攻读实验原子核物理，1950年获英国利物浦大学哲学博士学位。

（2）重庆大学

　　重庆大学创办于 1929 年，为四川省立高校，1933 年 10 月从重庆菜园坝杨家花园迁到沙坪坝。随着全面抗战爆发，中央大学迁入松林坡，两校合作密切，加之其他高校大批师生流亡后方，不少知名教授如李四光、马寅初等到重庆大学任教，使得该校有了快速的发展，1942 年 12 月，重庆大学改为国立。就在战乱中，重庆大学发展成为一所具有文、理、工、商、法、医等学院的综合性大学。

1
——
2　3

1、2、3. 重庆大学理学院正面和背面

重庆沙坪坝，1943 年 4 月 5—8 日

理学院 1932 年建立，由著名数学家何鲁[1] 担任院长。理学院楼是沙坪坝校区建成的第一座大楼 (1933)，为典型中式建筑，建筑主体部分为双层带阁楼，屋顶为重檐歇山形式。1938 年 2 月，正是在这里成立了重庆沙坪文化区自治委员会，沙磁文化区自此发端。它与欧式色彩的工学院大楼中西合璧，美轮美奂。抗战期间，理学院下设数理系和化学系，拥有段调元、胡坤陞、郑衍芬、柯召、谢立惠、梁树权、周兆丰、郑兰华等一批教授。

化学系时任系主任为分析化学家梁树权教授[2]，拥有普通化学、分析化学、应用化学、有机化学、物理化学等实验室。李约瑟进入实验室，拍摄到学生做实验的场景。

工学院时任院长为冯君策[3]，下设电机系、采冶系、化学工程系及土木工程系等。李约瑟只提及化工系的彭蜀麟，称他在该学科中占据非常显著的地位。彭于 1932 年本科毕业于燕京大学化学系，继续攻读完硕士后留学英国，1937 年获伦敦帝国理工学院博士学位，回国后任教于重庆大学，主讲工业化学。

1

2

1、2. 重庆大学的学生们在化学实验室做实验
重庆沙坪坝，1943 年 4 月 5—8 日

1.　何鲁 (1894—1973)，1912 年首批留法勤工俭学生，1919 年获里昂大学科学硕士学位，1932 年起担任重庆大学理学院院长，1950—1952 年担任重庆大学校长。

2.　梁树权 (1912—2006)，1933 年毕业于燕京大学，1937 年获慕尼黑大学博士学位，1939 年任教重庆大学，1941 年任化学系主任。1955 年当选为中国科学院学部委员。

3.　冯简 (1896—1962)，字君策，曾留学美国康奈尔大学，1938 年担任重庆大学电机系主任兼教授，1941 年任工学院院长。

（3）国立中央工业专科学校

与中央大学和重庆大学毗邻的是国立中央工业专科学校（简称"中央工校"），它的前身是1937年在南京成立的"国立中央工业职业学校"。为培养工业建设人才，改进工业职业教育，国民政府教育部和中英庚款董事会各提供50万元，聘请原河北省立工业学院院长魏元光[1]筹备并担任校长。因全面抗战爆发，在魏元光的带领下，刚刚开学的师生先是西迁湖北宜昌，再迁四川万县，1939年秋抵达重庆沙坪坝石门坎，逐渐发展成为一所培养工业建设人才的多科性、多层次的高等兼中等专业学校。

1940年，学校改名中央工业专科学校，增设五年制专科，下分机械、土木、化学、电机四个工程科。1943年又增设了适应战时需要的航空机械科和建筑科。学校还开办各种职业训练班，培养社会急需的技术人才。

作为示范性的职业教育学校，中央工校以较高的标准聘用师资，中央大学、重庆大学以及交通大学的教授也来讲课；注重技术训练，各种实习工厂和实验室配备齐全。学生理论联系实际能力较强，受到社会欢迎，还有一部分学生留学英美深造。

国立中央工业专科学校外景
重庆沙坪坝，1943年4月5—8日

从国立中央工业专科学校俯瞰嘉陵江

重庆沙坪坝，1943 年 4 月 5—8 日

学校的实验室中，设备最优良的是 1939 年与南京水工试验所在沙坪坝合作设立的石门水工试验室，一方面进行水工模型试验和研究工作，一方面承担交通大学、重庆大学和中央工业专科学校的水工实习。李约瑟到访这个实验室，令他想起剑桥地理学院的朋友，他们已习惯了被人称作"泥饼系"。李约瑟已认识到水利对中国的重要性，而且在他看来这个实验室建在四川"恰如其分"，因为这是传说中大禹的故乡，他在人类历史的黎明时刻便掌握了"治水"之道。几天后李约瑟将造访歌乐山，相传大禹或李冰父子治水成功，歌乐于此而得名。"歌乐山头寻禹迹"，山上古刹云顶寺，即供奉李冰父子神像。

抗战胜利后，鉴于各教育文化机关复员后对四川文教事业影响极大，四川省复员促进会请求将中央工校留在了重庆，继续服务西南，1950 年更名为西南工业专科学校。

1.　魏元光(1894—1958)，1918 年毕业于直隶公立工业专门学校，1922 年获美国赛罗科斯大学理科硕士学位，1929 年任河北省立工业学院首任院长，1936 年受聘筹建国立中央工业职业学校。

（4）南开大学经济研究所

李约瑟在沙坪坝的机构中，还提到南开大学经济研究所。实际上，正是南开大学校长张伯苓开启了东部文化机构向西部大转移的先河。南开大学在天津面对日本驻屯军，张伯苓深知中日必有一战，1935年底赴重庆开会时参观沙坪坝的重庆大学，决意在此设校。1936年4月购妥校址，9月初招生开学，名为"南渝中学"。

1937年7月，日军对南开大学进行野蛮轰炸和军事占领，教育部命南开大学与清华大学、北京大学合并，迁往长沙，复迁昆明，称西南联大。同时，也有部分师生迁到重庆。1938年，南渝中学改名为重庆南开中学。1939年，南开大学经济研究所迁到南开中学复课，并招收研究生10名。

南开大学经济研究所前身是留美博士何廉[1]1927年创办的南开大学社会经济研究委员会。1934年春成立商科研究所经济学部，简称经济研究所，何廉任主任。因何廉出任国民政府经济部次长常驻重庆，研究所于1939年迁到沙坪坝重庆南开中学，日常工作事务由研究主任方显廷[2]主持，教授有张纯明、吴大业、叶谦吉、陈振汉等。

陈振汉（1912—2008），1935年毕业于南开大学，1936年赴美，获哈佛大学经济学博士学位，1940年回国任职于南开大学经济研究所，1942年同时兼任中央大学教授。妻子崔书香（1914—2006）与陈振汉一同赴美国留学，获哈佛大学经济学硕士学位，又一起回国任教，是著名的统计学家。

由于何廉位居经济部次长要职，作为战时中国唯一的高等经济学研究机构，南开大学经济研究所在重庆期间获得了较好的发展机会，关于战时经济的研究成果在国内外产生了较大影响，还招收了7期研究生，学成毕业50余人。[3]

南开大学经济研究所的陈振汉（左）和崔书香（右）夫妇

重庆沙坪坝，1943 年 4 月 5—8 日

1. 何廉(1895—1975)，1919 年留学美国，获耶鲁大学博士学位，1926 年回国，任南开大学教授，1931 年任南开大学经济学院院长。抗战时期出任经济部常务次长等职。

2. 方显廷(1903—1985)，1921 年留学美国，1928 年获耶鲁大学经济学博士学位，回国后任南开大学教授、经济研究所研究主任。

3. 重庆市沙坪坝区地方志办公室. 抗战时期的陪都沙磁文化区 [M]. 重庆：科学技术文献出版社重庆分社，1989：56-57.

3 北碚科教中心

北碚地处嘉陵江小三峡，重庆市区西北方，交通便利，风景优美。1927年，实业家卢作孚出任江巴璧合四县特组峡防团务局局长，在此开展乡村建设运动，创办各种事业，被陶行知称赞为"建设新中国的缩影"。卢作孚的胞弟卢子英自1927年追随卢作孚来北碚，1938年担任北碚行政长官，具体负责地方建设[1]。北碚原有的科研机构主要是卢作孚1930年创办的西部科学院。该院1934年在文星湾建成惠宇楼，下设理化、地质、生物、农林4个研究所，附设博物馆、图书馆、兼善学校等。正是在卢作孚昆仲和西部科学院的直接帮助下，许多科研机构落脚北碚。

1937年12月，北碚划为迁建区，战区一批学校和研究机关相继迁此。其中科研机构就达22所，有经济部中央地质调查所、中国科学社生物研究所、中国科学社、经济部中央工业试验所、中央研究院动植物研究所和气象研究所等。教育机构20多个，如复旦大学、江苏医学院等。

4月10日，李约瑟启程前往嘉陵江畔的北碚："最大的科学中心是在一个小市镇上，叫作北碚，位于嘉陵江西岸。此镇所有科学团体与教育机关，不下十八所，其中大多数都很重要的"。他所担任通讯研究员的动植物研究所就位于这里。早在4月3日，北碚的18家学术研究机关就召开会议，提前拟定了李约瑟的访问日程和陪同人员，决定食宿问题由中央研究院动植物研究所负责，以18机关名义举行公宴，由国立编译馆、复旦大学和动植物研究所召集茶话会等[2]。

1.　卢子英1938年担任乡村建设实验区区长，1942年担任北碚管理局局长。李萱华. 北碚
　　在抗战：纪念抗战胜利七十周年[M]. 重庆：西南师范大学出版社，2016：16.

2.　杨家润. 李约瑟与复旦大学[J]. 档案与史学，2001(02)：50-52.

（1）中央地质调查所

1943 年 4 月 10 日，李约瑟由重庆抵北碚访问。上午即首先参观了中央地质调查所、国立中央研究院动植物研究所，前两天由动植物研究所的刘建康担任译员。

中央地质调查所建立于 1916 年，既从属于政府机关，也是我国第一个现代科研机构。1928 年起，调查所建立起研究室体制，相继设立地质调查室、矿物岩石研究室、古生物学研究室、新生代研究室、沁园燃料研究室、土壤研究室、地震研究室等，并附设图书馆和地质矿产陈列馆。其中古生物学研究室与新生代研究室最具实力，特别是周口店古人类化石的发现令调查所名震中外。

随着京津形势日益严峻，1935 年地质调查所大部分人员及仪器迁往南京，北平部分成立分所（1937 年撤销）。淞沪会战爆发，1937 年 11 月黄汲清所长开始组织搬迁，几经辗转，在卢作孚及其胞弟北碚行政长官卢子英的邀请下，地质调查所于 1938 年 8 月落脚北碚，书刊、仪器暂存西部科学院内。西部科学院出借办公房屋及院内地皮，1939 年春建成办公楼（地质楼）。所中人员陆续转入北碚。

中央地质调查所初到重庆时，曾暂借复兴观巷落脚。在北碚安定后，黄汲清辞去所长职务，尹赞勋出任代理所长。1942 年，尹赞勋辞去代理所长职务，由李春昱[1]出任所长。李约瑟评价说，"作为世界闻名的丁文江的继任者，他确实有非常显著的地位"。李春昱 1937 年从德国留学回国，适逢卢作孚提议建立四川省地质调查所，翁文灏便推荐了李春昱。1938 年 2 月四川地质调查所成立，李春昱任所长，办公地点在重庆复兴观巷。

抗战时期，该所拥有职员 110 余人，李约瑟看到，地质调查所当时"有地质、制图及土壤三个部门。地质部门包括古生物学、矿物学、岩石学、地球物理、地震学，以及新生代研究室；制图部门的工作（在曾世英博士的指导下）非常活跃，地球物理部门亦复如是"。

　　因办公楼不敷应用，也为了图书仪器安全起见，1940 年地质调查所在距北碚一公里的鱼塘湾建成图书馆小楼。下层为图书陈列及阅览室，上层为土壤研究室及古生物研究室。李约瑟看到，"地质调查所图书馆位于离主楼几英里远的山顶上，周围是漂亮的乡间景色，这是我在自由中国所见到的最大、藏书最丰富的图书馆"。

　　在艰苦的条件下，"人们表现了极大的独创性"。李约瑟看到李善邦博士即将制成的一架水平向地震记录仪（命名为霓式地震仪），"该仪器包括测量地心引力加速度的振子器及准确时钟，所用材料仅仅是一些金属边角废料和在自由中国西部能找到的任何材料。他现在因缺乏照相纸而受阻，英国科学访华使团正设法为他购买"。这台地震仪 5 月正式投入地震观测，3 年时间共记录到 109 次地震，标志着我国地震仪器的研制和地震学研究跨入了新时代。

　　古生物学家仍持之以恒地对大量标本进行研究，图书馆走廊上堆放了各种的骨化石。调查所的野外考察总是要带回标本，例如，尹赞勋博士展示了新近从贵州省带回的丰富的三叠纪标本。

1 | 2　　　**1、2.** 前往中央地质调查所图书馆经过的土地庙
　　　　　重庆北碚，1943 年 4 月 10 日

1. 从土地庙俯瞰前往中央地质调查所图书馆的道路
   重庆北碚，1943 年 4 月 10 日

2. 中央地质调查所图书馆的防空洞
   重庆北碚，1943 年 4 月 10 日

3. 中央地质调查所图书馆楼
   重庆北碚，1943 年 4 月 10 日

俯瞰嘉陵江
重庆北碚，1943 年 4 月 10 日

地质调查所的工作重心也因抗战而发生变化，从全国的地质调查和矿产调查（1932年组织条例），转向油田勘探和燃料研究。地质调查所1930年即设立燃料研究室，西迁后，该室大部分人员陆续进入动力油料厂工作，研究用植物油裂解制造汽油。而随着西北发现玉门油田，金开英等一批研究人员又转入西北工作。地质调查所战时还在四川、贵州、云南、宁夏等地调查了大量煤矿，增加了煤的开采量。

| 1 | 2 |
| | 3 |

1.　李春昱（1904—1988），1928 年毕业于北京大学地质系，1934 年留学德国，1937 年获柏林大学博士学位，1938 年担任四川省地质调查所所长，1942 年任中央地质调查所所长。

1. 中央地质调查所的地质学家在北碚中央地质调查所图书馆，
   左起李春昱、许德佑、王钰、朱莲青、尹赞勋
   重庆北碚，1943 年 4 月 10 日

2、3. 中央地质调查所图书馆走廊上的骨化石
   重庆北碚，1943 年 4 月 10 日

（2）中央研究院动植物研究所

中央研究院战前下设天文、物理、化学、地质、动植物、气象、历史语言、社会科学、工程、心理等研究所，主要分布于南京、上海等地。1937年秋开始分别西迁，其中气象研究所经汉口转重庆，1939年春迁到北碚；动植物研究所先迁湖南衡阳、广西阳朔，1939年1月迁到北碚。地质、物理、心理三研究所迁往桂林，1944年8月再迁重庆，地质研究所迁到沙坪坝，物理、心理两研究所迁到北碚。总办事处则随国民政府于1938年春迁到重庆[1]。因此李约瑟1943年初次访问北碚时，看到的是中央研究院的动植物研究所和气象研究所。

动植物研究所的前身是1930年1月在南京成立的自然历史博物馆。1934年7月改组为动植物研究所，所长王家楫。动物方面的研究主要有鱼类生物学、昆虫学、寄生虫学、原生动物学、实验动物学等；植物方面的研究主要有高等植物分类学、藻类学、植物生理学等。1944年5月，动植物研究所因工作便利，经评议会决议，分为动物与植物两个研究所，所长分别是王家楫和罗宗洛。

动植物研究所1937年8月自南京迁湖南衡阳，年底到广西阳朔，1939年1月在卢作孚的帮助下迁入北碚，安置到文星湾惠宇楼东南侧的一座平房，和西部科学院、地质调查所相邻。动植物研究所虽经多次辗转，重要书籍、仪器和标本幸无损失，一切研究、采集、丛刊出版和所务工作照常进行。

该研究所高踞嘉陵江上（西岸），环境清幽。李约瑟看到，"动植物研究所在王家楫博士领导下，工作甚为紧张，约有二十位科学工作人员，专心致力于研究"。该所学术空气非常浓厚。从1942年7月起，每周一下午举行生物讨论会，请所内外专家报告学术成果。"参观之人，欣羡之余，深觉其具有世界上最优良的实验室之研究空气。"

照片中共16人，除钱崇澍和王致平外，其他14人当时都在动植物研究所工作。王家楫是著名的原生动物学家，除任该所所长以外，还兼原生动物组

国立中央研究院生物实验室（右）与中央地质调查所（中）

重庆北碚，1943 年 4 月 10 日

俯瞰嘉陵江的中央研究院生物实验室

重庆北碚，1943 年 4 月 10 日

国立中央研究院动植物研究所的研究人员，前排左起：王家楫、钱崇澍、饶钦止、刘建康，

二排左起倪达书、陈世骧、杨平澜、王致平（女），

三排左起伍献文、单人骅、贺云鸾（女），

四排左起张孝威、徐凤早，

后排左起黎尚豪、张灵江、吴颐元

重庆北碚，1943 年 4 月 10 日

组长。倪达书原任中国科学社生物研究所研究员，跟随王家楫研究原生动物，1940年转入动植物研究所任副研究员。王致平是朱树屏的夫人，朱树屏是王家楫的学生，任助理研究员，1938年考取公费留英未归。

伍献文博士为脊椎动物组组长，张孝威、刘建康都是伍献文的研究生，他们都特别注重鱼类分类学，也研究鱼类生态及生理学。张孝威正研究在山水急流中鱼（例如"爬岩鱼"）之生活适应问题，刘建康则在研究四川的斗鱼（Paradise fish）鳃中氯化物分泌细胞问题，及借鱼类管制蚊子幼虫问题等。李约瑟来动植物研究所访问时，正由刘建康担任翻译，随后他又成为《战时中国之科学》一书中文译本的两位译者之一。1944年，刘建康考取了中英庚款第八届公费生，李约瑟为其推荐导师，1946年前往加拿大求学[2]。

陈世骧博士为昆虫学组组长，贺云鸾为陈世骧的助手，杨平澜是陈世骧的学生，徐凤早也是昆虫学家，该组所进行之工作为昆虫分类学、生理学。吴颐元、张灵江当时做切片工作。

饶钦止是藻类学家，担任植物学组组长，黎尚豪为其助手，除研究淡水藻类外，该组还研究高等植物，单人骅即从事伞形科植物的分类工作。北碚的"碚"，意思是从江岸伸入江心的大岩石，冬季枯水季节部分岩石露出水面。饶钦止留意到这一特殊环境上生长的藻类，除采到一般藻类，找到两种少见的红藻外，还发现了稀有的淡水褐藻和绿藻的一个新科——空盘藻科（后命名为饶氏藻）。

王家楫、伍献文、钱崇澍于1948年被遴选为中央研究院院士。

1.　国立中央研究院.国立中央研究院概况[M].国立中央研究院，1948.
2.　覃兆刿，林天新.碧水丹心：刘建康传[M].上海：上海交通大学出版社，2015：61.

国立中央研究院气象研究所外景

重庆北碚，1943 年 4 月 10 日

（3）中央研究院气象研究所

气象研究所原设于南京北极阁山顶，从 1928 年成立到抗战结束，一直由竺可桢担任所长。全面抗战爆发后，1937 年 9 月先迁汉口，1937 年 12 月再迁重庆。1938 年 3 月会同中央研究院总办事处共同租用曾家岩颖庐（中四路139 号），气象所的日常工作和生活秩序得以恢复。当时研究员有吕炯、涂长望、黄逢昌三人（1939 年涂长望去浙江大学任教）。

1939 年 5 月 3 日和 5 月 4 日，日本侵略军对重庆实施大轰炸，气象研究所决定除天气预报部分仍暂留颖庐外，其余全部撤离到北碚，暂借中国西部科学院图书馆办公两月，7 月在张家沱租赁三幢房屋暂安。1940 年 3 月，竺可桢到北碚视察工作，在郊区的水井湾高岗，买土地四亩八分，修建四幢平房，11 月竣工，命名"象庄"。1940 年 12 月，气象研究所迁往象庄新厦，结束了三年多居无定所的局面，直到 1946 年 9 月，在象庄停留近六年。

国立中央研究院气象研究所的小气象站（风仪台）
重庆北碚，1943 年 4 月 10 日

　　李约瑟描写道，气象所"矗立在远离江边的高山顶上，俯瞰着四面山坡上的层层梯田。它需要的工作人员很少，然而，在吕炯博士（代所长）和郑子政的领导下，该所通过定期释放气象气球，正在收集观测资料。此外，它有一座很好的图书馆"。

　　气象研究所早期曾借助分布全国的测候台，负责天气预报工作。随着测候网不断扩大，气象与军事的关系日益密切，1941 年 10 月在沙坪坝成立中央气象局（隶属行政院），从 1942 年起承担日常预告和全国测候台的管理工作。气象研究所则专门从事学术研究工作。

　　气象研究所主要工作有小气候研究，开展多种观测项目，修建的这座风仪台用于测量附近的风信，同时施放测风气球进行高空观测。该所自 1942 年起也每周举办学术演讲会。

吕炯在国立中央研究院气象研究所前
重庆北碚，1943 年 4 月 10 日

　　1943 年，吕炯、程纯枢去中央气象局任职，吕炯接黄厦
千任中央气象局局长，仍兼代理所长。1944 年 1 月 6 日，竺、
吕相偕到国民党中央组织部提出辞去所长和代理所长职务，
确定赵九章为代理所长。1944 年 5 月 1 日，赵九章代理所长
来北碚正式任职。

（4）国立编译馆

李约瑟说，北碚还有两个具有头等重要性的政府机构，一个是国立编译馆（属于教育部），另一个是中央工业试验所。

自清代以来政府便设有国家级图书编译机构。南京国民政府成立后，于1932年6月14日正式成立国立编译馆。国立编译馆直属教育部，掌理关于学术文化书籍及教科图书的编译与教科书教学设备的审查事宜，首任馆长为生物学家辛树帜。馆内主要设自然、人文两组，陈可忠任自然组主任兼专任编审。1936年7月，陈可忠继任馆长。

陈可忠（1899—1992），福建闽县人，1920年毕业于清华学校，1926年获芝加哥大学化学博士学位。从1932年国立编译馆成立至1948年，陈可忠长期任职于国立编译馆，其间执掌国立编译馆达十二年之久。

陈可忠

陈可忠（左一）、林超（左二）、王家楫（左三）与同事们在国立编译馆前

重庆北碚，1943 年 4 月 10 日

七七事变后，国立编译馆首迁庐山，后迁长沙，1939 年 2 月复迁重庆，4 月疏散到江津白沙。1942 年 1 月，国立编译馆改组扩大，由教育部长陈立夫亲自兼任馆长，陈可忠转任副馆长，迁到位于北碚的教育部教科用书编辑委员会原址，并陆续购置修建房屋。1944 年 2 月，陈立夫辞去馆长兼职，陈可忠复任馆长。1948 年 5 月，陈可忠改任中山大学校长。

　　国立编译馆下设自然组（夏敬农）、人文组（郑鹤声）、教科用书组（陆步青）、教育组（高觉敷）、社会组（王向辰）、翻译委员会（主任委员梁实秋）。工作主要为教学用书之编辑、民众读物之编辑、辞书辞典之编辑、学术名词之整理等四项。

国立编译馆外景
重庆北碚，1943 年 4 月 10—13 日

李约瑟访问时，编译馆"雇佣的人员不少于 200 人，其中 130 人是大学毕业生，包括一些非常有名的学者和卸任的大学校长……也许除了苏联政府以外，没有其他任何政府支持过这样大规模目的明确的学术事业"。

编译馆最值得称道的工作是领导与推动科学术语译名的统一，《国立编译馆工作概况》一书中指出，"学术名词的厘定于编审工作最为切要"[1]。这项工作引起了李约瑟的极大兴趣，他认为，现代科学起源于西方，鉴于中国语言和思想与西方的巨大差异，这是一件极其困难的事情。在陈可忠主持下，编译馆开展了大规模的标准化工作，解决科学术语的中西文翻译问题，对科学家来说作用重大。

编译馆的整理顺序是先应用科学、自然科学名词，再到人文社会科学名词。1932—1949 年，编译馆公布出版了 23 种审定名词表，编定和审查 29 种，基本囊括了自然科学和应用科学主要领域的名词，在学术界具有较高的权威性。李约瑟前往参观时，已经出版 15 种（涉及天文学、数学、物理学、矿物学、胚胎学等），32 种几乎已做好印刷准备。

李约瑟注意到，还有 33 种仍然是卡片索引状态。采用的方法非常有趣：首先，所有的技术术语都编成索引卡片，上面有不同的中文译法，然后选定一个，最后全部卡片都以油印分类卡片的形式送给该专题的全部专家，让他们表明赞同或是不赞同。如果出现僵局，就召开会议。

翻译书籍方面，李约瑟列举了编译馆正在进行的一些工作，如斯特宾(Stebbing) 的《现代逻辑导言》，德布罗意的《理论物理导言》，哈斯的《理论物理学导论》，柯如泽的《离子电子和离子化的辐射》，豪威尔 (Howell) 的《生理学教程》，特拉斯科特 (Truscott) 的《选矿论文集》，西德尼和比阿特丽斯·韦伯夫妇 (Sidney & Beatrice Webb) 的《苏维埃共产主义：一种新文明》等。这些书译自英语、法语、德语，涉及学科广泛。

---

1. 国立编译馆. 国立编译馆工作概况. 1948.

(5) 中央工业试验所

另一个"具有头等重要性的政府机构"是中央工业试验所。

中央工业试验所 1930 年由工商部成立（工商部与农矿部 1930 年 12 月合并改组为实业部，1938 年 2 月又改组为经济部），是我国建立的第一个以现代科学技术为基础，以改进和发展我国工业技术为目标的国家级综合性工业技术研究机构。其部门设置和研究范围，几乎涵盖了当时所有工业和手工业领域。

1937 年底，中央工业试验所西迁北碚，并随改隶经济部而重新公布组织条例，职能为考验工业原料、改良制造方法、鉴定工业制品。试验所除了在重庆夫子池设立总办事处外，在重庆、北碚、自贡、乐山、内江、合川、梁山、南川等各地设立试验机构 17 处，实验示范工厂 11 所。经过抗战的洗礼，到 1948 年该所试验室达到 26 个，专业化程度越来越高。时任所长顾毓瑔[1]（1905—1998），1927 年毕业于交通大学，1931 年获美国康奈尔大学机械工程博士，1934—1948 年担任中央工业试验所所长，并兼任该所机械实验工厂厂长。

其中北碚设有化学分析室、油脂化学室、药品室、燃料室、发酵室等 5 个试验室，油脂化学、药品制造、淀粉及酿造等 3 个实验示范工厂[2]。

中央工业试验所给李约瑟留下了深刻的印象。他详细地记录了顾毓瑔博士领导下的 17 个试验室（涉及发酵、油脂化学、纯粹化学药品、汽车燃料、化学分析、胶体、纤维素、陶瓷、塑胶、制革、机械设计、电器、纺织、材料力学、热力、森林产品、制糖、制盐和制碱等方面）。当然，此行他只能大致看一下其中的几个试验室。

发酵试验室（原称酿造试验室）由技士金培松主持，主要从事工业微生物的培养与分离，微生物的国际交换，抗菌素的研究，工业微生物制造工厂的设计与改良等。酿造工业的改进与发酵微生物的关系很大，李约瑟看到金培松博士处理着从全国收集来的纯菌种，并且在丙酮、酒精和丁醇发酵方面进行大量的研究。该室在 1937 年撤退后方时，因交通困难未能将全部菌种带出，且途中死亡多种。迁到北碚后，重新开始研究。除工业酿造外，还因地制宜，在微生物方面对四川柑橘腐败霉菌的分离检验和灭菌方法进行研究，分离了10种茅台酒曲。

纯粹化学药品试验室主要进行有机化学药品制造方法的试验与研究，无机化学药品制造方法的试验与研究，纯化工厂的设计与改良等，主任为沈增祚。战时国防建设急需大量化学品，1938年起中工所着手从事此项工作，1941年正式在北碚成立纯粹化学药品制造实验工厂，并建立单独的试验室房屋。主要产品为无机酸、有机化合物等。李约瑟看到，投产不久的实验工厂，在李尔康博士的带领下，去年生产了各种纯酸、纯碱及纯盐5吨，但这当然远远不能满足中国研究和生产的需要。到1946年，该工厂生产各种药品累计达123吨。

木材试验室成立于1939年9月，也是因抗战需要而设立的，初设在重庆北碚，唐燿博士(1905—2011)任室主任，主要从事国内森林资源调查、木材切片鉴定等工作。1940年6月试验室被日机炸毁，不得不迁往嘉定（乐山）。李约瑟了解到，"森林产品试验室"正在进行卓有成效的努力，从四川各地众多的农民炭窑中生产木焦油，这些炭窑已经安装上了竹制冷凝器，其结果是提供了许多吨宝贵的丙酮和醋酸，因而为重要而分散的木焦油工业奠定了基础。而且，农民的炼焦炉也在进行同样的改造。

塑胶试验室主要从事醛基与环基叠合物的试验研究、塑胶成品的性能研究等，主任刘敬琨。李约瑟记录道，该试验室在使用黄豆榨油饼充当塑料主要成分方面做了开创性的研究，很多物品正在从当地废弃的蛋白质和碳水化合物原料中生产出来。

动力试验室（汽车燃料试验室）的主要工作是汽车燃料的分析和研究，用各种代汽油、代柴油进行汽车试验，试制各种工业动力机器等。李约瑟看到，在顾毓珍博士带领下，该研究室在植物油裂化和对以这种方式生产的汽油提纯方面进行了出色的研究。"因此，这个研究所进行的活动相当于英国科学与工业研究署和商业研究协会合并后进行的全部科研活动。"

1937年全面抗战开始，中工所迁往重庆，顾毓珍先赴重庆北碚，在民生公司主办的西部科学院内借得房屋数间开展化学分析、酿造试验和油脂试验等工作。1939年秋，顾毓珍着手筹备液体燃料管理委员会下辖的北碚三花石酒精厂的建设工作，1940年该厂移交资源委员会后，他又开始筹备中工所的油脂实验工厂。由于形势需要，1939年后中工所陆续在北碚建设了5个试验室和3个实验示范工厂，顾毓珍任油脂试验室主任、汽车燃料试验室主任，兼油脂实验工厂厂长。

抗战期间，由于日本的军事、经济封锁，沿海地区的沦陷，滇缅公路的切断，承担中国燃油（汽油、柴油、煤油等）运输的国际交通线被迫陆续中断。汽油进口量锐减，而国内需求量却与日俱增，日渐严重的油荒不仅极其不利于全国对日作战，而且直接影响了国内交通运输和工业生产，解决油荒问题已成燃眉之急。在这种情况下，国民政府于1938年设立了液体燃料管理委员会，

顾毓珍

1
2

1、2. 中央工业试验所的试验裂化炉，位于一座古墓旁边
重庆北碚，1943年4月13—14日

一方面加强对用油的管制工作，另一方面要求科研企业单位研究和开发酒精、桐油等植物炼油技术以代替汽油、柴油等，以利运输之畅通和军民工业的发展。

1938 年 10 月，顾毓珍发明循环式氯化钙法制造高浓度酒精，其所用的脱水剂无水氯化钙，可从四川的粗盐中大量提取，解决了高浓度酒精在后方的制造问题，获当时经济部审查批准的十年专利权。由于技术的改进，至 1941 年，四川、重庆已登记的酒精厂就有 48 家，连同不准设立、已呈请、未呈请登记的合计有 107 家，年生产能力可达 900 余万加仑（3400多万升），每日约为 3 万加仑（113000 多升），占当时中国各地酒精生产能力的 75%，有力地支持了抗战期间液体燃料的供给。1941 年，中工所受液体燃料管理委员会委托，组织"四川酒精工业考察团"，由顾毓珍任团长，经壁山、永川至内江，再到成都附近，历时半个多月，详细地调查了四川酒精工业的生产状况，编写出《四川酒精工业调查报告》。

1945 年日本投降，顾毓珍代理中工所所长，并主持中工所迁回南京、上海的工作。1947 年他被任命为经济部北平工业试验所所长。

另外值得一记的是，李约瑟参加了中国化学会北碚分会1943 年 4 月 13 日召开的第四届年会并应邀作报告。北碚分会成立于 1940 年 4 月 28 日，此次年会在杜家街中央工业试验所举行，体现了中工所在化学界的地位和影响力。

---

1. 顾毓珍（1907—1968），江苏无锡人。化学工程专家，中国液体燃料与油脂工艺研究的开拓者，中国流体传热理论研究的先行者。1921 年考入清华学校。1927 年赴美留学，1932 年获美国麻省理工学院化学工程博士学位。

2. 王俊明. 民国时期的中央工业试验所 [J]. 中国科技史料，2003(03): 31-42.

李约瑟（左三）与参加中国化学会北碚分会第四届年会的几位科学家：顾毓瑔（左二）、
顾毓珍（右一）、伍献文（右二）、王家楫（右三）

重庆北碚，1943 年 4 月 13 日

(6) 中央农业实验所

中央农业实验所是我国当时农业技术的最高机关，1932年成立于南京孝陵卫。1938年奉命内迁，辗转抵达重庆。时任所长谢家声[1]、副所长沈宗瀚[2]。

1943年，中农所在北碚天生桥购置土地，修建了三栋实验馆、两栋种子室和职工宿舍，人员从各处集合迁入新所址。下设稻作、棉作、麦作、杂粮、蚕桑、植物病虫害等系。为发展西南各省农业，中农所在川、黔、桂、滇、湘等省设立工作站。李约瑟提到的朱凤美，就曾任贵州工作站站长。

朱凤美(1895—1970)，从事麦类病害防治研究，1938年迁到贵阳工作期间，了解到当地小麦线虫病严重，于是对线虫病开展了比较系统的研究，找出线虫病的分布及危害规律，绘制成线虫病的全国分布图，为制定防治策略和措施提供了依据。但不久因日军逼近而撤到北碚。李约瑟看到，在植物病虫害研究室，"朱凤美博士已经建造了一架精巧的仪器，几乎全用竹做成，用于将感染了线虫的圆形麦粒从健康的长形麦粒中筛选出来，这样，播种后寄生虫就不会传染给作物的下一代"。

1

2

1、2. 中国化学会北碚分会第四届年会会后午宴（中央工业试验所）
　　　重庆北碚，1943年4月13日

李约瑟在这里还见到了美国马铃薯专家迪克斯特拉(Theodore F. Dykstra)。1942 年 1 月美国启动对华文化关系项目,国务院派遣美国学者赴华,调查并熟悉中国在各个领域的困难并帮助解决。2 月,美国大使馆向中国外交部通报美国政府愿意派遣专家赴华,3 月,中方列出所需专家名单,其中包括一名玉米和马铃薯培育专家,帮助培养优良的玉米和马铃薯品种。10 月,马铃薯专家迪克斯特拉来华,带来了 40 多类种子。他的目的是调查哪一种马铃薯最适于中国西北各地栽培,帮助中国提高玉米的质量和产量。他向中国政府提交了长篇的调查报告,说明他带来的几十种马铃薯品种在中国的种植效果。

1946 年,中央农业实验所复员回南京,同年接收伪华北农事试验场,改组为北平农事试验场[3],李约瑟曾前往参观。

1. 谢家声(1887—1983),植物病理学家。留学美国密歇根大学,曾任金陵大学农学院院长、中央农业实验所所长、中央研究院评议会首届评议员。1946 年任联合国救济总署农业部主任。
2. 沈宗瀚(1895—1980),美国康奈尔大学博士,1934 年任中央农业实验所总技师兼农艺主任,1938 年任副所长,1943 年赴美出席联合国战后世界粮农会议。
3. 农林部中央农业实验所.农林部中央农业实验所概况.1947.

1
2

1、2. 朱凤美博士从健康的长形麦粒中筛选被线虫感染的圆形麦粒的设备及部件
重庆北碚,1943 年 4 月 10—13 日

（7）**中国科学社**

　　成立于 1914 年的中国科学社是民国时期影响最大的科学团体，总部及《科学》编辑部设在上海，生物研究所设在南京。1938 年，生物研究所的三幢研究楼相继被焚毁，标本资料被日军抢劫一空。一些重要图书资料借助竺可桢任校长的浙江大学的力量，辗转运到重庆北碚。

王家楫走出生物研究所楼（左臂缠黑纱）
重庆北碚，1943 年 4 月 10—13 日

由于夫人生病，所长秉志没有内迁，只身赴上海，在中国科学社明复图书馆重建研究室。内迁工作由时任秘书兼植物部主任钱崇澍具体负责。抵达北碚后，开始借住于西部科学院，后建造简陋的房屋，开展工作。1940年动物部完成论文22篇，植物部主要进行西部植物调查，以及植物生态调查研究。李约瑟写道："中国科学社在一个偏僻的山谷里设立了生物研究所。在经验丰富的钱崇澍博士领导下，它正在积极从事植物、动物的分类工作。"

1941年12月太平洋战争爆发，上海租界被日军占领，1942年3月科学社总部和《科学》编辑部内迁重庆。"相当于英国《自然》和《科学》的中文杂志《科学》"，因经费和印刷条件困难而一度被迫停刊。科学社总干事卢于道主持编辑工作两年，正在重庆努力争取杂志的早日复刊。1943年冬，重庆召开的科学社理事会推举张孟闻为《科学》总编，1944年3月在北碚发行《科学》第26卷第1期。

对于没有固定经费来源的中国科学社来说，此时维持生物研究所和《科学》编辑部的困难可想而知。幸得卢作孚、范旭东等实业家挺身而出，予以援助。1943年1月3日召开社友会，确定7月在北碚召开年会，推举卢作孚为年会筹备委员。李约瑟访问后不久，4月25日召开的理事会上，他便被推举为名誉社员。

1943年7月18—20日，中国科学社与气象学会、动物学会、植物学会、地质学会、数学会等六团体在北碚召开了学术年会。此次年会到会200余人，提交论文373篇，李约瑟虽未参会，但他的论文《战时与平时国际合作问题》由任鸿隽代为宣读[1]，会上组织了"科学建国""国际科学技术合作"专题讨论会，堪称乱世绝唱。

---

1. 六学术团体年会昨闭幕，曾讨论国际科学合作问题 [N]. 大公报（重庆版），1943-7-21.

林超（左一）、杨克毅（左二）、钱崇澍（左三）、王家楫（右一）在中国科学社生物实验室外

重庆北碚，1943 年 4 月 10—13 日

（8）中国地理研究所

抗战前，中国地理学虽有一定发展，但随着一些相关学会因抗战被迫停止活动，专门地理学研究机构尚属空白。在学界和政界均担任要职的朱家骅推动下，中英庚款董事会通过拨款建立中国地理研究所，该所于 1940 年 8 月在北碚成立，英译名定为 China Institute of Geography，所址位于中山路 15 号，1943 年为避免日机轰炸，迁至距城南六公里的状元碑蔡家湾。这是一个独立机构，既不属于中央研究院也不属于大学。

地理研究所由地理教育家、人文地理学家黄国璋先生任所长，有员工五六十人，分自然地理、人生地理、大地测量、海洋四组。自然地理组组长李承三，李为地质学家，主要从事地貌和地质矿产调查。人生地理组组长林超，大地测量组组长为曹谟。有陈永龄、夏坚白、王之卓等高级人员，最初也在北碚，并在北碚建立测量实验区，后曹、夏、王等均离所，余下少数人以陈永龄为首迁宜宾李庄和同济大学测量系一道工作，这时方俊加入。海洋组组长为马廷英（古生物学家），该组长驻厦门，倚托厦门大学开展工作。

李约瑟特别提到中国地理研究所是由中英庚款资助的机构，并列举了两名曾留学英国的"著名人物"。一位是林超，1934 年留学利物浦大学，跟随罗士培（P. M. Roxby）攻读地理学博士。另一位是杨克毅，1939 年爱丁堡大学地理系毕业，获荣誉硕士学位。建所初期，图书设备一时难以完备，只能以实地考察工作为中心。1943 年，两人和李约瑟见面后不久，林超跟随李承三前往西北进行考察，撰写了《新疆北部边界考察报告》；杨克毅则去西康充任该省科学考察团的秘书，撰写有《西北边疆地理》。1944 年后，限于经费，外出考察中止。

1945 年，黄国璋因在中央设计局任职，请辞所长，由李承三代理。1946年 8 月,中国地理研究所改属于教育部,林超接任所长。1947 年 6 月回迁南京。

(9) 复旦大学

在嘉陵江北岸东阳镇与黄桷镇之间，有约千亩的开阔平地，当地人称之为"下坝"。1938 年，复旦大学几经辗转最终落定此地。新闻系教授陈望道取其谐音，并寓以爱国之意，改称之为"夏坝"，被誉为大后方文化标志的"四坝"之一。

复旦大学本为私立，但在局势危难之下，要筹建新校，以及维持学校运行、师生的生活等，不得不谋求改为国立。自 1942 年 1 月起改为国立复旦大学，经费列入国家预算，校方遂得以大力提升教学科研质量。1943 年 2 月新任校长的章益利用当时重庆教育学术机构云集的有利因素，相继聘请了著名学者顾颉刚、钱崇澍、童第周、卢于道、张孟闻、薛芬等到校。

参观了中央地质调查所、中央研究院动植物研究所之后，1943 年 4 月 12 日下午，李约瑟来到复旦大学参观、演讲。此前，校长室还特地张贴了李约瑟莅校演讲的布告，要求全体同学及理、农学院的教员前往参加。在章益校长的陪同下，李约瑟饶有兴趣地参观了生物学、数学等系。他评价说，"该校学生人数较少，但学术水平很高"。作为生化学家的他，毫无疑问地对生物学研究表现了特有的关注。

生物学系主任薛芬（1905—1948）教授曾留学英国利物浦大学，1938 年获博士学位，1941 年来到复旦大学，为教育部一级部聘教授。李约瑟注意到，不像其他实验室主要用于教学，薛芬不但教授遗传学课程，还亲自指导实验，"在生物学方面，薛芬博士正在研究鲤鱼属类的生长速度"。1948 年，经李约瑟推荐，薛芬获得英国文化委员会提供的 1 年奖金，以研究教授身份前往英国讲学及考察。岂料多年积劳成疾的他，在乘船前往英伦途中不幸因心脏病突发而逝。

李约瑟参观学校各处后，下午 3 时在大礼堂向全体师生作了题为《同盟国战备中的科学动态》的演讲，介绍同盟国的科学家为服务于反法西斯战争的科学研究，以此鼓舞师生们的斗志。他首先介绍英国科学界的情形，次言中国与联合国间之科学合作，受到在场千余名听众的热烈欢迎。

复旦大学化学实验楼外景
重庆北碚，1943 年 4 月 12 日

演讲结束后，复旦大学举行了欢迎茶会，李约瑟会晤该校农、医两院全体教员以及其他学院代表，并向学校赠送了生物学、数学名著122 册，这对当时处在残酷战争环境中与世隔绝的广大师生来说，可谓是雪中送炭之举，令师生们十分感动。当晚 6 时，北碚 18 学术团体在兼善中学餐厅举行公宴，欢迎李约瑟的到访[2]。

1. 刘重来 . 1938 年复旦大学迁校北碚夏坝 [J]. 炎黄春秋，2018(01)：82-85.
2. 杨家润 . 李约瑟与复旦大学 [J]. 档案与史学，2001(02)：50-52.

4 歌乐山科教机构

歌乐山是位于重庆西郊的一处天然风景区，其东紧接沙磁地带。经过一系列开发，这里从穷乡僻壤变成机关团体云集之地。特别是卫生机关和医疗单位众多，以中央卫生署直属最高卫生科研机构——中央卫生实验院为最早（1937年迁址歌乐山大天池），继之有卫生署、中国红十字总会、中央医院、上海医学院附属医院、湘雅医学院、国立药学专科学校等，市内公私立医院也相继疏散来此。4月15日，李约瑟到访歌乐山。

（1）卫生署中央卫生实验院

战时由于沙坪坝地区人口骤增，行旅频繁，一段时间内疟疾、霍乱、肺病等传染病流行，为此开展了大量的防疫治病工作。为了加强对后方的医药卫生状况和疾病的调研与控制，倡导公共卫生和民众健康宣传，国民政府卫生署于1941年4月将重庆的新桥卫生实验处和在贵阳图云关的公共卫生训练所合并，在重庆歌乐山龙洞湾建立了中央卫生实验院，1942年落成。这是一个由妇婴保健、公共卫生、环保卫生、心理卫生、化学药物等多学科、多部室组成的医药卫生研究机构。李廷安[1]为首任院长，朱章赓[2]任副院长。不久朱章赓接任院长，姚家政、黄仁岩任副院长。

珍珠港事件后，北平协和医院被迫关闭，随后周启源、叶恭绍、吴宪、黄祯祥、方刚、袁贻瑾等教授应邀来到实验院。实验院当时设有流行病学组、营养组、卫生工程组、化学药物组、寄生虫学组、妇幼卫生组等八个组。美国的洛克菲勒基金会在实验院的对面建了一所疟疾实验室（主持人周钦贤），与寄生虫学组协作研究疟疾防治。

后来，流行病学组改为流行病预防实验所，袁贻瑾任所长。1944 年成立营养研究所，吴宪为所长，王成发为副所长[3]。1945 年又在歌乐山创建了重庆血库。

李约瑟访问歌乐山时，该地区的交通、供水和电力仍未得到显著的改善。他对中央卫生实验院的困难环境有细致的描述：卫生署在歌乐山有一个中央卫生实验院，相当于位于弗农山（Mount Vernon）的英国国家医学研究所。在临时建筑物要修建得尽可能像农舍的情况下，要取得很大成就真不容易。人们必须想象一下在乡间深处工作是什么样的情形：几乎没有电力，没有煤气，非常糟糕的自来水系统。像大学生一样，科学家和研究人员都住在泥灰房子中。他们携带着全部贵重仪器，交通工具少得可怜，在荒野里艰苦跋涉上千英里，几乎是一项超出我们理解能力的成就。[4]

1.　李廷安（1898—1948），1926 年毕业于北京协和医学院，1929 年获美国哈佛大学医学博士学位，回国后任北平第一卫生事务所所长和上海卫生局局长，被誉为中国公共卫生事业先驱。

2.　朱章赓（1900—1978），1929 年毕业于北京协和医学院，1934 年获耶鲁大学博士学位。抗战期间在贵州组建公共卫生人员训练所并担任所长。1942 年任中央卫生实验院院长，1950 年到瑞士联合国世界卫生组织任职，1963 年回国，曾担任北京医学院副院长。

3.　朱莲珍. 中央卫生实验院的组建及其变迁 [J]. 营养学报，2015，37(2)：113-114.

4.　Needham, J. Chinese Science[M]. London: Pilot Press Ltd., 1945：29.

1. 卫生署中央卫生实验院的一群科学家，包括朱恒璧（左二）、王友竹（左三）、
杨崇瑞（女，右四）、朱章赓（右三）、沈宗瀚（右二）、袁贻瑾（右一）
重庆歌乐山，1943 年 4 月 15—18 日

1 | 2
| 3

2. 卫生署中央卫生实验院办公室和实验室　　3. 汪德晋主持的卫生工程组研究设施
重庆歌乐山，1943 年 4 月 15—18 日　　　　　重庆歌乐山，1943 年 4 月 15—18 日

（2）上海医学院

作为医学院校，上海医学院排名很高，与著名的北京协和医学院、湘雅医学院（中国的耶鲁）和成都的医学院校齐名。产科医生王国栋(Gordon King，金戈登)教授，也在歌乐山任教。

李约瑟在朱恒璧院长的陪同下参观了各科室。在歌乐山，他结识了多位中国一流的生化学家和医学家，其中有1938年从美国密歇根大学毕业后回国，任上医教授兼训导长的生化学家、医学教育家任邦哲；原上医解剖学教师，1940年从美国明尼苏达解剖学研究所毕业的解剖学家王有琪；1928年从美国耶鲁大学毕业，并在鲁桂珍工作过的上海雷氏德医学研究所任过职的有机化学家纪育沣。

任邦哲、朱恒璧、王国栋（从右至左）站在上海医学院房屋旁边的一座小山上
重庆歌乐山，1943 年 4 月 15—18 日

从王国栋住处俯瞰上海医学院校园和附近的稻田

重庆歌乐山，1943 年 4 月 15—18 日

上海医学院校园
重庆歌乐山，1943 年 4 月 15—18 日

　　此外，李约瑟还见到了后来在 50 年代与他同赴朝鲜调查细菌战事实的病理学家吴在东。早年毕业于上医和中央大学医学院的吴在东，新中国成立后在南京大学病理学系任教授。1952 年 4 月，他与其他人联名致函英中友协会长李约瑟，呼吁英国科学家共同制止美国的细菌战罪行，并于是年 7 月以专家联络员的身份与李约瑟前往朝鲜调查。在上医参观时，李约瑟还为朱恒璧、任邦哲、王有琪和来自香港大学协助教学的妇产科教授王国栋四人合影留念。

　　同参观其他中国科研机构时一样，李约瑟对上医汇集的名医名家之多、研究水平之高，感到惊讶。他同时也看到了中国科学家在艰难困苦的战争条件下，努力开展研究的那种激动人心的不屈精神。他说："相比之下，我们英国

上海医学院的朱恒璧、王国栋、任邦哲、王有琪（从右至左）
重庆歌乐山，1943 年 4 月 15—18 日

人中有多少人能够做到不愿在侵略者统治下讨取一种舒适的生活，宁愿坚持反
侵略，而过着艰苦的生活？！"后来，李约瑟还应邀做了题为《形态发生的化
学基础》的报告，为中国科学家带来西方最新的科学信息。

上海医学院的房屋

重庆歌乐山，1943 年 4 月 15—18 日

（3）九龙坡区国立交通大学

在长江上游距重庆 15 英里（1 英里 =1.609344 公里）的九龙坡，坐落着一个大的工程教育中心——交通大学。

1940 年，交大师生校友为应时谋变设分校于重庆，选址小龙坎，是为交通大学渝校。1941 年底，太平洋战争爆发，租界沦陷，渝校遂升为交通大学本部。迁址九龙坡黄桷坪，即今日四川美术学院所在之地。

学校逐渐扩充为电机、机械、土木、航空、造船等 9 个系、2 个专修科、1 个电信研究所，成为囊括"陆海空"学科门类齐全的工科大学，师生将近 2000 人，成为大后方高等工程教育的重镇。

值得一提的是，1939 年资源委员会在小龙坎建成动力油料厂，用植物油裂化生产汽油柴油等动力燃料。1941 年交通大学重庆分校主任兼化学教授徐名材接办该厂，并辞去校务。该厂重视科研，解决多项技术难题。1941—1945 年间，重庆动力油料厂共生产汽油 40 余万加仑（1 美制加仑 =3.785412 升），柴油 160 余万加仑，各种润滑油 16 万余桶，对战时大西南交通和工业运作起了重要作用。

交通大学的校舍　重庆九龙坡，1944 年 1 月 1 日—2 月 16 日

1、2. 交通大学图书馆的阅览室和书架

　　重庆九龙坡，1944 年 1 月 1 日—2 月 16 日

1	3
2	

3. 交通大学师生在实验室研究电气工程问题

　　重庆九龙坡，1944 年 1 月 1 日—2 月 16 日

5 资源委员会与企业

战时迁到重庆的还有沿海各省的大批工厂，不仅包括兵工署的多家兵工厂，还有机械、冶金、能源、化学、纺织等重要企业，为陪都带来了大量的设备、人才和资金。这些工厂组织了迁川工厂联合会，拥有 200 多家单位。为了宣传抗战以来后方工业建设的成就，增强国人对抗战胜利的信心，1942 年 1 月，联合会在生生花园举办了迁川工厂出品展览会，一时盛况空前[1]。

战时重工业的代表是经济部资源委员会，它由国防设计委员会改组而来，到 1943 年底，已主办或参加的工矿电事业 105 家，职员约 1.2 万人，工人约 16.5 万人。这些企业主要集中于工业、矿业和电业领域。工业部分包括冶炼、机械、电工、化工等 40 家企业，矿业部分包括一般勘探、煤、石油、金属、特种矿产等 42 家企业，电业部分则有各地电厂 22 处。

---

1. 重庆市档案馆，重庆师范大学. 中国战时首都档案文献·战时工业 [M]. 重庆：重庆
   出版社，2014：262.

（1）资源委员会工矿产品展览会

为了展示抗战以来工矿产品的开发和制造成就，促进世界各国在战后与中国进行经济技术合作，资源委员会于 1944 年 2 月 24 日在重庆求精中学举办了一个大规模的工矿产品展览会。这次展览在重庆引起很大反响。国民政府主席蒋介石前往参观，并提出要延长展览时间，要求让重庆大中小学学生均有参观机会。展览共计展出 42 天，每日参观人数近万。李约瑟非常关注资源委员会和兵工署的事业，参观非常细致，还专门在《自然》杂志撰文介绍

这场展览会[1]。他认为："它理应得到陪都市民更广泛的注意，因为它向世人昭示了中国人决心开始大规模的工业化，只有这样，中国人民的生活水平才能得到永久的提高。"

展览会设在重庆求精中学校园内，几间宽敞的大厅完全用竹竿和芦苇建成。门厅的墙上挂满了地图和图表，面对参观者的是 105 家矿山和工厂的厂标。门厅下方陈列着许多地质矿藏标本，人们可以看到中国的锑储量占全世界的70%，钨矿石和钨锰铁矿石产量都占世界首位。

陈列在大厅中央的是对中国公众富有教育意义的展品——各省旧的度量衡与标准的度量衡，表明全国需要有一种标准化的工业。展览会分资源馆、煤馆、石油馆、钢铁馆、非铁金属馆、特种矿产馆、化工馆、电器馆、电力馆、机械馆等共计 10 个分馆。展品均为后方工矿企业所生产，并配以模型和图表照片。

沿着规定的路线，参观者首先进入煤矿和油田展区。煤矿部分包括矿区地层模型、运输设备图片，以及不同时期的灯具。油田展区则展示了甘肃油矿局的井架模型、炼油厂模型，还有钻出的矿物碎屑的实物标本，以及各种石油加工产品。

钢铁展区包含从古埃及到现代冶金技术的历史图片，还有几具鼓风炉模型。紧接着是有色金属展区，叶渚沛[2]领导三溪电化冶炼厂生产的锌和铜，云南和贵州铝土矿生产的铝锭，以及锡矿开采和熔炼的模型等。李约瑟特别注意到有关汞的提炼技术，展品中有被古代炼丹术士视为珍品的朱砂标本。耐火材料展区则陈列了诸多品种的耐火砖、耐酸陶器和国产测温锥。

化学工业部分，首先是紧俏的运输燃料供应，一是动力酒精，展出了张季熙博士主持的内江酒精厂的模型；二是裂化植物油生产汽油，李约瑟看到玻璃制作的重庆动力油料厂模型，该厂成立于 1939 年，位于沙坪坝小龙坎，用

菜油和桐油生产汽油和柴油等，当时该厂由徐名材和沈觐泰两位专家主持。其他化工产品则包括以桐油为原料生产的蜡烛、人造奶油、雪花膏、油漆等。

工程学方面，则有电气产品展区，水力展区、机械工程展区等。电气产品包括发射机、电话机等通信设备，电子管、电线电缆、电灯泡、电池和万用表等电气设备。该展区中国制造的最大的仪器是一台用于某磷厂的 1200 千伏安的变压器。机械工程展区，展示了各种机械厂的产品。包括柴油机、发电机、棉纺机，以及各种精密工具和机床，李约瑟注意到，该展区大部分产品来自昆明王守竞领导的中央机器厂。

1. 重庆工矿产品展览会大门
   重庆，1944 年 3 月

2. 重庆工矿产品展览会的标准化展馆（资源馆）
   重庆，1944 年 3 月

3. 重庆工矿产品展览会门厅
   重庆，1944 年 3 月

1	3
2	

参观者还能不时看到一些有趣的照片，显示各厂为工矿人员提供的福利（医院、学校、浴室等）。在这一方面，国立资源委员会的企业以身作则，为其他私有工矿企业树立了榜样，李约瑟说，经过他的亲身探访，这些照片反映的都是事实。

这次工矿产品展览表明，经过长期不懈的努力，中国人民在抗战后方已经初步建立起了比较完整、独立性较强的工业体系，具有争取民族经济独立的重大意义。[3]

抗战以前，中国的重工业主要是采冶业和少数电力工业。抗战期间，中国先后创办了一批钢铁、机械、石油、电器、化工等科技含量较高的企业，推动了中国工业近代化的进程，扭转了此前中国的重工业几乎完全被外国资本垄断的局面。

李约瑟的观感是，该展览已经具有一座科学博物馆的雏形，更重要的是，展览会充分表明，只要向中国的技术专家、工程师和科学人士提供所需的工具，他们就能与世界任何国家的工程师和科学家相媲美。

1	1. 甘肃油矿局的井架模型，重庆工矿产品展览会
2	重庆，1944 年 3 月
	2. 重庆工矿产品展览会上的鼓风炉模型
	重庆，1944 年 3 月

1. 见 Nature, 1944, 153, 672.
2. 叶渚沛（1902—1971），祖籍厦门，出生于菲律宾，1933 年毕业于美国宾夕法尼亚大学，获博士学位。1933 年回国，任国防设计委员会（资源委员会）委员，南京冶金室主任。1939 年到重庆，兼任三溪电化冶炼厂厂长。1945 年任联合国教科文组织科学部副主任。1950 年回国，先后担任重工业部顾问和中国科学院化工冶金研究所所长。
3. 薛毅. 1944 年举办的抗战后方工矿产品展览会 [A] // 中国近现代史史料学学术会议论文集之七：中国近现代史及史料研究 [C]. 北京：世界知识出版社，2007:8.

（2）中央汽车运输配件厂

全面抗战爆发后，沿海港口被封锁，国外汽车配件难以进口，内地汽车配件制造业得以发展。抗战时期，汽车配件工厂达到 400 余家，其中最大的是重庆中央汽车运输配件厂，能生产汽车配件 100 多种。

中央汽车运输配件厂一名站在门口的年轻女士
重庆，1944 年 3 月

1   1、2. 重庆工矿产品展览会上的展品

2   重庆，1944 年 3 月

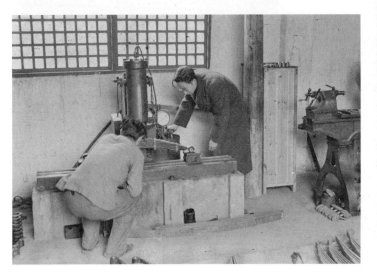

1. 中央汽车运输配件厂在当地制造的汽锤
   　重庆，1944 年 3 月

3. 中央汽车运输配件厂的 5 名金工学徒
   　重庆，1944 年 3 月

2. 两人在测试卡车弹簧，中央汽车运输配件厂
   　重庆，1944 年 3 月

1	3
2	

（3）天府煤矿

北碚是煤矿区，抗战期间担负着陪都 80% 的燃料供应。1933 年，民生实业公司、北川铁路公司与北碚文星场一带煤厂集资组织天府煤矿公司，以卢作孚为董事长；1938 年，卢作孚鉴于重庆燃料需求激增，而煤矿设备紧缺，又正值河南焦作中福煤矿公司迁重庆，运来大批器材。于是卢作孚与中福公司总经理孙越崎协商，将天府、北川铁路公司合并，与中福公司合作，改名天府矿业股份有限公司。卢作孚仍担任董事长。1939 年以湖南湘潭煤矿的迁川机械，开发嘉阳煤矿（隶属资源委员会）。由于设备的增加和人才的聚集，煤的年产量从不到 10 万吨猛增到 50 万吨。

民生公司每日有轮船，从白庙子码头只需 3 小时便可抵达重庆。煤矿有 16.8 公里的轻便铁路（北川铁路，后改称天府铁路）从矿场到白庙子码头。到 1944 年，煤矿有职员 240 余人，矿工和搬运工等约 5000 人。该煤矿销量 1927 年只占重庆市场的 10%，1944 年达到 50%，1945 年达到 70%[1]。然而，随着设备消耗以及生产成本的逐渐提高，煤矿也面临严峻的问题。

一架国产翻斗装置
重庆，1944 年 2 月 1—16 日

用作车斗的竹编筐
重庆，1944 年 2 月 1—16 日

1. 重庆市档案馆,重庆师范大学. 中国战时首都档案文献·战时工业 [M]. 重庆: 重庆出版社, 2014: 534.

推着一辆轨道车的男子，天府煤矿
重庆，1944 年 2 月 1—16 日

天府煤矿的装卸台

重庆，1944 年 2 月 1—16 日

1. 天府煤矿的煤焦油蒸馏试验工场

   重庆，1944 年 2 月 1—16 日

2. 天府煤矿铁路终点的嘉陵江白庙子码头以及停泊的煤船

   重庆，1944 年 2 月 1—16 日

3. 天府煤矿的一些传统屋顶的建筑

   重庆，1944 年 2 月 1—16 日

4. 天府煤矿的铁路线和仓库

   重庆，1944 年 2 月 1—16 日

1
   2
   3
4

天府煤矿铁路终点嘉陵江峭壁上的厂房
重庆，1944 年 2 月 1—16 日

嘉陵江上的十桨船（可能运煤）

重庆，1944 年 2 月 1—16 日

1   4

2

3   5

1. 为天府煤矿服务的工人和工棚

    重庆，1944 年 2 月 1—16 日

2. 天府煤矿自备铁路景象

    重庆，1944 年 2 月 1—16 日

3. 从铁轨上的货物列车看到的景象

    重庆，1944 年 2 月 1—16 日

4. 天府煤矿的铁路

    重庆，1944 年 2 月 1—16 日

5. 天府煤矿的高烟囱

    重庆，1944 年 2 月 1—16 日

（4）天原电化厂

在李约瑟的影集里面，还收藏有一套天原电化工厂的照片，这可能是1943年6月16日由该厂总经理吴蕴初送给英国大使馆的。吴蕴初（1891—1953），字葆元，著名化工实业家，是我国氯碱工业的创始人。先后创办天厨味精厂、天原电化厂、天利氮气厂、天盛陶器厂，在化工史上占有重要地位。

1929年吴蕴初在上海集资创办天原电化厂，次年投产，成为我国第一家生产盐酸、烧碱和漂白粉等基本化工原料的氯碱工厂。1937年奉命内迁重庆，1940年建成投产，工厂位于嘉陵江北岸的猫儿石，水上运输方便。主要供应氯碱产品，年产盐酸440余吨、烧碱60余吨、漂白粉130余吨，为后方最大的氯碱化工企业。1943年，公司部分股权转让资源委员会。由于酸碱生产需要，天盛陶器厂也同时迁建。这些照片较为全面地呈现了电化厂的内部情况，其中有几张是关于陶器生产场景的。

两台同步变流器，每台300千瓦

1. 一排 50 个艾伦 - 穆尔隔膜电解槽　　　4. 三效烧碱蒸发器和循环泵

2. 盐水净化设备　　　　　　　　　　　5. 烧碱存储及其输送

3. 减速齿轮装置　　　　　　　　　　　6. 陶器制品的成型

1	4
2	5
3	6

1. 漂白粉生产塔

2. 带冷凝器和吸收器的盐酸燃烧室

3. 工业化学研究部门

4. 蒸发器上部

1 | 2
      | 3
         4

1	1. 产品检验实验室
2	2. 手工成型的大型容器

化工陶器部门的搅拌和捏合机器，配有旋管冷凝器和特制漏斗

6 小 结

  重庆是战时中国的政治和文化中心，云集了最多的教育和科研机构。李约瑟在这里设立中英科学合作馆，并修建了独立的场所（见序章）。虽然李约瑟对官场应酬兴趣不大，但他懂得争取政府支持的重要性。他在初到重庆不久的日记中写道："如果我们能得到中国政府中各种力量的真正支持，我们将能够建立中西科学合作处之类形式的组织，它将持续到战后，成为国际机构重要的基本组织。"通过官方渠道，李约瑟与中国政府部门建立了正式的联系，了解到中国科学的组织框架，也使其后续的考察活动顺畅开展。

  李约瑟来到重庆，便马不停蹄地访问了沙坪坝、北碚和歌乐山三处科教机构聚集之地，参观了大学、研究所、中央学术机关以及卫生机构。这里有中央研究院的总办事处，代表中国学术界正式欢迎李约瑟的到来。此外，这里还云集了中央地质调查所、中央工业试验所、中央农业实验所、中央卫生实验院、国立编译馆等重要学术机关，使李约瑟能够全面地了解政府支持的科学事业。而中央大学、复旦大学、交通大学等著名高校也展示出卓越的师资和科研水平。

  重庆还是中国科学社、中华自然科学社等科技社团组织活跃的地方。李约瑟希望中国科技工作者能有良好的组织，"不只是钻研科学而且能够关心社会"。《科学前哨》一书中收录了涂长望在 1944 年 4 月的演讲《建立世界科学院之必要性》，这位曾留学英国的气象学家呼吁："科学工作者的最高职责即争取持久和平，而只有当他们决心拯救民主之时，持久和平才有可能实现。"李约瑟向涂长望介绍了英国、美国、加拿大都有科学工作者协会，认为中国科学家也应组织起来。当时几名中央大学教授组织了"重庆自然科学座谈会"，在涂长望的推动下，自然科学座谈会的成员一致同意，发起组建"中国科学工作者协会"。1945 年 7 月 1 日，中国科学工作者协会在重庆沙坪坝中央大学正式成立。次年，该组织参加了伦敦召开的世界科学工作者协会成立大会，涂长望被选入执行委员会。

熟悉了中国的生活习惯和办事节奏，李约瑟不愿意沉浸于文山会海，在华三年的时间里，除去几次旅行和回国述职，真正留在重庆的时间并不多。初到重庆仅仅一个月后，便开启了川西之旅。

---

1. 涂长望 . 建立世界科学院之必要性 [A]// 李约瑟游记 [C]. 贵州人民出版社 . 1999: 293.
涂长望该篇文章似为 1944 年 4 月 6 日的中华自然科学社在重庆沙坪坝的活动所作，李约瑟在东南之行前参加了该活动，见黄兴宗 . 李约瑟博士 1943—44 旅华随行记 [A]// 李国豪，等 . 中国科技史探索 [C]. 上海：上海古籍出版社，1986. 71.

3

第三章

天府之国

——成都、乐山与李庄

抵达重庆不到一个月，李约瑟便规划了中英科技合作的发展途径，提出创办一所为帮助中国科学界采购仪器设备和化学药品的服务机构，同时开启遍及中国大后方的考察计划。首次出行的方向是四川西部，四川位于长江上游，背靠青藏高原，成为战时中国的腹地。除陪都重庆外，成都也是接纳流亡高校最集中的地方之一，尤其燕京大学等五所具有教会背景的高校汇聚华西坝，被誉为战时"三坝"中的"天堂"。同时，乐山、李庄等地也迁入了武汉大学、同济大学和一些重要研究机构。1943 年 4 月 28 日—6 月 15 日，他离开重庆，前往成都、乐山、李庄、泸州一带考察，历时 50 天。由于这次单枪匹马的"西游"没有撰写旅行报告，我们只能通过他的信件、论文、照片，以及其他人的回忆来勾勒此次旅行的过程。

1 沿途风景

4月28日[1]一早,李约瑟与澳大利亚公使弗雷德里克·埃格尔斯顿爵士(Sir Frederick Eggleston,1857—1954),搭乘新闻专员的一辆福特 V8 汽车,启程前往成都。车上满载着情报部的人员和行李,历时三天抵达成都,疲惫的李约瑟还是感到"来这里的旅行(重庆西北 300 英里)特别有趣。"

英国使馆汽车(福特 V8)前的两名男子(似为两名广东司机)
四川,1943 年 4 月 28 日

弗雷德里克·埃格尔斯顿曾是律师和作家，1941 年授衔爵士，并被任命为首任澳大利亚驻华公使。基于澳大利亚的特殊地缘战略利益，他主张"太平洋优先"的联盟战略，在重庆展示出敏锐的政治情报分析能力。

1. 李约瑟在书信中只提到"某天一大早"从重庆出发，黄兴宗文中说成 4 月 27 日抵达成都，但根据书信和照片综合判断，应为 28 日出发，30 日抵达成都。

李约瑟与埃格尔斯顿爵士（右），中为郭有守
成都，1943 年 5 月 4 日

（1）农业立国

离开了喧嚣的城市，李约瑟有机会观察到中国的乡村生活——单纯、无忧无虑的孩子，搬运货物的行人。"乡下人穿的衣服总体上是一种奇特的混合物，给人一种新奇的半希腊和半基督的外观印象。"好奇的李约瑟不惜在他们身上"浪费了一些政府的胶卷"。四川人头上喜欢包扎白色头帕，劳作的人们则通常只穿着游泳裤一样的小短裤。

车旁扛甘蔗的两个男孩，车门上写着 Press Attaché, British Embassy, Chungking（新闻专员，英国大使馆，重庆）
前往四川成都途中，1943 年 4 月 30 日

1. 一辆满载货物的大车
   四川，1943 年 4 月 30 日

2. 船上的女孩
   四川内江附近，1943 年 4 月 28 日

3. 一个农民
   四川，1943 年 4 月 30 日

4. 农家男孩
   四川，1943 年 4 月 30 日

1	2
	3
	4

路途上因为要定时停车给水箱加水并清洗活塞，使得李约瑟有时间观察景物和拍摄照片。一次停车的地点是一座小庙，称作"罗家庙"，为罗氏家族的宗祠。这种庙通常都建在繁茂古树下，夏日常常有孩子赤裸玩耍，在李约瑟看来，尽管这是农民的不卫生习惯，但并不给人以野蛮的印象。

罗家庙外景
四川，1943 年 4 月 28 日

罗家庙前门与内部
四川，1943 年 4 月 28 日

　　中国文明始终以农为本，但与西欧拥有丰沛的降雨不同，大多农田都需要灌溉。中国对灌溉和蓄水工程的需要比世界上任何其他民族都更为迫切和显著。

　　凭借卓越的灌溉工程和精耕细作，四川成为重要的水稻产区。开辟的梯田就像山坡上的巨大台阶，水牛是田野中可以看见的唯一大牲畜。李约瑟认为，中国其实有大片的土地可以发展畜牧业，利用山区的土地，牛奶就会成为中国

四川的稻田

四川，1943 年 4 月 30 日

水牛耕地

四川，1943 年 4 月 28 日

食物的非常重要的补充，因为中国食物成分里缺少钙。

农民们都有他们的土地庙（小石庙）供奉土地神。这些石庙大约和带腿的方形蜂箱的规格一样，通常都修建在大树下。"他们一次又一次地在此烧香焚纸作为献纳，就像我们的罗马人祖先的所作所为一样。"

在河边，李约瑟还看到龙骨水车，据他考证，大约发明于公元 1 世纪的龙骨水车，是中国流传到整个世界的最有益发明之一，比欧洲早了 15 个世纪。

而能自动提水的大型水车则俨然庞然大物。水车高约 10 米，用木头和竹子建造。每根辐条的顶端都带着一个刮板和水斗。河水的流动带动刮板，使水车转起来。水斗装水，被提升上去。到顶端水斗倾斜，水注入水槽，然后通过渡槽引走。李约瑟对水车的顶部和底部专门给予了特写镜头。

1. 一座小土地庙
四川，1943 年 4 月 30 日

	1	2	3
			4
		5	

2. 脚踏龙骨水车
四川，1943 年 4 月 28 日

3、4. 水车的底部与顶部
四川，1943 年 4 月 30 日

5. 大型自动灌溉水车
四川，1943 年 4 月 30 日

（2）资中燃料酒精工厂

行程第一天晚上，他们投宿在资中动力酒精厂。内江、资中一带作为四川产糖中心，资源委员会在这里开办了多家酒精厂。这些酒精作为汽油的替代品，在抗战的关键时刻，保障了物资运输和战斗的需要。李约瑟在介绍中国工业技术时写道："国立资源委员会所属工厂遍及四川，在内江周围的制糖区，有用糖蜜生产燃料酒精的工厂，那家由张季熙博士领导的工厂就是其中之一。"

由于国际物资线路受阻，汽油供应十分困难。1936年，陈茂椿（四川资中人，毕业于北京大学化学系）与老师魏岩寿（浙江鄞县人，中央大学教授、酒精专家）等撤退到四川的师生，利用糖蜜混合物通过发酵蒸馏，去掉白酒中的水分，研制出可以用来作飞机燃料的"无水酒精"。当时的报纸评论称此为："世界上一大创举！"内江动力酒精厂主要利用废糖液（当地称漏水）生产动力酒精和无水酒精。动力酒精（95%）用于汽车，无水酒精（99%）可用于飞机。随着全面实施以酒精代汽油的办法，酒精成为了国防重要战略物资。

资中燃料酒精工厂，前面房顶下竹木做的大桶用于发酵废糖液
四川资中，1943 年 4 月 27—28 日

　　资中动力酒精厂原为陕西省营酒精厂，于 1939 年 12 月奉令迁运而来。厂长张季熙博士决定将厂址设于资中与内江交界的银山镇，厂房由建筑学家童寯应资源委员会技术长官叶诸沛之邀设计。该厂的主要设备系德国制造，拆卸安装难度大，但他们克服各种困难，短时间内圆满完成，次年 2 月即完工投产。"在荒凉的沼泽地创办了这家工厂，整个地方出奇的整洁并有一种德意志式的布置"。资中酒精厂是当时规模最大的酒精厂，有工人约 400 人，最高日产酒精约 4000 加仑（折合约 14 吨）。抗战期间共生产 4000 多万桶酒精（每桶 160 千克），为抗战作出巨大贡献。

1	2	3

1. 燃料酒精工厂的发酵罐　　　　　　2. 燃料酒精工厂的蒸馏炉
　　四川资中，1943 年 4 月 27—28 日　　　　　四川资中，1943 年 4 月 27—28 日

　　厂长兼总化工工程师张季熙接待了李约瑟一行。"我们与
他和工程师一起共进晚餐。非常幸运的是竟能在这里讲德语，
因这是张能讲的唯一外语。"张季熙 1922 年留学莱比锡大学
并获得博士学位，为酵糖领域权威专家。

3. 燃料酒精工厂厂长张季熙
　　四川资中，1943 年 4 月 28—29 日

約瑟先生惠存
張季熙 敬贈 三二五七

李约瑟（左四）、澳大利亚驻华公使埃格尔斯顿（右三）与厂长张季熙（右四）
四川资中，1943 年 4 月 27 日

1944 年 12 月，李约瑟在英国伦敦发表以《战时中国的科学与生活》为题的广播演讲，回忆了他乘坐动力酒精驱动汽车的亲身体验：

动力酒精好多了，它或者是通过制糖工业的副产品废糖液发酵……我自己就在我的卡车（改装的救护车）上用了几个月的动力酒精，并且发现即使在陡峭山路上也比较令人满意。

1944 年国民政府资源委员会在重庆上清寺求精中学校园内举办了一次展示战时工业及科研成果的"工业产品展览会"，资中酒精厂也参加了展览会。李约瑟在发表于 1944 年《自然》杂志第 153 卷的文章中写道：

接下来是化学工业，动力酒精的生产曾为封锁的中国运输原料的供应作出过贡献，并因而明智地受到鼓励。这里的一系列精细模型，尤其是来自张季熙博士所主持的内江（资中）酒精厂的模型，以及那些优秀的化学及真菌学展品展示了动力酒精的生产。

（3）自流井的盐井

　　第二天离开动力酒精厂，途经自贡一带，在张季熙的陪同下，李约瑟看到了一处"在中国历史上令人十分感兴趣的地区"，这就是自流井地区遍布的盐井，在非工业化的国家与文明之中，俨然一个工业区。自贡井盐最早开采于东汉，古老的化工技术，"对当代工业化学家颇有激励作用"。

张季熙站在一口盐井前
四川自贡,1943 年 4 月 29 日

1　2　　　1、2. 自流井盐井用竹管运送卤水（或天然气）

　　　　　　　　四川自贡，1943 年 4 月 29 日

3　　　3. 传统屋顶的建筑，后为盐井的井架

　　　　　　四川自贡，1943 年 4 月 29 日

自流井的采盐技术仍保留着原始状态：起源于宋代的冲击式凿井法，利用竹索悬着铁钻头，20年才能凿出一口深达千米的井眼，产生各种卤液。一根竹索沿井而下，再用牛驱动巨大的水平卷盘，汲取井中盐卤。当然那时已开始应用蒸汽机和电动机代替牛车了。

由于井中同时产出天然气，为煮盐创造了条件。有的井气多，有的井卤多，从而形成了一套完整的竹笕输卤工艺，把卤水和天然气输往数十里之外的煮盐灶房，翻山越岭，蔚为壮观。竹笕选用楠竹或斑竹，用竹篾箍紧，缝隙处用桐油拌石灰密封，能承受每平方英寸（1英寸=2.54厘米）80磅（1磅=0.454千克）的压力。遗憾的是，这种工艺却无法用来给城市供水，因为淡水会腐蚀竹子。

与此相映成趣的是运用现代技术的资源委员会所属工厂，从中提炼出多种重要的盐类，其中含有钡、硼、镁、锂、锶等多种元素。五通桥的黄海化学工业社则在孙学悟和张承隆两位博士的主持下，对这些卤液进行分析，并研究分离化学成分的方法。

1、2. 卤水蒸发装置的全景和近景
四川自贡，1943 年 4 月 29 日

（4）灌县都江堰

中国古代最著名的灌溉工程，就是位于成都西北方向的灌县都江堰。抵达成都两个星期后，李约瑟前往参观。岷江到了这里被分流，水患从此解除，成都平原变为沃野。李约瑟在介绍川西科学时，专门讲到灌县的灌溉工程。"该工程最值得注意之一点，即是早在约公元前 256 年就由蜀郡太守李冰领导修建成功，并一直利用至今。"

中国人当然"不满足于纯粹地从实用角度来看待这个工程"，他们将李冰进行了神化，都江堰大坝前的玉垒山麓，就供奉着李冰父子。这座庙宇原是纪念蜀王杜宇的"望帝祠"，后改为祭祀李冰，还把"二郎神"当作他的儿子一起供奉，清代定名为二王庙。

李约瑟注意到一个有趣的对比：李冰庙的前部香火旺盛，而另一个院落里却陈列着意欲改良这一工程的众多模型。在这古代文化浓郁的氛围中，大禹的神坛成了水文管理委员会的办公室，二郎神庙被用作工程师的宿舍。"李冰的传人"，1937 年毕业于英国曼彻斯特大学的张有龄（1909—2007）博士，正"徜徉于精致无比的建筑物里，衣袋里的计算尺隐约可见"。李约瑟认为，将超自然、实用、理性和浪漫因素结合起来，在这方面任何民族都不曾超过中国人。而农业技术背后的社会体制和现代科学问题，则引发了他的更多深入思考。

1. 都江堰水利工程的湍急水流
   四川灌县，1943 年 5 月 16 日

	2	
1	3	4

2. 从台阶上仰望李冰庙
   四川灌县，1943 年 5 月 16 日

3. 都江堰李冰殿中的李冰像
   四川灌县，1943 年 5 月 16 日

4. 都江堰水利工程的模型
   四川灌县，1943 年 5 月 16 日

都江堰李冰殿门口，有"功追神禹""功侔神禹"牌匾

四川灌县，1943 年 5 月 16 日

2 成都教育与研究机构

4 月 30 日，李约瑟等人抵达成都。成都是一座文化古城，在时人眼中可与沦陷区的北平相提并论。宽阔的街道，整齐的行道树，漂亮的商店，还有河流上的石桥，则让人恍如身在巴黎。而平坦的乡间，黑色的土壤，缓慢流淌的河流，溪畔飘拂的垂柳，又极像剑桥沼泽的景色。

（1）华西坝五校

李约瑟此行的首要目的地是华西坝，在那里，以华西协合大学（West China Union University）为基础，汇集了五所教会背景的大学。而在华西协合大学有一位李约瑟的老朋友，就是曾到过剑桥大学，发起英中学术合作委员会的罗忠恕。罗忠恕多次游历欧美，被誉为"战时游走欧美的布衣使者"，他永远一袭长袍马褂，跻身一群西装革履的洋人之间，不矜不伐，从容自信。[1] 1942 年 11 月，罗忠恕筹创"东西文化学社"，倡导中国与国外大学的学术合作，总干事为何文俊。同年 12 月，英国议会访华团访问成都，东西文化学社举行招待茶会，罗忠恕向英国客人提出加强文化学术交流的建议。

在罗忠恕的引见下，李约瑟住到何文俊家中。何文俊 1940 年获美国爱荷华农工学院哲学博士学位，时任华西协合大学农业研究所所长、理学院院长。何文俊住在校园外天竺园的一座两层小楼内，小楼每层有八间房，划四间房为一户，可以住四户家庭。一楼左边是何文俊、彭荣华夫妇，右边是华西协合大学中国文化研究所。

李约瑟此行最大的收获，或许是他招募到此后旅途的助手黄兴宗。原来，李约瑟访问歌乐山的上海医学院时，曾在香港大学任教过的王国栋教授向他推

荐了黄兴宗。黄兴宗当时 23 岁，出生于马六甲，在香港大学攻读过化学，因
香港被日本占领而逃到成都，在培黎学校担任化学老师。李约瑟行前曾致信黄
兴宗，以"中英科学合作馆"的名义，邀请他担任秘书。5 月 1 日，两人初次
见面，在黄兴宗看来，李约瑟不住在华西协合大学校内给外籍教师提供的别墅，
却住到普通中国教授家里，表明他已经能够接受内地旅行的考验。再加上他令
人钦佩的中文水平，耐心解释计划和抱负，都让黄兴宗感到满意。于是黄兴宗
一边练习打字，一边听取李约瑟的演讲。两个星期后，英国大使馆正式批准了
聘用黄兴宗。5 月 17 日，黄兴宗正式报到，随后做好了跟随李约瑟出行的准备。

　　次日，李约瑟就在罗忠恕、何文俊等人的陪同下游览了附近地区。他看
到一座壮观的文庙（华阳县文庙，现文庙西街），当时正被用作燕京大学的男
生宿舍。太平洋战争爆发后，1941 年 12 月 8 日燕京大学被日军占领，1942 年

罗忠恕
成都，1943 年 5 月 17—21 日

迁往成都复校，租用了陕西街华美中学和启华小学两所学校，并借用华阳县文庙。华美中学成为了燕大的办公和教学用房以及女生宿舍所在，启华小学用作了教员宿舍。10月1日举行开学典礼，并且特定12月8日这一天正式举行复校典礼。

左起何文俊、彭荣华夫妇，侯宝璋、罗忠恕

成都，1943 年 5 月 1—26 日

左起何文俊、彭荣华、李约瑟、罗忠恕，华西
协合大学附近何文俊教授家

成都，1943 年 5 月 1—26 日

离开文庙，李约瑟和罗忠恕又前往一个公园，在一家名为"文化茶园"的地方喝茶。李约瑟认为，这里远比昆明和重庆的茶馆好，就像欧洲一样，报架上有新报纸，男孩端着托盘卖香烟，士兵与学生带着女友在此愉快交谈，享受阳光。

与罗忠恕在公园的茶园（文化茶园）里喝茶
成都，1943年5月2日

燕京大学在成都文庙办学

成都，1943 年 5 月 2 日

华西协合大学位于成都华西坝。四川人喜欢称平地为"坝"，当时重庆沙坪坝、成都华西坝和汉中鼓楼坝被誉为大后方教育文化中心"三坝"，华西坝因处于天府之国首邑成都，环境优裕，故被誉为"天堂"（另两个则被称作"人间"和"地狱"）。华西坝一直是教会组织1910年创办的私立华西协合大学（以下简称"华大"）校址，1914年，增设医科。外籍教授大多来自英国剑桥大学、牛津大学，加拿大多伦多大学，美国哈佛大学、耶鲁大学等，教学组织完全参照西方模式。随着国民政府收回教育主权，1933年，张凌高接替毕启（Joseph Beech）成为第一任中国籍校长，同年设立文学院、理学院、医学院、牙学院。

华西协合大学行政楼，又名怀德堂，1919年建成
成都，1943年5月3—14日

华大最令人称羡的是校园中一座座中西合璧建筑。李约瑟认为,它们是当今"自由中国"所有大学中最好的。尤其是地标性建筑钟楼,与中式池塘融为一体。后来,在这座钟楼里,"李约瑟一连三天躲起来,同郭本道教授讨论道家的内丹"。

学校侧重对学生的教学,不像其他大学那样注重深入的研究,学生的生活情况也比较不错。兼任教务长的是中央研究院天文研究所的李珩研究员。李珩1933年获法国巴黎大学国家博士学位,被李约瑟称为"华西大学的教育家"。

华西协合大学图书馆前门
成都,1943年5月3—14日

华西协合大学的钟楼，1926年竣工，为华西坝地标性建筑
成都，1943年5月3—14日

　　全面抗战爆发后，华大敞开大门迎接友校和逃难的师生，同属教会学校性质[2]的南京金陵大学、金陵女子文理学院、山东齐鲁大学、北平燕京大学汇集到华西坝，学生总数达到3000人，专家学者荟萃一地，盛极一时，五所大学联合开课，共用图书和实验设备，成为大后方的文化教育中心之一。而这些教会学校师生穿越封锁线，奔赴大后方任教和求学，本身就是一种政治选择，表达一种民族精神及抗战的坚强意志。

李约瑟与张凌高校长（左）、罗忠恕（右一）、李方训（右二）等中国学者在华西协合大学
成都，1943 年 5 月 3—14 日

　　李约瑟提到，在这些学校的校长中，有一些是国际知名学者，如主持燕京大学在成都复校的梅贻宝校长，为清华大学校长梅贻琦的胞弟，1928 年获芝加哥大学哲学博士学位，论文是《墨子：一位曾与孔子匹敌而后备受冷落的人》，并将《墨子》翻译成英文。他还曾与罗家伦、顾颉刚等人赴西北考察，建议设立甘肃省科学教育馆并担任馆长 (1938)。金陵女子文理学院的吴贻芳校长，1927 年获得美国密歇根大学生物学博士学位，也是中国第一位女性大学校长，作为女界领袖，她 1945 年参加中国代表团，出席在旧金山召开的联合国制宪大会。

李约瑟在成都华西坝演讲

成都，1943 年 5 月 3—24 日

李约瑟的演讲日程

日期	讲题
5 月 3 日	科学在战时及平时之国际地位与责任
5 月 4 日	活的晶体长的分子与可缩的酵素
5 月 5 日	自给与胚胎反应性
5 月 6 日	战时与平时在英国之科学组织
5 月 7 日	化学与生物学之关联
5 月 9 日	生命物质与灵魂
5 月 10 日	西方科学会在英国之演进
5 月 11 日	生物化学家霍布金（霍普金斯）传略
5 月 12 日	中国科学史与科学思想检讨
5 月 17 日	科学与世界
5 月 21 日	西方进步思想之起源
5 月 24 日	哥白尼逝世四百周年纪念感想

听完李约瑟《哥白尼逝世四百周年纪念感想》报告的男学生
成都，1943 年 5 月 24 日

　　华西坝的东道主，则是华西协合大学的张凌高校长。他 1890 年出生在四川璧山县一个靠卖手艺为生的银匠家庭，1914 年考取华大文科，1933 年获美国德鲁大学 (Drew University) 博士学位，回国后接任华大校长。他邀请罗忠恕、刘之介、张孝礼等教授组成华大政策委员会，成立了中国文化研究所等多个研究机构。金陵大学理学院院长李方训，是毕业于美国西北大学的博士，被李约瑟誉为"成都最杰出的科学人士之一"，"在离子熵、离子体、水合作用等方面的研究广为人知"。

自 1942 年起，罗忠恕创办的东西文化学社已成为战时中国了解世界，世界认识中国的一个重要窗口。学社举办的"东西文化讲座"，不仅坝上名流竞相登台，还有一大批外国专家学者接踵而至。1943 年 5 月 3 日下午，在罗忠恕的陪同下，李约瑟在华西协合大学演讲《科学在战时和平时之国际地位与责任》。在第一次讲演前，中国学者发现李约瑟的讲稿竟然是用中文写的，且封面上赫然写着"演讲谟"三字。这"谟"字该作何解？李约瑟解释为计谋、谋略。大家莞尔一笑，劝他还是用英文讲课。李约瑟哪肯放过这难得的学习中文的机会，仍坚持用中文讲演。

李约瑟从回顾科学发展史开始，认为全世界各民族都曾对科学有所贡献。但科学的发展受地域条件和社会因素的制约，"我们应当改进社会，同时善用科学而不应限制科学的活动来适合社会"。从 5 月 3 日到 24 日，李约瑟曾在华西坝作了 12 场专门讲演，内容涉及生物学、胚胎学、中西方科学史和战时世界科学状况等方面。"为什么现代科学在欧洲发展而不在中国发展呢？"这些问题在黄兴宗等人听来，"感到大吃一惊"。

五所大学中有关科学的院系实际的教学研究都融合在了一起，研究兴趣集中在对国计民生具有重要价值的实际问题，特别是关于战争的紧要问题上。但李约瑟也指出，他们担负着繁重的教学任务，除非减轻负担，否则很难达到高水平。

李约瑟列举了一些人的研究工作。华大的化学家饶义、陈普仪 (Roy C. Spooner，1905—1985) 与张铨教授将研究对准了四川的靛青及其他染料工业，生产 X 光照相乳胶，以及电镀、鞣革等，并为此在校园里设立了一所精巧的实验工厂。

图中的张铨为我国制革领域主要奠基人之一，他 1925 年毕业于燕京大学理学院皮草学系，1937 年赴美国辛辛那提大学，1940 年获博士学位，回国后任华西协合大学教授，主持实验制革厂的生产，兼任成都燕京大学化学系主任。李约瑟写道："这里，在张博士的倡导下，一切因地制宜的措施都必须周密考虑，所有的机器都用当地的木材制成。当磨琢用的砂轮买不到时，人们就将玻璃屑用桐油胶在轮盘上代用。"

华西协合大学化学系制革研究所，
右二为张铨 (1899—1977)
成都，1943 年 5 月 17—21 日

此外，在齐鲁大学，薛愚教授对抗疟药物的作用机理颇感兴趣。在金陵大学，胶体化学家戴安邦教授主持用黄豆中的蛋白质制备"乳酪胶"的实验。还有对含铜化合物杀虫剂以及桐油聚合等的研究工作。

华西协合大学的化学系原本在生物楼，金陵大学、齐鲁大学、金陵女子文理学院迁来后，1939年合资动工兴建了化学楼，1941年建成，约定该楼由各校化学系及金大的化工系合用。李约瑟为他的生化同行在化学楼前合影。

比起物理和化学，李约瑟认为这里更为活跃的研究领域是生物学，教师们主要从事生物分类学和生态学研究。出身勤杂工的张明俊教授深入川西和川西北高原考察动植物资源分布，专攻腹足类动物分类学和胚胎学。燕京大学的刘承钊博士则是研究亚洲两栖类动物的"真正权威"，他亲自去西康等地采集标本，所收集的标本与数据"确实惊人"，对实验胚胎学研究有很大便利，但受实验条件的限制，未充分加以利用。迪克森 (F. Dickinson) 博士则在动物繁殖、果树改良等方面，使整个四川省受益，为全国所瞩目。

华西协合大学的生化专业师生
成都，1943 年 5 月 3—14 日

华西协合大学的 8 名生化学家，郑集（二排右一）、薛愚（二排右二）

成都，1943 年 5 月 3—14 日

华西协合大学生物楼，又名嘉德堂，1924 年竣工
成都，1943 年 5 月 3—14 日

齐鲁大学的张奎博士则是寄生虫研究领域的杰出代表人物。在洛克菲勒基金会的资助下，他为四川省钩虫病的普查作出了显著贡献。钩虫病的蔓延与玉米、甘薯的栽种方式有密切关系，该病一旦发作，可导致诸如食土等奇怪现象。

何文俊和彭荣华夫妇也在华大生物系工作，两人都曾留学美国爱荷华农工学院。何文俊主持植物病理学、经济作物的昆虫害调查等方面的研究，彭荣华则主持了民生科学的一个有趣课题，即在中国人中推广果酱制作方法，以避免每年常见的水果浪费。

```
        3  4
1  |    2
```

1. 何文俊的夫人彭荣华
   成都，1943 年 5 月 3—14 日

2. 华西协合大学医院前门
   成都，1943 年 5 月 3—14 日

3、4. 华西协合大学医院
   成都，1943 年 5 月 3—14 日

华大影响最大的专业则非医科和牙科莫属。1929年，华大的医科、牙科联合成立医学院，在战前已闻名全国。虽然战争造成设备无法更新，但得益于疏散到此地的人才，名医荟萃是当时华大的真实写照。1938年，华大医学院和中央大学医学院、齐鲁大学医学院成立联合医院，由戚寿南（1893—1974）任总院长。1942年，华西协合大学医院门诊部建成使用。

病理学系，有来自齐鲁大学的侯宝璋博士，研究兴趣主要在医学地理方面，并得到了江晴芬博士的支持。李约瑟记录下他们开展工作的艰难情形：

这个医疗小组的记录在轰炸中遗失，重新建立之后又在大火中丧失；麻风病的研究因资金短缺而中断；一个实验猴群建立起来之后，又由于经济拮据而放弃；他们甚至一直都在自制打字机油墨，油墨常常在记录纸上褪色；他们用当地松香制造加拿大香胶，但这种香胶质量不佳，常常将标本弄坏。"坚毅"这个字眼已不足以描述他们，除非我们加上"英勇"一类的形容词。

生理学系与药物学系，华大的冯大然博士在研究治疗痛经的当归和子宫刺激素益母草等中药。金陵大学的朱壬葆博士1936年曾考取公费赴英留学，在爱丁堡大学与皇家学会会员帕克(A. S. Parkes)合作研究动物生理学，他研究脑下垂体分泌和与精子生长有关的性激素。

华大牙科则堪称我国牙科的发源地，林德赛博士(Dr. Lindsay)和安纽博士(Dr. Agnew)，再加上牙形态学家周少吾等同事的合作，在为中国输送一流的现代牙科医生方面起着举足轻重的作用。李约瑟认为，这项工作对中国人民很有必要，应该扩大，值得官方全力以赴予以财力支持。

华西协合大学药学教室
成都，1943 年 5 月 17—21 日

1. 岱峻. 罗忠恕：战时游走欧美的布衣使者 [J]. 粤海风，2013，95(02)：24-32.

2. 随着国民政府收回教育主权，这些学校在 1932 年后都成为接受政府管理的私立学校，只是习惯上还称之为"教会大学"（有教会背景的大学）。

（2）国立四川大学

　　距离华西协合大学不远的望江楼[1]一带，
国立四川大学的新校舍建设正在收工。与其
他高校战时联合办学不同，四川大学一直保
持着相对独立，并获得较大发展，虽曾一度
迁到峨眉山，但图书设备损失很小。1943年初，
黄季陆任校长，主持四川大学迁入望江楼新
校舍，到1945年，规模甚至与中央大学不相
上下。

锦江之上的望江楼及局部
成都，1943年5月3—14日

　　四川大学主要由文、法、理、农四个学院组成，抗战期间重设工学院。川大原为"蜀学宿儒"集中之地。抗战期间，国内大批名流学者辗转入川，应聘到校，进一步加强了传统文化研究中心的地位。李约瑟来到四川大学，便与学术渊闳的文学院院长向楚等人到望江楼上座谈，讨论道家思想。

　　科学研究方面，川大也因抗战而有所加强，特别注意结合大后方的实际，开展对国计民生有重大意义的课题研究。自然科学和应用科学研究的重点，长期放在水稻、柑橘、酿酒、林业等方面。李约瑟看到，"川大最强的学科是农学"，农学院下设农艺、园艺、蚕桑、森林、植物病虫害等八个系，为四川农业输送人才，推广技术和良种，"本抗战愈战愈强调精神，来多做科学研究的工作，多做病虫害防治试验，与自然界中的害虫病菌斗争"。

1 | 2 | 3

1. 望江楼上三名学者，何文俊（前）、方文培（左）
   成都，1943 年 5 月 3—14 日

2. 国立四川大学的一些教授在望江楼讨论道家思想，向楚（左一），方文培（右一）
   成都，1943 年 5 月 3—14 日

3. 左起曾省、罗忠恕、章文才、何文俊、彭家元
   成都，1943 年 5 月 3—14 日

Photo I.   Showing Dr. Tseng Sheng with his collaborators
on a theatre before the peasants of Singtu-hsien,Szechwan Province,taught
them how to cultivate Virginia tobacco and to control insect-pests,under
the auspices of the Agricultural Promotion and Improvement Committe of
the Executive Yuen and the National Szechwan University.

　　川大农学院院长是病虫害研究权威曾省博士。1929 年经秉志等的推荐，他得到中华文化基金资助，前往法国里昂大学理学院攻读昆虫学、寄生虫学和真菌学，1931 年获理学博士学位。他当时正在积极帮助防治烟叶病，率队到农村向农民传授知识。因原有烟草产地沦陷，香烟生产难以为继，影响税收，政府于是在郫县设立烟叶示范场，郫县、温江、崇宁等八县为推广区域。川大农学院在新都设立合作示范圃，供附近烟农学习改良烟草技术。

　　曾省送给李约瑟四张他在农村开展促进烟草产量提高的教育活动照片，该活动由行政院农业推广与改善委员会、国立四川大学和金陵大学共同支持。其中有一幅照片曾出现在李约瑟博士 1945 年出版的《中国科学》一书中。

1. 曾省向农民传授烟草栽培和害虫防治
四川新都

2. 曾省在崇宁县向乡村学校的师生演讲现代科学农业方法
四川崇宁

3. 在郫县演讲烟草栽培和害虫防治
四川郫县

4. 曾省在乡村学校教学生如何识别和消灭烟草害虫
四川新都

国立四川大学农学院大楼外景
成都，1943 年 5 月 1 日、1943 年 5 月 3—14 日

四川由于气候土质适宜，盛产柑橘，被认为是橘子的原生地，但长期受虫害困扰。经农学院向中英庚款董事会申请补助，董事会派研究员刘君谔（女）于 1939 年初来川大农学院植物病虫害系，由曾省教授负责指导对"柑橘褐天牛之生活史及防治方法"进行研究，历时两年半完成课题，并编成《柑橘褐天牛》等读物，供果农使用。刘君谔也通过英国文化科学访华团与英国自然博物馆建立联系，从事钻木甲虫类的寄生虫方面研究。

园艺系张文湘教授是柑橘专家，曾对美国加州柑橘进行了系统研究，并开展引种和推广工作。他总是自豪地向人介绍宋代韩彦直 1178 年成书的园艺学专著《橘录》，该书详明地记述了一套柑橘果树的栽培管理和果实收藏方法，可称为历代有关这方面经验的总结。

农艺系的杨允奎曾在美国俄亥俄州立大学攻读作物遗传育种专业，1933 年被授予博士学位。1941 年到川大任教后，有计划地开展小麦、玉米、豌豆的遗传育种研究，引种并改良玉米品种。李约瑟看到他正在"研究秋水仙素作用的多倍体，并向农民推广玉米作为救急作物，如果 7 月稻米歉收，补种的玉米 9 月便可成熟"。

森林系主任李荫桢教授，于美国明尼苏达大学获博士学位，李约瑟评价道，"有关油桐树的一切知识，他几乎是无所不晓"。

蚕丝研究方面，王道容教授主持丝腺组织学，蚕的细菌病、各种桑树的普查以及野蚕的生理学方面的研究都在进行。实验室中保存有 38 个纯品种和许多杂交种的标本，预备在战后开展吐丝过程的性质研究，即液腺溶物是如何变成可织纤维的。李约瑟了解到，"蜀"字含有部首"虫"，因此四川的养蚕专家都认为养蚕业起源于四川，他还对每一个蚕茧能拉出 500 米蚕丝表示很惊讶。

四川大学理学院生物系在方文培教授的领导下，广泛收集了华西和中亚的植物品种标本，并与国内外机构交换。方文培 1937 年获爱丁堡大学博士学位，四川大学理学院迁到峨眉山期间，他在教学之余进行研究。李约瑟看到了他最近出版的精美插图著作《峨眉植物图志》，包括各种新属和新种的图谱及说明。该书已送往伦敦邱园等地。李约瑟在《中国科学技术史》（植物学卷）

中提到："中国最杰出的植物学家方文培博士 1939 年发表了槭树科专著，他不仅用现代科学的分类方法采纳了拉丁学名、中文名称，而且还用英文描述特征，后来《峨眉山植物图志》也同样采用，推动了植物学研究的发展。"

而在应用物理和应用化学方面，1938 年成立的四川大学理科研究所和应用化学研究处，研究课题主要与军事工业和医药工业有关，重点解决大后方汽油紧缺、医药匮乏等问题，努力为抗战服务。同时与迁来成都的中央航空研究院、中央水工实验室等合作，开办航空工程系（有 20 多架飞机和全国最大的试验风洞）、土木水利工程系等。出于保密原因，李约瑟将这部分内容一笔带过。

1. 相传此楼有一副著名的上联"望江楼，望江流，望江楼上望江流，江流千古，江楼千古"。

（3）四川省农业改进所

　　与四川大学农学院密切相关的研究机构是四川省农业改进所。随着大批机构内迁，非农业人口大大增加，因此发展西部省份农业，提供必要的农产品是支持抗战的根本所在。1938年，国民政府改组农事机构，成立中央农业实验所，四川省农业改进所即于同年9月成立。该所合并了原来的九所农业机关，聘中央农业实验所稻作组主任，威斯康星大学农学博士赵连芳为所长，统筹办理全川的农林改进事业，"力图对本省农业作有计划之开发改进，以应抗战建设之需要"。

　　农业改进所位于成都市东郊的静居寺，原为稻麦改进所场址。起初下设食粮作物组、工艺作物组、蚕丝组、病虫防治组、农业化学组、畜牧兽医组、垦殖工程组等九组。顶峰时期员工达到1300多人，大部分为四川籍，技术人员比例达到77%以上，包括拥有国外知名大学博士学位者7人，同时聘有国外农业专家为顾问。然而，1942年因政府开支困难，农业改进所经费巨减，人数也减半至600余人，赵连芳所长辞职。康奈尔大学农业经济学博士，曾任北京农学院院长的董时进继任所长。

四川省农业改进所前门，门口站立者为罗忠恕
成都，1943年5月3—14日

病虫防治组的植物病理学家是凌立博士，1937年获美国明尼苏达大学博士学位。他研究十字花科植物的斑驳病，在《植物病理学杂志》上发表了多篇论文，当时正与来自新德里的皇家真菌学家瓦茨·帕德维克 (Watts Padwick) 进行合作研究。帕德维克是水稻病害学家，应中国政府邀请，作为技术专家访华。

农业改进所还经营着一家有相当规模的"植物病虫药剂制造厂"，是由病虫防治组的药剂制造室扩充而来，生产除虫菊粉、碳酸铜和砷酸铜等。在李约瑟看来，工厂"使用的设备非常原始，尚可利用"。

值得一看的是李先闻博士主持的农作物改良的深入研究。1926—1929年，李先闻在康奈尔大学师从国际著名的玉米遗传学大师埃默森 (R. A. Emerson) 攻读遗传学博士学位，曾与诺贝尔奖获得者乔治·韦尔斯·比德尔 (G. W. Beadle) 有过合作。李先闻为成都平原培育出新型的抗病小麦，致力于麦类、粟类等作物细胞遗传学的系统研究。

垦殖工程组分为垦殖、农具、农田水利三部分，不久便因垦殖和农田水利另有专门机构负责，而专注于农具改进。李约瑟记录下一些精巧的水利机械，利用竹编固定的石子修建拦河坝蓄水，传统的灌溉水车和磨米的水磨，李约瑟利用这些图片，形象地论证水利对中国农业的重要性。

1

2　3

1、2. 制造杀虫剂的场地及临时组装的设备
　　成都，1943年5月3—14日

3. 农业遗传学家李先闻
　　成都，1943年5月3—14日

1

————

2   3

1. 用竹编固定石子制作的拦河坝　　　2、3. 磨米的水磨

成都，1943 年 5 月 3—14 日　　　　　成都，1943 年 5 月 3—14 日

4、5、6. 传统的灌溉水车

成都，1943年5月3—14日

(4) 苏坡桥科学仪器供应厂和四川机械公司

后方大中学校的科学仪器，本来可以由各省教育厅的科学仪器委员会购买和分发，但由于抗战造成的封锁，后方只能在科技专家的指导下，自行制造高质量的仪器。李约瑟提到，金陵大学理学院院长魏学仁，是位非常能干的组织者，正是他与四川省教育厅郭有守厅长商议，成立科学仪器制造局，在苏坡桥开办工厂，生产学校用的器械以及简单的实验室仪器。

和郭有守一样，魏学仁(1899—1987)也参与了战后联合国的工作。他1922年毕业于金陵大学，1928年获芝加哥大学博士学位。1930年起任金陵大学理学院院长。1946年代表中国赴美参加世界原子能会议及联合国会议。

科学仪器供应厂起初是四川省教育厅下属的一个部门，后来成为省政府督办的一个独立的企业。主要出品生物、化学和物理仪器，以及化学试剂、图表和模型等，用于中学和部分大学的教学演示和学生实验，以及小学的手工课。

李约瑟认为，在中国的科学机构中，最有趣的就是这座为大学和中小学的实验室制造科学仪器的工厂，为此他拍摄了30余张工厂的照片。该厂生产的仪器多达514种，包括精度达到0.2毫克的分析天平。建厂以来已经生产出4300套(每套包括50～80件仪器)仪器，供应了四川乃至整个后方的1500所学校。

李约瑟描述了工厂的生产条件："他们经常要凭借一些简陋的原始条件，只要看看那台直流发电机就很能说明问题，那台发电机是为手工电镀提供低压电流的，因为城外这个地区不供应大量的电流。"此外，该厂还附设一个玻璃制造厂，吹制各种玻璃器皿。

一群教师参观科学仪器供应厂，前排右二罗忠恕、右三何文俊、右四李方训、
右五魏学仁、右六刘殿卿

成都，1943 年 5 月 3—14 日

李方训（左二）、魏学仁（左三）与经理刘殿卿（右一）等

成都，1943 年 5 月 3—14 日

1 | 3
2

1. 科学仪器供应厂的职员
　成都，1943 年 5 月 3-14 日

2. 科学仪器供应厂的工人
　成都，1943 年 5 月 3-14 日

3. 翻砂与锻造部
　成都，1943 年 5 月 3-14 日

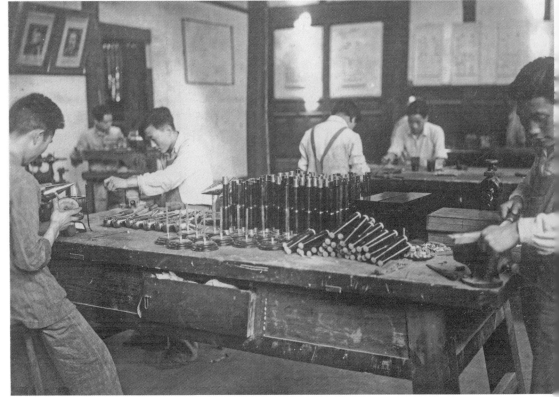

| 1 | | 3 | 4 |
| 2 | | 5 | 6 |

1. 车床加工
　　成都，1943 年 5 月 3—14 日

2. 车间里用老虎钳进行挫削加工
　　成都，1943 年 5 月 3—14 日

3. 手摇发电的电镀机（由于缺电）
　　成都，1943 年 5 月 3—14 日

4. 吹制玻璃器皿
　　成都，1943 年 5 月 3—14 日

5. 蒸汽机模型
　　成都，1943 年 5 月 3—14 日

6. 试剂制备
　　成都，1943 年 5 月 3—14 日

1. 分析天平校准重量
   成都，1943 年 5 月 3—14 日

2. 工人们制作人体解剖模型
   成都，1943 年 5 月 3—14 日

3. 制好产品的样品，包括生物标本等
   成都，1943 年 5 月 3—14 日

4. 制作的动物标本，包括一只熊猫
   成都，1943 年 5 月 3—14 日

5. 用于学校和博物馆进行展览和教学的鸟类标本
   成都，1943 年 5 月 3—14 日

1	4
2	
3	5

在李约瑟的影集中，成都还有"中央机械厂"和"嘉乐纸厂"等工业设施。

中央机械厂（注意与中央机器厂区别）也被称作四川机械公司，1942年萨本炘（1898—1966）应四川省建设厅厅长胡子昂邀请创办该厂并担任总工程师。图中可见冶铁器材和整洁的厂房。萨本炘出身海军世家，曾留学英国格拉斯哥大学造船系。

1. 总工程师萨本炘
   成都，1943年5月3—14日

2. 四川机械公司的车床加工车间，用茅草和草席搭建
   成都，1943年5月3—14日

3. 四川机械公司的餐厅
   成都，1943年5月3—14日

4. 四川机械公司的厂房
   成都，1943年5月3—14日

| 1 | 2 | 3 |
| | 4 | |

1	4
2	
3	

1. 工人正在制造熔铁炉
   成都，1943 年 5 月 3—14 日

2. 工人向熔铁炉中添加原料
   成都，1943 年 5 月 3—14 日

3. 工人正在向熔铁炉中通风
   成都，1943 年 5 月 3—14 日

4. 熔铁炉正在出铁
   成都，1943 年 5 月 3—14 日

嘉乐纸厂为留法学者李劼人（1891—1962）于 1927 年创办，抗战时期成为大后方唯一的机器造纸厂，因产量大、纸质佳而闻名。

1. 嘉乐纸厂董事长兼总经理李劼人（左一）站在厂门口
   成都，1943 年 5 月 3—14 日

2. 嘉乐纸厂的厂房，烟囱设计成佛塔模样
   成都，1943 年 5 月 3—14 日

1

2

（5）中央大学医学院

　　成都的医学研究机构，除了前面提到的华西协合大学医学院外，还有中央大学的医学院和农学院畜牧兽医系，畜牧兽医系借住四川农业改进所，医学院则在蔡翘、郑集带领下，进驻华西坝，借用华西协合大学的校舍和实验室合作办学。1941年，中大医学院从华西坝迁到成都市内的布后街办学，并开办独立的附属医院。

国立中央大学医学院布后街校址
成都，1943 年 5 月 3—14 日

徐丰彦（中）手持自制的转筒记录器，与潘铭紫
（右）和郑集（左）在国立中央大学医学院
成都，1943年5月3—14日

郑集（中）、何文俊（右）和一名同事
成都，1943年5月3—14日

　　中大医学院下设生物学系、生物化学系和解剖学系等部门，具有较高学术水平。主持生物学系的蔡翘为我国生理科学的奠基人之一，1925年获得芝加哥大学博士学位。他多次前往英、德等国访学，1943年夏又作为中美文化交流交换教授应邀赴美讲学，因此该系暂由徐丰彦博士主持。

　　徐丰彦曾留学英国，获伦敦大学哲学博士学位，和蔡翘均为英国生理学会会员。他在这里领导着10多名研究人员从事研究，他和郑集还自豪地向李约瑟展示了医学院附属车间制造的灌注泵和转筒记录器。

　　郑集1934年获美国俄亥俄大学博士学位。他主持的生化系，有李学骥、唐素、周同璧、任邦哲等人，系统从事食物营养研究[1]，堪称盛极一时。潘铭紫博士曾留学美国明尼苏达大学，他领导解剖学系继续进行着体质人类学研究。

1.　郑集. 一个生物化学老学生的自述：为祖国生化发展而奋斗[J]. 生理科学进展，1984(02)：97—100.

（6）成都印象

李约瑟在成都出席的最隆重的活动，可能是孔祥熙招待埃格尔斯顿爵士和李约瑟等人的一场集会。孔祥熙时任行政院副院长和财政部长，毕业于耶鲁大学的他向以"提倡教育，振兴实业"自许，担任国内华西协合大学等多所教会学校校董，还是齐鲁大学的名义校长和董事长。5月4日，孔祥熙到华西大学教育学院，向成都高校的学生训话[1]。这次聚会有不少学界名流出席，罗忠恕、何文俊以外，还有正在成都讲学的西南联大文学院院长冯友兰，李约瑟著作中提及，"记得在成都听冯友兰博士本人说过，道家思想是世界上唯一不极度反科学的神秘主义体系"。

图中值得一提的是教育界重要人士郭有守[2]。1937年任职教育部的郭有守奉命先行入川，利用其为四川人的有利条件，在重庆很快为西迁的教育部找到了办公用房。不久，他被任命为教育部秘书长、四川省教育厅长，管理协调大后方和内迁教育机构，为战时和战后培养人才作出重大贡献。抗战胜利后，1946年，郭有守作为顾问随教育部长王世杰赴美，筹备中国参加联合国教育、科学、文化组织。中国成为联合国教科文组织成员国后，郭有守被聘为首任教育处处长。

李约瑟还参观了成都的若干庙宇，包括青羊宫、观音草堂等。古老的蜀王宫，其汉代城门可以追溯到公元200年。对佛教和道教颇感兴趣的李约瑟还与活佛和喇嘛共进午餐。

郭有守（前排左二）、罗忠恕（前排左三）、孔祥熙（前排左四）、埃格尔斯顿（前排左五）、
李约瑟（二排左二）、冯友兰（二排左四）、何文俊（三排右二）等合影

成都，1943 年 5 月 4 日

5 月 22 日星期六，李约瑟举行了盛大晚会，36 位来宾聚集到南门外万里
桥附近的枕江楼。"晚会无疑地十分欢快，比这里的其他任何晚会都更加热烈，
其原因是我们有足够的优质广柑酒，以及有很多女性（女科学家、夫人们）出
席"。作为主人，李约瑟喜欢完全按照中国的习惯，在上每道菜后敬酒，得体
地邀请客人吃菜，特别是与其他人轮流变换去各桌敬酒。宴会结束后，一些
人又同往观看川剧。

<table>
<tr><td>1 2
———
3</td><td>1. 成都的一座庙宇

成都，1943 年 5 月 23—24 日</td><td>2. 青羊宫三清殿和八卦亭

成都，1943 年 5 月 15 日</td><td>3. 观音草堂（？）的小院，内有僧人在写字

成都，1943 年 5 月 15 日</td></tr>
</table>

更让李约瑟高兴的是，临行前一天，在旧书市场上，他买到一大批科技史资料，包括中国数学史、天文学史、道教史、炼丹术史等。而他在此后的北方之旅，经罗忠恕牵线，与成都石室中学用一套《大英百科全书》交换了一套《道藏》，这些无疑坚定了他开展中国科技史研究的决心。

| 1 | 2 | | 4 |
| | | 3 | |

1. 2. 3.　朋友们在万里桥枕江楼开茶话会送别李约瑟
　　　　成都，1943 年 5 月 22 日

4. 枕江楼茶话会上的冯友兰、倪青原、罗忠恕、李安宅（从左至右）
　　成都，1943 年 5 月 22 日

1.　孔副院长训话，谆谆劝诫同学. 金陵女子文理学院院刊，1943（101）.

2.　郭有守（1901—1978），字子杰。四川资中人，1918 年考入北京大学法科，毕业后自费留学法国巴黎大学，
　　获经济学博士学位，回国后到教育部任职，1938—1945 年任四川教育厅厅长。

3 乐山

李约瑟的四川中部之行路线，先前往乐山，经五通桥、李庄、泸县，返回重庆。1943年5月25日是原定前往乐山武汉大学的日期，但前来迎接的汽车半路抛了锚，行程不得不推迟一天，李约瑟则在城内搜购书籍，颇有收获。

(1) 乐山风景

26日早上阳光明媚，李约瑟告别了成都的朋友，和黄兴宗坐上了武汉大学的汽车。同行的还有陶育礼教授，他从乐山随后取道贵州，在桂林、昆明短暂停留后，返回了牛津。

汽车沿着平坦肥沃的成都平原西南部分行进，他们在新津县渡过岷江，到眉山县城午餐，又在夹江休息喝茶，下午五点半到达乐山。乐山原为嘉定府府治所在地，民国时期改为乐山专区，李约瑟仍沿用了嘉定的称谓。

嘉定城鸟瞰
乐山，1943 年 5 月 26—30 日

乐山位于岷江和大渡河的交汇处，县城多山，李约瑟注意到中国各个城市都有城墙，乐山的城墙穿山越谷，站在沿岸山头高处，景色极其壮丽，天气良好时甚至能望见峨眉峰顶。在乐山的5天中，李约瑟访问了武汉大学、中央技艺专科学校、中央工业试验所木材实验室和永利化学工业公司等。李约瑟用小卡片记下遇见的每个人的姓名和特点，黄兴宗则记录他们所需要的仪器物资项目。峨眉山既是佛教圣地，也是道教圣地，但李约瑟因日程安排紧张而谢绝了游玩的邀请，木材实验室主任唐燿后来（1945年）送给李约瑟夫妇一套（6张）峨眉山的风景照片。

嘉定的古城墙
乐山，1943年5月26—30日

山上道观（万寿观）内的万景楼及
供奉的神像

乐山，1943 年 5 月 26—30 日

唐燿送给李约瑟夫妇的峨眉山风景照片，下为乐山大佛

（2）**武汉大学**

　　南京沦陷后，武汉成为日军进攻的主要目标之一。武汉大学未雨绸缪，经过前期考察，选定水陆交通便利的小城乐山，1938年3—6月实施内迁，迁校迅速且一次性完成，较好地保存了学术力量。李约瑟认为，武汉大学的学术水平很高，即使与昆明的西南联大相比，也毫不逊色。

　　武汉大学校部设在乐山文庙内，图书馆占据着供奉孔子的大成殿，而教室、实验室、宿舍等则分散在乐山城内外，如理化两系位于城外的李公祠内。在文庙崇圣祠，李约瑟会见了校长王星拱和教务长朱光潜等人。王星拱毕业于英国伦敦大学帝国科学技术学院。朱光潜曾留学英国爱丁堡大学，后在法国斯特拉斯堡大学获哲学博士学位。武汉大学在他们的主持下，克服物资匮乏、经费短缺的困难，坚持教学与科研的正常开展。

武汉大学校部所在的文庙
乐山，1943年5月26—30日

1
2   4
3

1. 武汉大学校长王星拱（中）、教务长朱光潜
（右）、理学院代理院长叶峤（左）在文庙
乐山，1943 年 5 月 26—30 日

2. 文庙内用作图书馆的塔楼
乐山，1943 年 5 月 26—30 日

3. 文庙里的武汉大学图书馆内景
乐山，1943 年 5 月 26—30 日

4. 武汉大学的宿舍楼
乐山，1943 年 5 月 26—30 日

一名学生在树上俯视着学校的"泳池"（大渡河）

乐山，1943 年 5 月 26—30 日

　　武汉大学的理学院，包括物理系、化学系和生物系，都设在乐山城外李公祠。李约瑟前往参观，了解到物理系胡乾善教授已完成了一部论述宇宙射线研究的专著。胡乾善1937年获伦敦大学博士学位，导师是著名的布莱克特（P. M. S. Blackett）教授。1944年冬，李约瑟邀请胡乾善担任中英科学合作馆的学术顾问。

　　理论物理学家江仁寿教授，1936年获得伦敦大学博士学位，他正在指导研究生刘立本等两名学生开展有关氧化铜整流器以及金属弹性变形温度效应的研究。

　　在化学系交流访问中，李约瑟得知其系主任、物理化学家邬保良教授不久前发表了一篇关于全向电力与静态核子的论文。这需要收集核物质研究的最新资料，然而身处偏僻之地的他对与世隔绝的状况深怀感触。叶峤教授，1931年获柏林大学理科博士学位，正在开展天然药物活性研究。好在武汉大学已经装备了一架缩微胶卷阅读机，并从重庆的国际文化服务处得到许多缩微胶卷，启动阅读机，便能读到《科学》(*Science*)和《营养学杂志》(*Journal of Nutrition*)，杂志最新为1943年2月号，不难想象这些资料对学者们的重要意义。

1

2　3

1. 在乐山李公祠的武汉大学学者，从右到左：江仁寿、高尚荫、
   胡乾善、尹致中、邬保良、叶峤、石声汉
   乐山，1943年5月26—30日

2. 李公祠
   乐山，1943年5月26—30日

3. 武汉大学的理科实验室
   乐山，1943年5月26—30日

武汉大学的生物系也设在李公祠内，且在距离不远的观斗山城墙上的石砌望楼内有一个生理学实验室。该实验室由著名植物生理学家和教育先驱汤佩松教授在武大珞珈山时所建，他当时已到西南联大工作，实验室便改由病毒学家高尚荫及其同事们使用。高尚荫 1935 年获耶鲁大学博士学位，同年前往英国伦敦大学从事过短期研究工作。该实验室也是"自由中国"唯一用于非医疗细菌学研究的实验室。

在望楼下方，足智多谋的石声汉博士在教植物生理学和病理学课程，他发挥才智，用最简便的材料制成了多种仪器设备。石声汉 1933 年考取了首届中英庚款公费留学生，到伦敦大学攻读博士，1938—1941 年担任同济大学（昆明）生物系教授兼系主任，改任武汉大学教授后，还在 1942 年初应邀到迁往李庄的同济大学讲学。李约瑟的下一站李庄，便由石声汉陪同前往。许多年后李约瑟博士深情回忆这段经历时说："有一天，我和他在一起时，他开了一个玩笑，此后一直留在我的记忆里：当时有许多人在望楼工事旁的一条小路上走成一行，因为天下着雨，他们都打着伞，石声汉转身朝我说：'瞧，一行蘑菇在走路。'"[1]

而在望楼上方，生理学家林春猷教授设计出了一种新的电极，用于血液 pH 值和红细胞渗透性的研究，实验室已经拥有当时在中国难得一见的瓦氏呼吸器。

从望楼可以眺望大渡河与岷江交会处的美景，李约瑟不禁吟诵起了英国玄学诗鼻祖约翰·但恩（John Donne）的诗句。实验室下方有一个水池，这可不是普通的水池，原来在这个离海约 2000 英里的池塘中，每年都有淡水水母种群发育，该水母已由高尚荫教授和公立华助教命名为"中华桃花水母"，并在几年前就对桃花水母进行了生理学研究。

1

2　3

1. 生物学家高尚荫在微生物实验室外
乐山，1943 年 5 月 26—30 日

2. 用作生理学实验室的古望楼

　　乐山，1943 年 5 月 26—30 日

3. 用于植物病理学实验的小温室

　　乐山，1943 年 5 月 26—30 日

访问期间，李约瑟还应邀为武大师生做了有关生物化学的专题讲演。1944 年下半年，李约瑟赴西北考察时，曾再次到访武汉大学。

　　李约瑟对武汉大学留下了深刻而美好的印象，在其著述和讲演中曾多次赞许武汉大学的学术水平和教师们在战争时期不怕困难、自强不息的科研精神和敬业精神，告知世人"在四川嘉定有人在可以遥望西藏山峰的一座宗祠（李公祠）里讨论原子核物理……"在《中国科学技术史》第一卷序言中，他写道："在成都和嘉定，我有机会聆听郭本道以及已故黄方刚（黄炎培之子，武汉大学哲学系教授）关于道教的艰深而重要的阐释。……与此同时，当时武汉大学校长、已故王星拱博士，则使我看到了旧儒教的各方面的教义。"

1.　　涂上飙，刘昕. 抗战烽火中的武汉大学 [M]. 郑州：河南大学出版社，2015：102.

听完演讲的学生
乐山，1943 年 5 月 26—30 日

生理学家林春猷（右）与叶峤（左）
乐山，1943 年 5 月 26—30 日

（3）中央工业试验所木材试验室

　　抗战时期迁到乐山的科研机构，主要是唐燿主持的中央工业试验所木材试验室。"在离城不远有一座宝塔的高坡上，可以找到国立木材试验室，该室在精力充沛的唐燿博士领导下，是一个活跃的中心。"唐燿曾在北平静生生物调查所从事木材解剖学研究，1935—1938年就读于耶鲁大学，获得博士学位，1939年回国，前往重庆北碚筹备建立木材试验室。因中央工业试验所遭到轰炸，唐燿将木材试验室迁到乐山，设于一座宝塔下的庙宇中。这次访问令黄兴宗印象深刻，因为它就在著名的凌云大佛身旁。

　　木材试验室的主要工作包括厘定木材试验的规范，调查中国森林和木材样品，开展木材的力学试验等。特别是应一些政府和军事部门的委托，承担了航空、兵器、交通以及文教用品所需要用的各种木材的鉴定和试验工作，如对制作枕木、纸张、飞机、枪柄、火柴等的木材品种，给出适宜的建议。李约瑟看到，该室拥有来自中国及世界各地的木材标本，收藏着令人羡慕的复印本和缩微胶片。

1

2

3

1. 唐燿（右）与王恺在木材试验室
　　乐山，1943 年 5 月 26—30 日

2. 李约瑟在木材试验室
　　乐山，1943 年 5 月 26—30 日

3. 国立木材试验室和附近的宝塔
　　乐山，1943 年 5 月 26—30 日

凌云大佛　乐山，1943 年 5 月 26—30 日

从木材试验室俯瞰岷江　　乐山，1943 年 5 月 26—30 日

一名工人在破旧的工棚中工作

乐山，1943 年 5 月 26—30 日

中央技艺专科学校的一名科学家（左）
和工人们进行豆瓣酱试验

乐山，1943 年 5 月 26—30 日

(4) 中央技艺专科学校

李约瑟还提到乐山的中央技艺专科学校。该校 1939 年创建，设有农产制造、纺织、造纸、皮革和蚕丝等轻化工专业。该校为综合性化工学校，既设高深理论性课程，又设实习工场。永利公司的微生物学家方心芳即为农产制造科的兼任教授。

李约瑟引用一位工程师的话生动地说明了该地区的偏僻程度。当他们站在门口放眼西藏边陲群山时，这位国立资源委员会所属发电厂的工程师说："记住，直到你向西跨越 30° 经度、向北 15° 纬度，[1] 经中亚抵达苏联为止，这是西北方向的最后一个发电厂。"

---

1. 原文为向西六个经度，向北三个纬度。乐山与苏联城市阿拉木图的经度相差约 27°，纬度相差约 13°，因此李约瑟所说的一个经度实际相当于 5°。

（5）永利化学工业公司

6月1日，李约瑟一行乘车离开乐山，渡江来到10公里外的五通桥镇。此处原为盐场，秦代即开始凿井制盐，清代道光年间形成百里盐场的规模，井盐产量居全省之冠。因此，创办于天津的永利公司和黄海化学研究社1938年迁到五通桥，立志建设"新塘沽"。黄海化学研究社聚集了中国一批最优秀的化工专家，除了上文的方心芳，还有社长孙学悟，以及侯德榜、李烛尘等。[1]李约瑟说，永利公司在新塘沽设有大型化工及机械工程工厂，从沿海将这些工厂的材料及设备运到内陆来，这本身就是一首史诗。

他在永利公司的化学工业社住了两个晚上，参观了公司的化验室和设计部。在他看来，这里的模式与匹兹堡的梅隆研究所完全相同。1942年，永利成功开凿了第一口深盐井，化学社对这些卤液进行分析并研究出分离其成分的新方法。而世界闻名的"侯氏碱法"也已初步获得成功，试验工厂即将动工。

此外，李约瑟还提到了黄人杰博士领导的低温碳化厂，这里煤的供应很困难，很多地方的煤层通常只有二英尺厚；还有一家由高少伯博士领导的木材干馏厂。这些工厂的特点是它们通常由那些只接受过普通化工训练但并无特殊经验的人创建与管理，却开启了工业化的先河。

---

1. 龚静染. 西迁东还: 抗战后方人物的命运与沉浮 [M]. 成都. 天地出版社, 2019: 120.

1
———————
2 3

1. 五通桥的永利化学工业公司化验室和设计部
乐山，1943 年 6 月 1—2 日

2、3. 永利化学工业公司铁工厂外景和翻砂车间内景
乐山，1943 年 6 月 1—2 日

4 　李庄

(1) 江阔云低

从乐山沿岷江下行，过宜宾，下游 20 公里左右便是李庄，因此李庄也有"万里长江第一镇"之称。前往李庄只有水路可通，石声汉同盐务局协商好，让李约瑟和黄兴宗搭乘一条运盐的木船，为了确保不受耽搁，他决定送两人同行。6 月 3 日，在石声汉教授陪同下，李约瑟和黄兴宗乘盐船向李庄进发，那里有他"非常盼望能访问"的"中央研究院和同济大学"。

然而，船行一日便途中停运，4 日上午三人不得不换乘一条小木船，小船随激流起伏颠簸，像秋风中一片落叶。正值多雨时节，众人蜷缩在小舱里，断续的雨声和阴郁的处境引得石声汉教授想起南宋词人蒋捷的《虞美人·听雨》：

少年听雨歌楼上，红烛昏罗帐。壮年听雨客舟中。江阔云低，断雁叫西风。而今听雨僧庐下，鬓已星星也。悲欢离合总无情，一任阶前，点滴到天明。

	2	
1	3	4

1. 李庄的街道
   四川，1943 年 6 月 4—12 日

2. 石声汉、高尚荫赠给李约瑟（李达谋）的
   条幅"人道敏政，地道敏树"

3、4. 李约瑟和黄兴宗在招待所前
   四川，1943 年 6 月 4—12 日

两位中年旅客，在小舟上听着雨声顺流东下，对这首词的意境感触特深。石声汉教授将这首词默写出来，李约瑟读了大受感动，当时便一起译成英文。到李庄后，石声汉将这首词连同《凉州词》写成条幅，又赠以"人道敏政，地道敏树"八个大字。李约瑟把这几个字译成蒲柏式的联句：

Nature from growing trees we best discern,
And man's estate from social order learn

4日下午，小船到达李庄，同济大学的一些教授已在码头等候多时了。三人被安顿在一所结构简单、设备不佳的新建招待所内，有一间起居室、两间卧室，以及厨房和浴室。一名勤杂工和一名厨师负责照料他们的起居，让李约瑟非常高兴的是可以吃上面包。石声汉陪着住了两晚，6月6日早晨返回乐山。

李庄的街道　四川，1943 年 6 月 4—12 日

（2）禹王宫里的同济大学

李庄属南溪县，是一座只有约 3000 人口的文化古镇。"九宫十八庙"等古建筑众多，从而容纳了数个外来机构的大量人员。最主要的是同济大学，前身为中德在上海合办的德文医学堂（1907），1917 年由中国接办，称同济医工学校，1927 年被国民政府正式命名为国立同济大学。抗战期间，同济大学辗转 6 次迁校。1939 年，昆明面临轰炸之际，同济大学决定迁往四川，最终得到了李庄士绅的支持，收到"同大迁川，李庄欢迎，一切需要，地方供给"的 16 字电文，校本部和多数学院都于 1941 年春迁到了李庄。[1]

同济大学时任校长为丁文江胞弟丁文渊[2]。校总部设在禹王宫，工学院设在东岳庙，理学院设在南华宫，图书馆在紫云宫，女生宿舍在慧光寺，医学院前期设在祖师殿，测量系大地测量组设在文昌宫[3]。

经过一路阴雨，到达李庄后，天气突然好转。云层散开，太阳出来了，空气变得干燥凉爽，从照片可见，他们参观同济大学的时候，天气尤其晴朗。欣逢 6 月 6 日祭祀禹王，李约瑟格外高兴地参加了盛典。

庆典在同济大学校总部所在地禹王宫举行。从演讲台上就可以俯瞰门外漩涡翻滚的棕色江水。李约瑟把大禹称为中国历史上第一位水利工程师，他注意到金碧辉煌的横梁和屋顶上的那些雕刻描绘了这位伟大的组织者和技术专家的生平。轮到李约瑟演讲时，他很高兴可以有说德语的机会。在一个小时的演讲中，李约瑟先说真正的德国文化正和纳粹相反，然后讲英国和美国的大学和学生，最后说到科学何以在中国不能发达，自然也列举水利的成就。他曾参观过都江堰，演讲中也许会提到："在看到了中国人在工程上的成就之后，不管是古代的还是近代的，没有人可以说，在科学地控制大自然方面，中国人是愚笨的民族。如果近代科学在中国没有发展起来，一定是由于特定的社会和经济因素的制约。"

同济大学校总部禹王宫
四川李庄，1943 年 6 月 4—12 日

禹王宫门外的长江　　四川李庄，1943 年 6 月 4—12 日

李约瑟最熟悉的同济大学教师是他的同行，著名生理学家童第周。多年以前两人在比利时相遇过。在李庄，李约瑟可以用他精通的法语与这位胚胎学同行进行长谈。童第周和夫人叶毓芬在李庄万分困乏的条件下，用一台从旧货店买来的显微镜，巧妙地选择了一个重要课题，即确定胚胎的纤毛极性。证明了纤毛极性的诱导体是一种扩散的化学物质，并确定了该化学物质的某些特性。李约瑟认为童第周"无疑是当今中国最活跃的实验胚胎学家"，不仅将童氏夫妇的科研报告推荐到西方科学杂志发表，还邀请童第周去英国做科研，当然，被婉言谢绝了。

李约瑟还看到，这里的生物学各系都很出色。生理学系有自 1924 年便在中国工作的史图博教授（Dr. H. Stübel），他曾与梁之彦博士合作从事肌肉纤维的精细组织研究。植物学方面则有吴印禅 (1902—1959) 博士。

1. 童第周夫妇
    四川李庄，1943 年 6 月 4—12 日

2. 同济大学的生物学家，童第周（左三），史图博（右三）、吴印禅（右二）、仲崇信（左一）
    四川李庄，1943 年 6 月 4—12 日

3. 同济大学学生在禹王宫听讲
    四川李庄，1943 年 6 月 4—12 日

	2
1	3

李约瑟还在报告中提到，同济的物理系和化学系艰难度日，因为如同武汉大学一样，他们的仪器大多在轰炸中和从东部运来时受损，但工学院各系都欣欣向荣。该校有一座自己的发电厂，学生们花大量时间来组装和架设从下游运来的大量设备。这里也有同盟国的协助，因为那位研究钢结构的魏特教授就是位波兰人。尤其给人留下深刻印象的是由能干的叶雪安博士领导的测绘系，设备精良，几乎垄断了中国对勘测员和制图员的培养。

6月7日，是阴历五月初五端午节，纪念古代诗人屈原投江。早餐吃了粽子，到江边去看龙舟竞赛。黄兴宗注意到，李约瑟对龙舟很感兴趣，但对粽子不怎么喜爱。

1

2

1. 史图博（中）与梁之彦（左）、方召（右）
四川李庄，1943年6月4—12日

2. 同济大学理学院（南华宫）
四川李庄，1943年6月4—12日

1.　翁智远、屠听泉. 同济大学史第一卷（1907—1949）[M]. 上海：同济大学出版社，
　　2007：121.

2.　丁文渊（1897—1957），1920年毕业于同济医学院。后留学德国，获法兰克福大学
　　医学博士学位。他曾于1942—1944、1947—1948年两度出任同济大学校长。

3.　陆敏恂. 同济大学校史馆：1907-2007[M]. 上海：同济大学出版社，2008：38.

同济大学工学院（东岳庙） 四川李庄，1943 年 6 月 4—12 日

教室中的学生　　四川李庄，1943 年 6 月 4—12 日

（3）中央研究院历史语言研究所

接下来的几天，李约瑟和黄兴宗主要探访了一些社会科学研究机构，它们包括中央研究院历史语言研究所和社会科学研究所、中央博物院、中国营造学社等。这些机构都曾和同济大学一起落脚昆明，在得知李庄接纳同济大学后，也很快商定了复迁的计划。不过除了中央博物院及其珍贵文物设于镇上的张家祠堂，其他机构只能分散在李庄周边。其中，中央研究院史语所和社会科学所位于4公里外板栗坳栗峰山庄的几处宅院中，营造学社位于李庄西面1公里的上坝月亮田。

史语所和社会科学所分别由著名学者傅斯年和陶孟和博士领导，聚集了60多位学者，规模在研究院内最大。历史语言研究所所长傅斯年（1896—1950）曾留学英国伦敦大学和德国柏林大学，回国后执教于中山大学，并创建语言历史研究所，在此基础上，1928年中央研究院成立历史语言研究所，1929年迁北平。历史语言研究所初设历史学、语言学和考古学三组，1934年迁南京后增设体质人类学组。

在李庄期间，史语所四个组的工作继续进行。6月8日，李约瑟穿过热浪中的小路来到山上的史语所，他惊讶地看到，"你不会相信他们所拥有的珍宝，（李济主持的）考古组有大量的汉代铜器和玉器，但真正的奇迹是从安阳古墓中出土的著名殷商甲骨，上面有最古老的文章……此外，历史组有大量的竹简……图书也精彩极了"。语言学组，由李方桂博士主持，收藏了大量录有各省方言的留声机唱片，以及许多民歌和方言的资料。体质人类学组由吴定良博士主持，则忙于测量与甲骨有关的出土头盖骨。李约瑟称，那里的学者是我迄今会见到人们中最杰出的，因这个学科一直是中国学者特别擅长的，这也是意料中的事。黄兴宗认为，这里集合了从事中国文化研究的专家，可能在当时是全世界这方面人才的中心。

<table>
<tr><td>1</td></tr>
<tr><td>2</td></tr>
</table>

1. 历史语言研究所前的黄兴宗　　　2. 前往中央研究院历史语言研究所的乡村小路

四川李庄，1943 年 6 月 4—12 日　　　四川李庄，1943 年 6 月 4—12 日

在史语所，李约瑟提出关于科学史的许多问题，引起了普遍的兴趣。"各学科研究人员奔走搜寻，发觉他们所想得起的有趣资料。"例如他根据材料推测中国火药的发明要远远早于人们认定的年代。当晚，李约瑟和黄兴宗住到了傅斯年家里。"谈话话题转向了中国火药的历史，于是傅斯年亲手为我们从1044年的《武经总要》中，抄录出来有关火药成分的最早刻本上的一些段落。"[1]第二天上午，李约瑟以中央研究院通讯研究员的身份，在史语所大厅发表演讲，下午则沉浸在图书馆查找资料。傅斯年还在李约瑟的黑折扇上用银朱书写了一长段《道德经》，让心仪道家的他惊喜不已，"我现在得另买一把扇子，因这扇子变得太珍贵了而不能作日常使用"。李约瑟称赞傅斯年是位"引人入胜的演说家"，两人自此结下深厚的友谊。

李约瑟此行的又一个重大收获，是初次遇见了当时是该所助理研究员的王铃先生。李约瑟在史语所演讲后，王铃悉心收集火炮资料，写成英文，寄送重庆的李约瑟介绍发表。这样就决定了他们以后的长期合作。战事结束后，王铃前往剑桥留学，后来成为《中国科学技术史》的第一位合作者。

1. 傅斯年题写《道德经》的黑折扇

                                                              2

                                                     1

2. 李庄的著名学者，左起傅斯年、梁思成、李济、李方桂
   四川李庄，1943 年 6 月 4—12 日
                                                          3

3. 黄兴宗（左二）与李济（左一）等喝茶
   四川李庄，1943 年 6 月 4—12 日

1.   李约瑟. 中国科学技术史. 第五卷, 化学及相关技术第七分册, 军事技术：火药的

史诗 [M]. 刘晓燕等，译. 北京：科学出版社，2005：xxi.

（4）中央研究院社会科学研究所

社会科学研究所所长陶孟和（1887—1960）是五四新文化运动的重要成员，他 1913 年获得英国伦敦大学经济学博士学位，回国后任北京大学教授、文学院院长、教务长等职，并兼任《新青年》编辑。1926 年，中华教育基金会在北平设立社会调查部，由陶孟和主持，1929 年改组为社会调查所。1934 年，该所并入中央研究院社会科学研究所，陶孟和担任所长[1]。研究方向包括经济史、工业经济、农业经济、国际贸易、银行、金融、财政、人口等领域[2]。其中战时损失的估计研究，成为对日索赔的依据。

社会科学研究所 1940 年迁到李庄，因张家大院已被史语所占满，社会科学所只好另租门官田和石崖湾的房屋[3]。图书和行政工作集中在门官田，陶孟和也在这里办公，可以说是研究所的总部。据说陶孟和与傅斯年虽有师生之谊，却因对现政权的态度截然相反，领导研究所的理念也大异其趣，在李庄甚至"老死不相往来"。9 日在史语所的李约瑟演讲前，梁思成借机将两人拉到一起并握了手，可惜没有留下照片。

1943 年 1 月，陶孟和的夫人沈性仁因肺结核离世，遭受重大打击的他陷入落寞孤寂，但"对扶植研究事业的热忱，一仍往昔"[1]。在此期间，研究所录用了一批青年人才，抗战期间研究重点从社会调查转向战时经济研究。如"抗战损失研究和估计"研究，为以后抗战胜利和谈判赔偿问题提供材料作准备。经济方面有 1942 年巫宝三开创的国民收入的研究，丁文治、彭雨新的田赋征实的研究。社会经济史的研究，包括罗尔纲的太平天国革命史，严中平的棉纺织业史，梁方仲的明代一条鞭法等研究，都成就卓著。

1.　余志华. 中国科学院早期领导人物传 [M]. 南昌：江西教育出版社，1999：144—149.
2.　中央研究院概况. 1948：261.
3.　岱俊. 发现李庄 [M]. 福州：福建教育出版社，2015：193.
4.　巫宝三. 纪念我国著名社会学家和社会经济研究事业的开拓者陶孟和先生 [J]. 近代中国，（5）. 1995.

1. 社会科学研究所的青年研究人员，门内左一为徐义生

2. 门官田的社会科学研究所，左起巫宝三、陶孟和

    四川李庄，1943 年 6 月 4—12 日

1
—
2

（5）中国营造学社和中央博物院筹备处

6月10日和11日，李约瑟分别参观了梁思成主持的营造学社，以及李济主持的中央博物院。各机构之间的人员联系紧密，梁思成是历史语言研究所的通讯研究员，李济则兼任史语所考古组的主任。

中国营造学社是民间学术组织，1930年成立于北平。20世纪30年代，梁思成、林徽因[1]和刘敦桢等人开展了大规模的古建筑测绘考察。抗战期间，营造学社辗转武汉、长沙、昆明、四川，1940年冬迁到李庄月亮湾上坝，研究人员也有增加。然而，中华教育文化基金会的补贴中断，教育部的资助也是杯水车薪。好在傅斯年和李济伸出援手，在中央博物院筹备处设立建筑资料委员会，提供五人编制和薪金，梁思成也从史语所通讯研究员改为兼职研究员[2]。

刚到李庄，林徽因便由于肺结核病复发，长卧病榻。李约瑟的来访为这里带来了片刻的欢乐。根据林徽因的叙述："李约瑟教授来过这里，受过煎鸭子的款待……这位著名的教授在陪同梁先生和梁夫人谈话时终于笑出了声。他说他很高兴，梁夫人说英语还带有爱尔兰口音。"[3]

梁思成和林徽因终于在1944年完成了《中国建筑史》，限于战时条件，仅用钢板和蜡纸刻印了几十份。抗战进入反攻阶段，梁思成还编制沦陷区重要文物目录，为保护文物古迹作出贡献。然而，由于经费无继，中国营造学社在战后悄然停止了活动。如今李庄月亮湾的营造学社旧址已辟为纪念场馆。

中央博物院是蔡元培倡导筹建的一座现代博物馆，1933年在南京成立筹备处，推举傅斯年为筹备处主任，拟下设自然馆、人文馆和工艺馆，分别由翁文灏、李济、周仁担任。筹备处成立之初便借用史语所办公，1934年考古学家李济接替傅斯年任筹备处主任，因此两个机构关系极为密切[4]。

全面抗战爆发后，中央博物院筹备处携带百余箱古物，先后迁往重庆、昆明，最终于1940年底迁到李庄[5]。起初与营造学社共用上坝张氏房屋，1943年增租张家祠用于办公。条件虽然艰苦，但五年安定的时光，完成了不少调查研究工作，规模也有扩充。如李济完成了殷墟陶器的分类整理研究，曾昭燏与李济合著的《博物馆》付梓，王振铎则开展汉代车制研究和指南针发明史研究，日后李约瑟与王振铎还有通信往来。

李约瑟对中央博物院的工作没有具体列举，但他无疑已经认识到这些文献和古物中蕴含着丰富的中国科技史料。他也肯定知道中央博物院筹备处与史语所合组的西北史地考查团。考察团于 1942 年 4 月开始在甘肃境内作初步考查，包括拍摄敦煌壁画的佛像、汉代遗迹调查等[6]，也许对李约瑟稍后的西北之行中深入敦煌不无启发。

1. 2023 年 10 月 15 日，美国宾夕法尼亚大学韦茨曼设计学院的官方网站发文称，该校将在 2024 年 5 月 18 日，为从该学院美术系毕业的校友林徽因追授建筑学学位。

2. 岱俊. 发现李庄 [M]. 福州：福建教育出版社，2015：212.

3. 岱俊. 发现李庄 [M]. 福州：福建教育出版社，2015：227.

4. 李竹. 国立中央博物院筹备处 [J]. 中国文化遗产，2005(04)：26-28.

5. 刘鼎铭. 国立中央博物院筹备处 1933 年 4 月—1941 年 8 月筹备经过报告 [J]. 民国档案，2008(02)：27-33.

6. 胡琰梅. 中央博物院筹备处在李庄 [J]. 档案与建设，2019(07)：85-91.

（6）兵工署第23兵工厂

6月12日，李约瑟和黄兴宗在蒙蒙细雨中告别送行的友人，上午10点登上汽艇，继续沿江而下，下午3点抵达泸县。兵工厂的迎接人员带领两人登上一条漂亮的小艇，继续沿江下驶，4点半达到兵工厂本部。厂长吴钦烈（1896—1966）曾留学美国和德国，李约瑟在吴钦烈家中竟然吃到了地道的欧式晚餐。招待所也令人不可思议，配有冷热自来水、抽水马桶，带有法式窗户的大客厅、上漆的地板，以及舒适的床具。良好的休息让李约瑟的牙疼也大为缓解。

兵工署第23工厂1933年筹办于河南巩县孝义，1936年建成投产，正式成立巩县兵工分厂。该厂是当时唯一的国防化学工厂，主要生产火药炸药、化学战剂、防毒器材、制药原料等。1937年奉命迁至四川泸县罗汉场，1938年更名为兵工署第23工厂。该厂1942年在昆明设立分厂，利用磷酸钙矿石制造黄磷，1943年收购汉中制革厂成立重庆分厂，制造军用皮革[1]。

接下来的两天（13、14日），在厂长吴钦烈和总工程师黄庭羨的带领下，李约瑟和黄兴宗详细参观了兵工厂的各部门设施。包括氯碱工厂、研究实验室、图书馆、硝化纤维厂、酒精和乙醚制造所、发电站、水处理站，以及制造硝酸、磷酸、甘油、液化气、氨基氰、火药棉、防护衣料等工厂。李约瑟因穿着制服，经过每个岗哨时必受敬礼，李约瑟也尽可能以军人的姿态回应，黄兴宗看到他的回礼"姿势潇洒，却又十分庄严"。

大量的厂房就建立在长江沿岸的悬崖旁边，两人不约而同地认为，兵工厂将全部设备搬迁到那里并在一年内建成投产，无疑是一个奇迹。人们利用一个天然的岩洞，修建了三层楼的实验室和图书馆。山洞内约有40名科学家，图书馆很好，但缺乏西方的情报。附近的工厂生产优质的防毒面具，还利用当地的资源研制防疟疾药物。李约瑟表示将提供资料上的帮助，并购买一些不锈钢器材。

13 日晚，李约瑟在兵工厂与化学家们共进晚餐，喝了很多茅台酒。14 日下午向兵工厂的员工发表了演讲。15 日凌晨 3 点半，李约瑟和黄兴宗"像两名海军上将一样登上轮船"，经过 12 个小时抵达重庆。显然，出于保密的原因，参观兵工厂未能留下照片，但李约瑟和黄兴宗都留下了关于该兵工厂的详细记录，为此次川西之行的考察画上了完美的句号。

1.　重庆市档案馆，重庆师范大学. 中国战时首都档案文献·战时工业 [M]. 重庆：重庆出版社，2014：493.

5 李大斐的成都之行

1945 年春，李约瑟返回英国述职期间，李大斐、萨恩德与邱琼云组织了一次成都之行，自 1945 年 1 月 15 日出发，至 2 月 4 日返回重庆，历时 20 天，同行人员还有黄兴宗和冯德培，永利化学工业公司的美籍工程师李佐华（Thomas Lee），以及中国工业合作协会重庆总会视察办事处主任孟用潜。此行路线与李约瑟基本相同，先经内江到自流井，参观盐井和久大工厂，再到乐山，访问武汉大学和中央技艺专科学校，还登上了乐山大佛。

1 月 20 日，李大斐一行抵达成都，他们得到了何文俊夫妇的接待，张凌高校长安排晚宴。李大斐等人先后参观了五所教会大学以及四川大学，会见了郭有守、张大千等李约瑟的故交，与金陵女子大学的吴贻芳校长有过长谈。李大斐最感兴趣的是中央大学医学院，详细记录了每个人的研究工作。1 月 23 日，李大斐还特意会见了成都航空研究院的王助（1893—1965），他曾留学英美，是中国著名的飞机设计师和制造技术专家。

1 月 26 日，李大斐详细参观了华西坝五校的理科院系，她遇到讲科学通论的李珩（华西大学理学院院长）、化学家朱子清、皮革专家张铨、物理化学家李方训、植物学家方文培等。李大斐在那里召开了成都中英科学合作委员会的会议，无疑是此行的重要成果之一。次日参观四川大学，也有详细的记录。2 月 1 日，在王铃的陪同下，李大斐参观了中国工业合作社及其皮革工场。鞣革业特别适合于小规模的合作社工业，但非常需要试验设备。

停留成都期间，李大斐还专程前往灌县，考察古代水利工程。

2 月 4 日从成都返程，途经资中酒精厂，得到张季熙厂长的接待，2 月 5 日经内江，当天深夜返回重庆[1]。

---

1. 根据李大斐日记整理。

6　小 结

李约瑟的川西之旅，是他在提出援助中国科学与教育界的具体方案后的首次出行，从而对成都、乐山、李庄等几处文化中心有了较为深入的了解。李约瑟展示出广泛的视野，此行不仅参观了成都教会五校、四川大学、武汉大学、同济大学等著名科学教育机构，更注意到资源委员会的酒精工厂、永利的化学公司，以及科学仪器供应厂等生产部门，而对都江堰、自流井的考察反映了李约瑟对中国古代水利和工业的兴趣。在只有水路与外界相通的李庄，让李约瑟深深体会到水路交通对于四川省经济生活的重要性。

李约瑟此行与四川学界建立了深厚的友谊。华西协合大学等教会五校有鲜明的英美背景，许多教授具有国际声望；中央研究院史语所和社会学研究所的傅斯年、陶孟和等学者为李约瑟提供了许多历史资料；四川大学、武汉大学、同济大学也各有特色。望江楼上与四川大学教授讨论道家思想，乐山舟上与石声汉翻译宋词，南华宫中与童第周讨论实验胚胎学。罗忠恕、郭有守等四川学者在国际上积极响应李约瑟推动科学合作的倡议，参与联合国教科文组织的工作。

李约瑟此行觅到了得力助手黄兴宗，在李庄则遇到未来的合作者王铃。特别是有机会与傅斯年、陶孟和等历史学家和社会学家交谈，令他坚信，在千百年流传下来的文献之中，一定潜存着无数条有关中国科学技术历史的资料，需要鉴别、研讨，并将促使西方学者对此产生关注。

旅行归来，李约瑟便收到来自伦敦的好消息，他创办一所帮助中国科学界采购仪器设备和化学药品的服务机构的提议，得到了批准，中英科学合作馆即可成立。当晚，他和黄兴宗便把旅程中记下的各单位所需物品名录列成表格，作为合作馆的第一批订货，送交英国外交部信使。合作馆的事业有了一个良好的开端。安顿好了办公室，李约瑟每天忙于给伦敦总部写寄报告和备忘录，同时与英国大使和使馆人员，以及国民政府与科技相关的部门官员会谈，争取他们的支持。在重庆停留不到两个月，李约瑟便做好了西北之行的准备。

4

第四章 西北斗柄

——塞上明珠、工合运动与千佛洞

李约瑟来华仅仅三个月，便已经访问了昆明、重庆、成都等大后方的主要学术中心，而广袤的西北地区，古老的丝绸之路，唯一的石油产区老君庙油田，还有神秘的敦煌莫高窟，都令李约瑟心驰神往。更为重要的是，西北接壤苏联，利用这条国际通道，苏联在全面抗战初期向中国提供了及时的援助，包括大量军事物资、军事顾问和志愿人员，有力支持了抗战。但到1941年4月，苏联在西线压力下签订《苏日中立条约》，牺牲中国利益，国民政府转而向英美寻求援助。

在苏联的援助下，中亚经迪化（乌鲁木齐）到兰州的公路也于全面抗战初期开通。李约瑟首先注意到这条古代丝绸之路的重要价值，沿着这条路从兰州继续向东南延伸，在黄土高原上的华家岭镇（属通渭县）分叉，东通西安，南通重庆。在南路上的双石铺，则又有另一条路通往西安。随着苏军撤出新疆，国民政府也开始加强对新疆的控制。1942年，国民党开始在迪化成立中央训练团新疆分团，1943年中央军进入河西走廊，并陆续调往新疆，国民政府还同意美、英在迪化开设领事馆。因此，在甘肃和新疆，各方势力暗流涌动，政治军事瞬息万变，不能不引起李约瑟的关注。川西之行结束不到两个月，他便做好了远赴西北，沿着"斗柄"作长途考察的准备。

这是李约瑟在华首次长途跨省旅行。为此他从英国空军部门挑选了一辆载重2.5吨的土黄色雪佛兰卡车，它是用救护车改造的，车厢部分罩有帆布。同时雇请了一名广东司机邝威，兼做机械师。李约瑟让邝威在驾驶室和车厢两侧都漆上"中英科学合作馆"白色字样，前面插上中英两国的国旗。李约瑟此次从重庆经成都到兰州，感觉在四川公路管理局辖下的道路都残破不堪，桥梁也多损毁，但过了广元65公里处，进入西北公路管理局负责的道路，路面则有明显改善。

然而此次乘坐的这辆卡车事故频出，行程屡经延误，耗时近五个月，让李约瑟的团队吃尽苦头，经受了严峻的考验。日记中屡屡提及，不乏抱怨，但正是这样锤炼了李约瑟的性格，"战时中国交通缓慢，正好悠然欣赏一路的风景"。

李约瑟此后的每次长途旅行结束后，都根据日记撰写详细的报告，其中包括每天的行程记录，我们可以很方便地了解他的前进路线。

中英科学合作馆卡车，右为贝尔兹博士
1943年8月11日

李约瑟的西北日记封面背面

李约瑟西北之行日程表

日期	行程	自驾里程 / 公里
8月7日	重庆—内江	230
8月8日	内江—成都	220
8月9—10日	在成都	
8月11日	成都—梓潼	191
8月12日	梓潼—广元	164
8月13日	广元—褒城	206
8月14日	褒城—汉中（由于前方路中断而延误）	15
8月15日	在汉中	
8月16日	汉中—武关河（路断）	48
8月17日	武关河—庙台子（弹簧断裂）	30
8月18日	庙台子—双石铺	61
8月19日	在双石铺；修弹簧	
8月20日	双石铺—徽县（河道路断）	79
8月21日	徽县—娘娘坝	111
8月22日	娘娘坝—天水—秦安—碧玉镇（气缸盖密封垫圈爆裂）	156
8月23—26日	部分人员留在碧玉镇，李约瑟与黄兴宗搭军车到兰州，带回新垫圈，26日到通渭	15
8月27日	通渭—华家岭（两个主轴承烧坏了，一根连杆也弯了）	50
8月28日	华家岭—兰州；车留原地，卸下发动机，乘坐老戴的车到兰州	187
8月29日—9月17日	在兰州；9月5—7日黄兴宗往返华家岭，负责让公谊会拖回卡车，到中国工合机器厂维修	
9月18日	兰州—河口（点火装置故障）	48
9月19日	河口—凉州（气缸盖密封垫再次损坏）	225
9月20日	凉州—山丹（点火装置严重故障）	176
9月21日	山丹—高台	139
9月22日	高台—肃州	148
9月23日	肃州—老君庙	109

日期	行程	自驾里程/公里
9月24—26日	在油田；修卡车	
9月27日	老君庙—赤金堡（磁电机故障）	60
9月28日	赤金堡—玉门（更换汽油泵膜片）	45
9月29日	玉门—敦煌绿洲	269
9月30日	敦煌绿洲—千佛洞	50
10月1日	在千佛洞	
10月2日	千佛洞出发，卡车4个主轴承损坏，被迫返回	
10月3—27日	在千佛洞，10月4日黄兴宗到兰州，计划乘飞机回重庆；10月8—25日发动机运到油田维修并返回	
10月28日	千佛洞—敦煌	25
10月29日	在敦煌；等汇款	
10月30日	敦煌—安西	135
10月31日	安西—玉门	134
11月1日	玉门—肃州（活塞断裂）	147
11月2—4日	在肃州，等汇款，尝试寻找零件，自此到兰州只有5个气缸	
11月5日	肃州—高台	148
11月6日	高台—山丹（弹簧损坏并维修）	139
11月7日	山丹—永昌	106
11月8日	永昌—凉州（电池故障）	70
11月9日	凉州—永登	161
11月10日	永登—兰州	112
11月11日—12月3日	在兰州在十里店油田修卡车	
12月4日	离开兰州，但很快两个主轴承损坏，被迫返回	
12月5—13日	在兰州，由中国茶叶公司机器厂维修	
12月14日	李约瑟乘飞机到重庆，其他人等卡车修好返回	

1　从重庆到双石铺

1943 年 8 月 7 日上午，重庆举行了国民政府主席林森[1]的公祭仪式。那一天 10 点，李约瑟带好公文和介绍信，登上卡车，开始了他的西北之旅。卡车上装足了汽油桶（部分是动力酒精）、修车工具和备用配件，以及各种日用品和食物。上路之前，甚至做了一天试车演练。除李约瑟、廖鸿英（农业化学家）、黄兴宗和邝威四人外，随行的还有美孚石油公司地质学家贝尔兹博士（Dr. Edward Beltz）、罗忠恕，以及作家罗伯特·白英[2]。另有一辆英国大使馆的雪佛兰卡车同行，载着英国驻重庆大使馆参赞台克满爵士等人，台克满爵士已退休，准备取道乌鲁木齐回英国，李约瑟称他为"老戴"。

拥有了自己卡车的李约瑟十分兴奋，前往成都的道路虽然颠簸不堪，但也不陌生，他和邝威各开了半程。行程第一站是内江，入住中国旅行社。第二天（8 日）拜访了张季熙，装上 100 加仑酒精，下午抵达成都，住到何文俊家中。罗伯特·白英留在成都。休息两天后，11 日继续出发，捎上了华西大学医科毕业生陈自信女士，她前往兰州的西北防疫处就职。

成都出发 50 公里，就从平原进入了山地，贝尔兹博士一路讲述着这些奇异岩石和地貌的知识。在新店子午餐后，罗忠恕先行告别前往安县（今绵阳安州区）。卡车经绵阳渡口过涪江，黄兴宗告诉李约瑟："这位船工非常客气，称呼你为老乡。"傍晚到达梓潼。李约瑟看到一座老石拱桥，专门停下照相。在一个不起眼的小饭馆里，莲藕、糖醋炸鸡、蘑菇豆腐汤等家常便饭，让李约瑟感到美味无比，大家一起唱了好多歌。

次日离开梓潼，经过柳沟桥，越向北行，两边的山峦越显高大，山上有巨大的香柏，传说是三国时期所栽种。行至距成都 300 公里处，便是四川最后的门户——剑门关。关楼已于 1935 年冬修筑川陕公路时拆除，在关楼遗址右侧，建有三棱石碑一座（现已不存），上刻"古剑门关"四字。三面碑座上方分别刻有李白、杜甫和陆游的诗，依稀可见杜甫的《剑门》："惟天有设险，剑

廖鸿英

甘肃兰州，1943 年 9 月 6—13 日

贝尔兹，美孚石油公司的石油地质学家

四川广元，1943 年 8 月 12 日

中英科学合作馆的卡车经过绵阳附近的渡口　四川绵阳，1943 年 8 月 11 日

柳沟附近梯田上的传统石墙和门楼
四川梓潼，1943 年 8 月 12 日

门天下壮。连山抱西南，石角皆北向。两崖崇塘倚，刻画城郭状。一夫怒临关，百万未可傍。"另一面为李白的《剑阁赋》："咸阳之南，直望五千里，见云峰之崔嵬。前有剑阁横断，倚青天而中开。上则松风萧飒瑟飔，有巴猿兮相哀。旁则飞湍走壑，洒石喷阁，汹涌而惊雷。"黄兴宗、陈自信和邝威等人瞻仰石碑上李白和杜甫的题词，李约瑟则独自享受着从隘口吹来的凉风。

下午，慢悠悠的渡轮载着卡车渡过嘉陵江，便到了川陕交界的广元。次日（13日）汽车沿着陡峭的嘉陵江峡谷盘旋绕行，进入了陕西境内。跨越中国南北气候的分界，李约瑟仿佛走进了另一个国度：主食从大米变为小麦，牛马成群，方言不同，道路也一下子变好了，像法国或英国的大路。沿着汉水流域向下行驶，晚上到达襄城渡口。由于桥梁中断，40多辆卡车都在等候一艘轮渡，有的甚至要等上一个星期时间，所有旅馆早已人满为患，黄兴宗和邝威不得不在卡车上过夜，李约瑟则在一家旅店的院子中支起了行军床，夜半时分看到了罕见的月虹。

	2
1	3

1. 中英科学合作馆的卡车经过一座石拱桥　　　　2、3. 中英科学合作馆的卡车通过剑门关

四川梓潼，1943 年 8 月 11 日　　　　　　　　四川广元，1943 年 8 月 12 日

1 | 4
2
3

1. 剑门关石碑
   四川广元，1943 年 8 月 12 日

2. 黄兴宗（左）、陈自信（中）和邝威（右）
   在剑门关石碑前
   四川广元，1943 年 8 月 12 日

3. 从剑门关到广元途经的三孔石拱桥
   四川广元，1943 年 8 月 12 日

4. 渡口景象，河对岸即广元城
   四川广元，1943 年 8 月 12 日

河岸拉船的纤夫
四川广元，1943 年 8 月 12 日

14 日早上，两辆卡车行使了一点特权，"不顾别人的厌恶先于别人过了渡口"。而前方的道路又被洪水冲垮，正在维修，台克满爵士建议到附近的汉中县城休息。这是一座历史名城，李约瑟住到中国内地会，并与天主教堂的神父交谈。次日正值星期天，李约瑟和黄兴宗一起参加了教堂的大弥撒，整个过程都使用拉丁文进行，令人顿生回到欧洲老家的感觉。

8 月 16 日清晨出发离开汉中，沿着峡谷经过褒城，路上绝壁嶙峋。在武关河，他们遇到了第一道难关。原有的公路路基被冲毁，河中临时用卵石铺成便道，只能单程通车，当时各种卡车、驴车塞满两旁，李约瑟的卡车等候 26 个小时才驶出河道。李约瑟认为，政府应该投入更多人力、物力，来维持这条西北动脉的畅通。不幸的是，由于卵石太大，过河时卡车折断了一根弹簧，对接下来的行程造成了很大困扰。特别是台克满爵士的车已经先行，可以替换的零件都在那辆车上。

17 日晚，他们投宿到留坝县庙台子村的留侯祠中，这是一座祭祀汉代留侯张良的道观，也称张良庙。从台阶和大门可见，道教建筑具有宽敞的庭院以及花园式的风格，其建筑材料除木制外多用石料、砖瓦材质，风格与用料和佛教建筑大相径庭。山谷怀抱中，庭院重重，树木参天。中国旅行社的招待所就设在里面，床铺非常整洁。此次相逢只是一瞥，李约瑟只知道这里供奉着一位汉代政治家张良，以及老黄石仙。两年后，李约瑟重游此地，又有了更深的认识。

---

1. 林森 (1868—1943) 于 1943 年 8 月 1 日逝世。

2. 罗伯特·白英 (Robert Payne, 1911—1983)，英国诗人、战地记者兼作家，1941—1946 年来华，1943 年 9 月前往昆明，后被聘为西南联大教授。

汽车排长队等待通过一段冲毁的道路　陕西留坝县武关河，1943 年 8 月 16—17 日

1. 一辆卡车试图通过一段冲毁的道路　　　3. 道教留侯祠的大殿和院落
　　陕西留坝县武关河，1943 年 8 月 16—17 日　　　　　陕西留坝县庙台子村，1943 年 8 月 17 日

2. 通过石头屋顶装饰俯视道教留侯祠
　　陕西留坝县庙台子村，1943 年 8 月 17 日

1 ｜ 2
　　　3

人们从台阶走进留侯祠大殿

陕西留坝县庙台子村，1943 年 8 月 17 日

庙台子前往双石铺途中，卡车前盖上的早餐

陕西凤县南星镇，1943 年 8 月 18 日

2　双石铺"工合"与培黎工艺学校

18 日上午,卡车翻越酒奠梁,到达凤县双石铺。双石铺战前原是一个小镇,由于它位居川陕甘公路交通中点,连接四川的道路在此分叉,分别通往西安和兰州,随着抗战军事的进展,成为西北交通的重镇。而李约瑟最感兴趣的,也是他此行到访的首个机构,就是中国工合的培黎工艺学校。在这里,李约瑟遇到了中国工合的发起人路易·艾黎 (Rewi Alley,1897—1987) 和培黎工艺学校的校长乔治·何克 (George Hogg,1915—1945)[1]。

路易·艾黎出生于新西兰,1927 年来到上海等地工作,曾担任上海工部局工业科科长,接触到马克思主义和"工业合作社"思想。全面抗战爆发后,主要工业城市迅速沦陷,艾黎等几位来华的左派人士制订计划,利用大后方未遭毁伤的工业和自然资源,召集流散难民,以小型合作社的方式生产迫切需要的日用工业品和军需品。

"中国工合"是中国工业合作协会 (Chinese Industrial Co-operatives,CIC) 简称,该协会于 1938 年 8 月 5 日在汉口正式成立。宋美龄任名誉理事长,孔祥熙任理事长,中国共产党的林伯渠、董必武、邓颖超等均为首届理事会成员,路易·艾黎则是其灵魂成员。中国工合成立后,旋即发起组织了一场以生产自救和支援前线为直接目标的工合运动,在经济恢复和社会整合上取得可观成就,被学界视为"经济国防线"中的一个重要链条。工合运动最先在西北地区打开局面,1941 年合作社数量最高达到 1867 个。

1939 年 3 月,艾黎来到凤县,成立"工合"双石铺事务所,打坝截流,修建发电水轮机组,兴办工厂。到 1941 年,双石铺合作社发展为 23 个,包括机器社、制革社、面粉社等。这里环山抱水,风景秀丽,被人们誉为"工合的天堂"。为了推动事业发展,艾黎认为需要从社员和难民的子弟中培养工业合作社的领导人才。1940 年起在赣县(江西)、桂林、洛阳、兰州等地创办培黎工艺学校[2],但最成功的无疑是双石铺的培黎学校。

到 1942 年乔治·何克接任校长时,学校盖起来几间平房,新挖了几孔窑洞,修起围墙,开辟了篮球场。学生发展到 80 多人,年龄在 6—16 岁之间。除了基础课程以外,还开设纺织、机械、化工、会计、英语等 5 门专业课程。学校有一台机床,一台小型汽油发动机,开办有机械车间[3]。

为了避开国民政府的监视和迫害,双石铺培黎学校于 1942 年 9 月开始搬至兰州穆柯寨。李约瑟到达双石铺时,学校中仍有少量学生。1945 年 1 月,何克亲自带领 3 名教师,30 个孩子,装载着机器设备离开双石铺,历时近两个月抵达甘肃山丹。不幸的是,1945 年 7 月,何克因感染而病逝于山丹,年仅 30 岁。但他的故事随着电影《黄石的孩子》上映而家喻户晓。

李约瑟先找到了路易·艾黎,来到他半是黄土窑洞的家中,和乔治·何克三人一起,美美地享用了嫩玉米棒子、饼、蜂蜜和咖啡。下午李约瑟来到学校,演讲了《国际技术合作》,并和孩子们放声高歌,度过了一个快乐的夜晚。

  停留双石铺的两天，李约瑟住进了工合的招待所，将卡车弹簧送到机器合作社修理，同时参观了附近的一些合作社。

1. 路易·艾黎　Rewi Alley, 1897—1987

2. 路易·艾黎
 甘肃兰州, 1943 年 9 月 6—13 日

3. 贝尔兹和其他人一起修理中英科学合作馆的卡车
 陕西省凤县双石铺, 1943 年 8 月 18—19 日

1 2 | 3

1. 制作中的水轮车，中国工业合作社机器合作社   1 | 2
   陕西省凤县双石铺，1943 年 8 月 18 日   3

2. 安装中的棉纺机，中国工业合作社棉纺织合作社
   陕西省凤县双石铺，1943 年 8 月 18 日

3. 贝尔兹在中国工业合作社一幢房屋前
   陕西省凤县双石铺，1943 年 8 月 18 日

　　在机器合作社的制模车间，李约瑟拍摄了一张非常有趣的照片，车间位于一座古道观之内，神像已被推到角落，地上摆满了翻砂用的木模。而对于毛毯厂，李约瑟认为其意义重大，不仅为军队提供了急需的军用毛毯，还避免了这些羊毛流入日占区。李约瑟自己也购买了一条毛毯，晚上盖上，"睡得很香"。

1. 旧庙里的制模车间，一尊神像周围是各种铸造用木模
中国工业合作社机器合作社
　　陕西省凤县双石铺，1943 年 8 月 18 日

3. 一名老妇女在梳理毛线，腿下有一个
装炭火的篮子取暖
　　陕西南郑，1945 年 1 月 1 日—1946 年 1 月 1 日

2. 中国工业合作社机器合作社正在制作一台造纸用的打浆机
　　陕西省凤县双石铺，1943 年 8 月 18 日

4. 合作社社员检查染色的毛毯干燥情况

5. 一辆工合的卡车停在南郑工业合作社联合供销处
　陕西南郑，1945 年 1 月 1 日—1946 年 1 月 1 日

1	3	5
2	4	

1. 制毯合作社在绞干毛毯

　　陕西宝鸡，1945 年 1 月 1 日—1946 年 1 月 1 日

2. 制毯合作社工人们打包毛毯外运

　　陕西宝鸡，1945 年 1 月 1 日—1946 年 1 月 1 日

3. 中国工业合作社收容的难民

　　陕西，1945 年 1 月 1 日—1946 年 1 月 1 日

4. 俯视中国工业合作社一处分社的房屋和院子

　　陕西，1945 年 1 月 1 日—1946 年 1 月 1 日

5. 农民在他们的窑洞外吃饭

　　陕西，1945 年 1 月 1 日—1946 年 1 月 1 日

6. 一架大型的灌溉用水车

　　陕西宝鸡，1945 年 1 月 1 日—1946 年 1 月 1 日

7. 中国工业合作社制毯合作社的染色部门

　　陕西宝鸡，1945 年 1 月 1 日—1946 年 1 月 1 日

1 2　　7
3 4
5 6

1. 制备纺织用的棉线
   陕西宝鸡，1945 年 1 月 1 日—1946 年 1 月 1 日

2. 女社员在专门培训班上学习纺织新技术
   陕西宝鸡，1945 年 1 月 1 日—1946 年 1 月 1 日

3. 蒙眼的骡子推动石碾压碎纸浆原料
   陕西，1945 年 1 月 1 日—1946 年 1 月 1 日

4. 工友们准备造纸原材料（草）
   陕西，1945 年 1 月 1 日—1946 年 1 月 1 日

| 1 | 2 |
| 3 | 4 |

双石铺前方有两条路可抵达兰州，一条直接经天水到兰州，另一条绕道西安和平凉，在距兰州200公里的华家岭两条路会合。台克满爵士的车已经先行，计划绕行西安，相约在双石铺和华家岭会合，然而，台克满并没有在双石铺等待李约瑟。

李约瑟知道，如果从双石铺前往西安和宝鸡，可以访问许多高校和科研机构。但经过反复讨论，李约瑟决定先直接进入甘肃，回程时再访问这些机构。这样还可以顺便将路易·艾黎送往兰州。20日卡车弹簧修好，带上艾黎和三个男孩——潘占云、孙文智和梁风仁，直接奔向甘肃。然而后来由于行程延误，返程时李约瑟直接乘飞机从兰州到重庆，未再探访西安。直到两年后的北方之行，才弥补了错过的遗憾。

路易·艾黎和三个男孩一同随车前往，他们的加入让漫长的艰苦旅程增添了乐趣，尤其是路易·艾黎，具有非凡的同当地农民打交道的能力。他对孩子的感染力很强，能够马上改变气氛。李约瑟评价说，"我从未遇到过比他更好的朋友，比他更可靠的同事"。

甘肃的黄土高原，因侵蚀形成千沟万壑，道路非常不便，下雨时经常路基坍塌或道路堵塞。沿途有很多"便道"，就是在河床上铺设的简陋车道。在前往徽县途中，经过一片汪洋泥海，"大山也好像融化成了稀薄的褐色泥浆"，还是经过路易·艾黎的一番试探，才得以涉过这片泥海，到达徽县小城。而出城后的路更为糟糕，前面已有三辆卡车陷进泥浆里。穿越了数不清的这种"便道"，22日上午抵达天水。

在天水用完了可口的午餐，接下来的旅程可谓厄运连连。卡车出了天水，在爬一个陡坡时，气缸盖上的密封垫圈坏了，发动机发出机关枪似的声音。而备用件都放在台克满爵士的车上，但车已经先开走了。他们不得不在碧玉镇停下来修车，用纸板来充当垫圈，但不长时间又中途抛锚，大家露宿一夜。第二天（8月24日），李约瑟和黄兴宗登上一辆路过的军用卡车，抵达华家岭后，得知台克满刚于当天早晨离开。寒风冷雨中，两人坐在车上的空汽油桶上，只穿着短裤，摇摇晃晃，吃尽苦头。

有人尝试横渡河床

甘肃徽县，1943 年 8 月 20 日

富含泥沙的河水

甘肃徽县，1943 年 8 月 20 日

李约瑟 8 月 25 日下午到了黄河兰州，跟台克满爵士取得联系，买到新的垫圈，次日乘台克满的车返回抛锚处。却不料卡车更换垫圈后，不久又出了故障，发动机漏油，两个主轴承烧坏了，一根连杆也弯了。众人只好拆下发动机，28 日都乘台克满爵士车到兰州，发动机交给工合的机器厂修理。

接下来，李约瑟找到台克满，从车上取回了所有的私人物品，不免产生了一番激烈的争论。鉴于台克满雇佣司机的不佳表现，李约瑟给司机邝威增加了薪水。直到 9 月 4 日，卡车才被公谊救护队 (FAU) 拖到兰州。李约瑟为此在兰州停留了 20 日。"正如老戴所说，在中国旅行，唯一得将时间置之度外。"

1

2　3

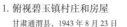

1. 俯视碧玉镇村庄和房屋　　　　3. 一家人骑驴从碧玉镇前往兰州
　　甘肃通渭县，1943 年 8 月 23 日　　　　甘肃通渭县，1943 年 8 月 23—24 日

2. 碧玉镇山顶上的石堡
　　甘肃通渭县，1943 年 8 月 23 日

1. 乔治·何克，英国人，牛津大学毕业后来到中国，震惊于日军的暴行，决定留华，以美国合众社记者的身份考察中国社会，1940 年担任中国工合宝鸡办事处的秘书，1942 年又接替艾黎担任培黎工艺学校的校长。何克去世后，艾黎继续担任培黎工艺学校校长。

2. 校名是为纪念约瑟夫·培黎 (Joseph Bailie)，美国传教士，曾协助建立了金陵大学的农科，对华洋义赈救灾总会的成立发挥过重大作用。培黎 1934 年病逝于美国，与艾黎是亦师亦友的关系。

3. 文尤才. 凤县"工合"运动史实备忘录 [A]. 世界的工合，陕西的双石铺.

3 塞上明珠

（1）抵达兰州

8月28日，李约瑟一行终于全部抵达了黄河之滨的兰州，艾黎和三个男孩前往工合，陈自信、廖鸿英住到中国旅行社，李约瑟、贝尔兹和黄兴宗住到李记社。

兰州位于甘肃中心，河西走廊的入口，东西分别接壤宁夏和青海。过黄河仍可乘坐13张羊皮捆扎而成的羊皮筏。巍峨的城墙和城楼散发着独特的魅力，路上可以看到很多身穿紫红色长袍的喇嘛和短皮大衣的藏族人，商店里则充斥着苏联商品，有些招牌同时用中文和阿拉伯文。

1. 眺望黄河对岸的兰州城　　　2. 穿越黄河使用的羊皮筏　　　3. 黄兴宗，摄于乘羊皮筏渡黄河时
　 甘肃兰州，1943年9月5—6日　　　甘肃兰州，1943年8月29日—9月1日　　　甘肃兰州，1943年9月4日

人们用羊皮筏运送西瓜过黄河　甘肃兰州，1943 年 8 月 29—30 日

黄河对岸的兰州城　甘肃兰州，1943 年 9 月 6—17 日

古代丝绸之路的干道上，如今行驶着大队的运货卡车，这也曾经是从苏联运输抗日物资的主要路线，政府因此维持着一些修理和检查站。骆驼队仍然大有用场。通信方面，尽管经常看到古老的烽火台，无线电报在这个荒无人烟的原野上还是更具优势，连最远的绿洲都有了手摇的发报机，中国的表意文字被译成五位数字，准确发出。

由于时间充裕，李约瑟还游览了市内的古迹，如建于明末的白衣寺塔，塔身上半部为八角形锥体，高 18.5 米，共做密檐 12 层（偶数）。既吸收印度佛塔建筑艺术，又兼备中国古代建筑风格，造型玲珑剔透，气势雄伟壮观。

李约瑟对传统工艺技术也充满了兴趣，大型灌溉水车，高耸的塔楼，正在制作的木轮，乃至马车、盆栽，他都留下了影像。

```
        3 4
  1  |  2
```

1. 一名工人正在向大车上堆放电报设备
   甘肃兰州，1943 年 8 月 29 日—9 月 1 日

2. 白衣寺塔
   甘肃兰州，1943 年 9 月 4 日

3、4. 白衣寺塔
   甘肃兰州，1943 年 9 月 6—13 日

1 2
3 4
5 6
7

1. 一个明代琉璃香炉，1615 年武进忠造
   甘肃兰州，1943 年 9 月 6—13 日

2. 一座明代大钟，用于空袭警报
   甘肃兰州，1943 年 9 月 6—13 日

3. 一座华丽的三层塔楼
   甘肃兰州，1943 年 9 月 6—13 日

4. 一家清真饭馆院中的盆栽植物
   甘肃兰州，1943 年 9 月 6—13 日

5、6. 用于出租的带遮篷的马车
   甘肃兰州，1943 年 9 月 6—17 日

7. 一名木匠正在制作木轮
   甘肃兰州，1943 年 9 月 5—6 日

兰州是我国西北地区的科学和工业中心。西北之行一路走来，仿佛被淹没在风景的海洋里，风景和古迹应接不暇，却很少见到能够真正帮助中国作战的科学和工程事业。然而到了兰州，李约瑟发现了大型的医药、工程和农业的机关。这里的人见到李约瑟也格外兴奋，仿佛孤立已久的人遇到了远方知音。在兰州的三个星期，李约瑟便和邱琼云、黄兴宗等一起参观访问科技机构，包括省立科学教育研究所、甘肃机器制造厂、西北防疫处，以及资源委员会、中国工合的一些工厂。贝尔兹跟随台克满爵士则于9月5日继续前往油田。

　　在兰州，李约瑟度过了他在中国的第一个中秋节（9月14日），他和廖鸿英一起到张官廉家中，品尝了月饼和水果，并观看焚香祭拜仪式。此后的几年里，他都是在旅途中度过中秋节，滋味各有不同。

台克满爵士和他乘坐的卡车
甘肃兰州，1943 年 9 月 4—5 日

黄兴宗（左）和其他四名男子
甘肃兰州，1943 年 8 月 29—31 日

(2) 西北防疫处

　　兰州不仅是西北的工业中心，也是医药中心，4 个较大的部门包括：国立西北防疫处的疫苗研究所、西北医院、国立西北医学校、国立西北卫生人员训练所。1934 年 8 月成立的卫生署西北防疫处，就位于兰州小西湖，下设疫苗研究所，主要从事病理研究和生产常用疫苗，并附属有养马牧场。李约瑟认为该研究所比昆明的中央防疫处规模还要大。

　　处长兼所长杨永年曾留学日本研究细菌学，获博士学位，后游学欧美，在英国皇家医学院研究生院师从诺贝尔奖获得者亨利·戴尔 (Henry Dale)。杨永年 1938 年起主持西北防疫处，专职致力于军民防疫用生物制品的研究与制造，他广泛招徕技术人才，使其成为我国生物制品界的人才荟萃之地。研究所还有著名的制药化学家孟目的，他毕业于伦敦大学药学院，正计划在附近建造大型的制药工厂。病理学部由李佩琳博士负责，他毕业于伦敦大学医学院，正在研究蜗牛作为带菌者如何传播羊身上的肺线虫和吸虫的过程。

　　一路同行的陈自信就是来西北防疫处工作的。到兰州第二天（8 月 29 日），李约瑟就到访这里，并在日记中记录了防疫处的专家名单。9 月 1 日，李约瑟还安排与杨永年共进午餐。9 月 9 日，廖鸿英和黄兴宗又一同前往。

1	
2	3

1. 穿过西北防疫处疫苗研究所的房屋和黄河看对岸的群山
甘肃兰州，1943 年 8 月 29 日

2. 与西北防疫处相邻的新成立的国立西北医院附设护士学校的房屋
甘肃兰州，1943 年 8 月 29 日

3. 黄兴宗和陈自信
甘肃兰州，1943 年 9 月 6—17 日

李约瑟用相机拍摄下两张西北防疫处的照片，和三张与其相邻的新成立的西北医院附设护士学校的照片，为当年的西北防疫处和西北医院附设护士学校留下了珍贵的历史资料。1945年，李约瑟再次安排中英科学合作馆的工作人员萨恩德等，于1945年6月1日至1945年8月31日赴西北考察。萨恩德在兰州再次来到西北防疫处，并拍摄下多幅反映西北防疫处和当时毗连的西北医院的照片。

1. 西北防疫处处长杨永年博士（左）和副处长陆涤寰博士
   甘肃兰州，1945 年 6 月 1 日—8 月 31 日，萨恩德摄

2. 西北防疫处处长杨永年的房间
   甘肃兰州，1945 年 6 月 1 日—8 月 31 日，萨恩德摄

3. 西北防疫处实验楼前的伤寒病专家刘纬通博士，实验楼一层为生产科室，二层为处长办公室和图书馆
   甘肃兰州，1945 年 6 月 1 日—8 月 31 日，萨恩德摄

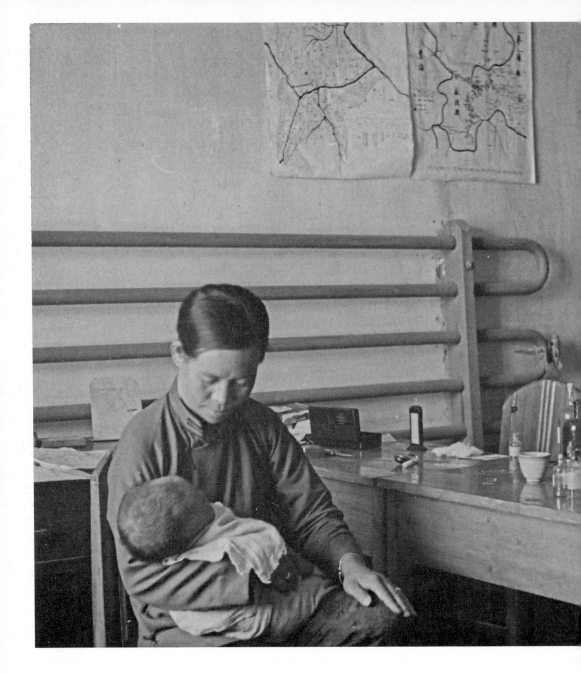

1	2
	3
	4

1. 何观清博士在诊断治疗黑热病
   甘肃兰州，1945 年 6 月 1 日—8 月 31 日，萨恩德摄

2. 西北防疫处疫苗研究所的一处标准化验室
   甘肃兰州，1945 年 6 月 1 日—8 月 31 日，萨恩德摄

3. 西北防疫处马凌云博士在生化实验室
   甘肃兰州，1945 年 6 月 1 日—8 月 31 日，萨恩德摄

4. 西北防疫处痘苗实验室内部
   甘肃兰州，1945 年 6 月 1 日—8 月 31 日，萨恩德摄

西北防疫处生产各类伤寒、霍乱、鼠疫、狂犬病、炭疽等疫苗，约80%供应部队。1939年设立玻璃厂，但常因风沙大而停产。西北医院的临床实验室，因缺乏玻璃试管，不得不用蛋壳做无菌容器来盛放病理标本，这个天才创意让李约瑟赞叹不已。西北防疫处同年还增设了修械厂（即铁工部），修造各部门应用的医疗器械。修械厂初建时，只能锻打一些简单的兽医用器械和制造兽疫制品的器具，后来购买了八尺车床、压力旋床和电镀器等，生产能力和技术大为提高。主要产品中，医疗器械类有：高压蒸汽消毒锅、干热灭菌器、蒸馏器、煮沸消毒锅、整形外科器具、普通外科手术刀、镊子、剪刀、产钳、产科用器械等；环境卫生用具类有：抽水机、淋浴器、水龙头等。

1 2 | 3
    | 4

1、2. 西北防疫处制药厂工务科（修械厂）在本地生产的
手术器械，原料钢主要来自两条断裂的卡车弹簧
甘肃兰州，1945年6月1日—8月31日，萨恩德摄

3. 卫生署西北防疫处西北制药厂副厂长袁少逸博士
甘肃兰州，1945年6月1日—8月31日，萨恩德摄

4. 西北防疫处修械厂的人员在工作
甘肃兰州，1945年6月1日—8月31日，萨恩德摄

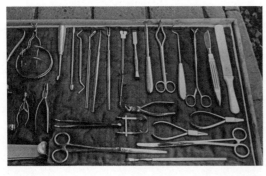

1942年，西北防疫处根据工作需要及西北土产资源，成立化学制药部，炼制各种中西药，生产诊疗和医药用品。防疫处还针对牲畜，生产抗牛羊炭疽病和牛瘟的疫苗，另外附设了一个特殊的放牧草场，主要有80匹小马和6匹从日军手中缴获的阿拉伯种马。

　　1943年西北防疫处玻璃厂、药械修理组、化学制药部三机构划出成立西北制药厂，直属国民政府卫生署，由西北防疫处处长杨永年兼任厂长，袁少逸任副厂长，孟目的为顾问。开展的相关研究包括：从油田残渣中提取矿脂，从肥皂荚等豆科植物中提取皂角苷，从青海湖卤水中提取精盐和硼砂，从软锰矿中提取高锰酸钾，从麻黄里提取麻黄素，从当归里提取当归素，等等。李约瑟还提到一件有趣的事情：中国空军因为急需乳酪胶，就在著名的喇嘛寺院塔尔寺开办了一座工厂，让牛奶有了工业上的用途。孟目的实验室的工作人员则继续用提取了奶油的牛奶制乳糖。

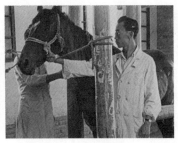

1 2 | 3
      4

1. 西北防疫处牧场的马
　　甘肃兰州，1945年6月1日—8月31日，萨恩德摄

2. 西北防疫处工作人员在牧场抽取马的血液以制取血清
　　甘肃兰州，1945年6月1日—8月31日，萨恩德摄

3. 西北防疫处疫苗研究所附属制药厂在阳光下晒盐
　　甘肃兰州，1945年6月1日—8月31日，萨恩德摄

4. 西北防疫处疫苗研究所牧场的主实验室
　　甘肃兰州，1945年6月1日—8月31日，萨恩德摄

西北防疫处疫苗研究所附设幼儿园的孩子们　　甘肃兰州，1945 年 6 月 1 日—8 月 31 日，萨恩德摄

(3) 西北医院和西北医学校

1941年，西北防疫处处长杨永年根据当时社会需要，依靠西北防疫处的基础和经济力量，于该处门外空地建筑房屋成立西北医院。由杨永年兼任第一任院长，早年曾在西北防疫处工作过，后担任中央大学医学院教授的张查理先生（曾留学爱丁堡大学）担任副院长。李约瑟提道，张查理在西北医院的工作非常引人注目。9月1日，李约瑟参观了西北医院和卫生署卫生人员训练所。

以下这些照片，也是1945年由萨恩德拍摄。

1. 西北医院大楼 甘肃兰州，1945年6月1日—8月31日	3、4. 西北医院的三等病房 甘肃兰州，1945年6月1日—8月31日
2. 西北医院的阅览室 甘肃兰州，1945年6月1日—8月31日	5. 西北医院的牙科门诊部 甘肃兰州，1945年6月1日—8月31日
6. 护士学校 甘肃兰州，1945年6月1日—8月31日	

```
1   3
    4
2   5
    6
```

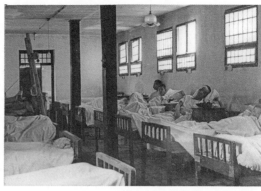

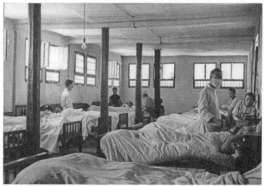

医学教育方面，兰州也有一席之地。主要有两所机构分别提供不同层次的教育。较为初级的，是由李文明博士主持的国立卫生署卫生人员训练所，培养药剂师、卫生观察员和助理救护员。较为高级的，则是西北医学校，由齐心清博士主持，对医学人才的培训是4年制而不是6年制，训练的重点是实用性而不是理论性知识。

9月5日，李约瑟参加了留英人士组织的茶会，并合影留念。曾经留学英国的医学家，包括1925年获英国爱丁堡大学医学博士学位的于光元，1937—1940年留学英国伦敦大学医学院，获理学博士学位的李佩琳，1918年留学英国爱丁堡大学医学院的张查理，以及毕业于爱丁堡皇家兽医学院的胡祥璧。

曾经留学英国的医学家，左起于光元、李佩琳、张查理、胡祥璧
甘肃兰州，1943年9月5日

（4）资源委员会甘肃机器厂

资源委员会极为重视甘肃大后方的矿产资源和工业基础。矿产方面，主要有玉门油矿和永登煤矿等，兰州的工业基础则可以上溯到左宗棠设立的兰州制造局。8月30日，李约瑟与台克满和外交部的吕同仑一同拜访了资源委员会兰州办事处的杨公兆处长，安排好了访问行程。

以甘肃机器厂和甘肃造币厂为基础，资源委员会和甘肃省政府联合组建了甘肃机器厂，于1941年9月正式成立。经过扩充，该机器厂成为当时西北最大的机器制造厂。时任厂长为毕业于德国卡尔斯鲁厄工业大学机械学专业的夏安世博士（1903—1986），他很快为李约瑟从该厂找到了维修卡车的零件。

一名女士站在资源委员会甘肃机器厂的厂房前
甘肃兰州，1943年9月1日

1　2
　　　│　4
3

1. 资源委员会甘肃机器厂的工人们穿过一道传统的圆门
　　甘肃兰州，1943 年 9 月 1 日

2. 资源委员会甘肃机器厂建造中的职工宿舍
　　甘肃兰州，1943 年 9 月 1 日

3. 资源委员会甘肃机器厂的一台机器（可能是
　　100 马力的辊压机，以前用来铸金属硬币）
　　甘肃兰州，1943 年 9 月 1 日

9 月 1 日上午，李约瑟来到机器厂。他看到该厂制造车床、钻床、刨床、离心泵和织布机等，产品行销至新疆在内的整个西北。而更让李约瑟感兴趣的是，在这些旧式机器中有一台可能是 100 马力的用于铸造铜币的辊压机，正打算改装成加工矿物的卷扬机。站在铸造车间内，想到从此处一直到苏联，数千里都没有同类的工厂，李约瑟感到"仿佛站在浩瀚的大海边"。

　　当天下午，李约瑟还访问了资源委员会干电池厂、资源委员会与西北公路局运输部合办的维修厂。次日又到资源委员会电厂，在那里他与夏安世共进午餐。

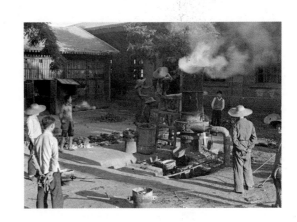

4. 资源委员会甘肃机器厂的工人们正在操作化铁炉
　甘肃兰州，1943 年 9 月 1 日

1
2
3 4

1. 资源委员会甘肃机器厂的工人们正在操作化铁炉
   甘肃兰州，1943 年 9 月 1 日

2. 资源委员会甘肃机器厂车间的机器
   甘肃兰州，1943 年 9 月 1 日

3. 工人用一排坩埚来铸铁
   甘肃兰州，1943 年 9 月 1 日

4. 资源委员会甘肃机器厂化铁炉前一堆堆的废铁
   甘肃兰州，1943 年 9 月 1 日

(5) 国立西北师范学院

在兰州这个真正的中亚"科学前哨",高等教育机构值得重视。最重要的当属辗转内迁到此的国立西北师范学院,其前身为北平师范大学。

1937 年卢沟桥事变后,北平师范大学与北平大学、北洋工学院迁至西安,合组西安临时大学。次年,西安临时大学全体师生迁至汉中,更名为西北联合大学。1939 年 8 月,西北联大师范学院独立,改成为西北师范学院,1940 年,再迁往兰州。自 1932 年起,校长(院长)一直由李蒸担任。

9 月 3 日,李约瑟在会见教育官员后,下午在西北师范学院向 2000 名师生作了关于东方及西方的科学文化成就的讲演,由当时兼任西北师范学院教授的兰州工合事务所主任张官廉先生担任翻译。

1、2. 国立西北师范学院的一群学生
甘肃兰州,1943 年 9 月 3 日

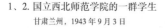

3、4. 国立西北师范学院的学生们列队集合
甘肃兰州,1943 年 9 月 3 日

(6) 甘肃科学教育馆

最让李约瑟感兴趣的机构之一是甘肃科学教育馆,它位于城外的一座花园内,里面有许多中式建筑。该机构于 1939 年由英国庚款基金会资助成立,燕京大学的梅贻宝曾担任过馆长。8 月 31 日下午,李约瑟到访这里。

时任馆长为化学家袁翰青,他 1932 年获美国伊利诺伊大学博士学位,回国后任南京中央大学化学系教授。学校西迁时,袁翰青来到兰州市,担任甘肃科学教育馆馆长。李约瑟会见了袁翰青,并应邀在甘肃科学教育馆作了一次关于国际生物化学进展的学术报告[1],张官廉先生继续担任翻译。

该馆设有一个实用的图书馆,原计划成立若干研究所,并办成中亚科学普及教育中心,但限于条件,工作进展缓慢。较为活跃的是副总工程师谢毓寿主管的中小学教学仪器的设计与生产部门。这些车间每年能生产 100 套仪器(每套 80 件),音叉和滑轮用被击落的日军飞机的废铝制成,分析天平的砝码则用熔化的古铜币制成。郑安仑先生主持的科普教育部也非常活跃,他曾留学英国布里斯托尔大学。所做的工作体现在张贴于市中心的大幅壁报上(每十天更换一期),内容有关于阿基米德和几何学的历史,以及寄生虫等方面的文章。

甘肃科学教育馆的科普壁报栏
甘肃兰州,1943 年 9 月 6—13 日

甘肃妇女工作委员会关于家庭生活建议的壁报栏
甘肃兰州,1943 年 9 月 6—13 日

1.　周肇基. 李约瑟博士在甘肃 [J]. 社会科学,1988(06):103-106.

(7) 兰州"工合"与培黎工艺学校

　　兰州是中国工合西北总部所在地，这里
开办了约30家工场，而且设有一个研究所，
进行制革毛纺和技术等方面的研究，图书馆
也不错。9月4日，李约瑟参观了兰州的工合
事业，包括纺织、皮革、造纸、机器合作社，
以及客栈等。工合的作风非常民主，李约瑟
认识了兰州工合协会的主席魏玉麟，他是位
纺织工人，虽然文化程度不高，但极为聪明，
拥有突出的组织能力，以至于一直连任。

中国工业合作社的三名成员，左起魏玉麟（兰州协会主席）、张官廉（地区秘书，
兰州培黎工艺学校校长），右为卫生官员
甘肃兰州，1943年9月4日

李约瑟与张官廉、贝尔兹、廖鸿英、黄兴宗乘皮筏过黄河，来到穆柯寨的培黎工艺学校。白墙上画着漂亮的图画，包括地图、几何和机器图示等。这里有 40 多名学生，教职员工 20 多人，分机械、毛纺、化学、皮革四个专业¹。在这里他们还遇到了工程教师李振姚。他是一位出生于爪哇的华侨。

学生们在打篮球

甘肃兰州，1943 年 9 月 4 日

兰州培黎学校工程教师李振姚

甘肃兰州，1943 年 9 月 4 日

1. 兰州培黎学校校长张官廉向一名学生讲解简单的建筑草图

甘肃兰州，1943 年 9 月 4 日

1		
2	3	4

2. 兰州培黎学校两名来自藏区边陲的男孩学习螺线原理

甘肃兰州，1943 年 9 月 4 日

1.　周肇基 . 李约瑟博士在甘肃 [J]. 社会科学，1988(06)；103-106.

4 西出玉门关

　　在兰州停留了三个星期，终于修好了卡车，李约瑟准备继续沿丝绸之路向大漠深处进发。进入9月份，兰州的天气转凉，前方的戈壁滩旅程也需要保暖，李约瑟找到一件合身的二手羊皮大衣，只花了1000元。廖鸿英留在兰州，临时担任培黎学校的教师。鉴于车辆状况和前路艰险，李约瑟从甘肃机器厂借到一名汽车机械师余德新。9月18日，李约瑟、黄兴宗、路易·艾黎，以及培黎学校的两个学生孙光俊和王万盛，再加上邝威和余德新，一起离开了兰州。在李约瑟和黄兴宗的旅行记录里，行程中仍然饱受汽车故障的困扰，也充满着惊喜的发现。

3. 同车出行的兰州培黎学校的孙光俊
甘肃安远镇，1943年9月19日

4. 清晨一名职员在中英科学合作馆卡车后面睡觉
甘肃安远镇，1943年9月20日

（1）兰州出发

卡车沿着黄河河谷行进，出兰州不远，是黄土地带的尽头，地理地貌不断发生着巨大的变化，可以见到高大的锯齿状山脉。路途上多处可见汉唐的种种遗迹，古长城的残垣断壁上种满了桃树和枣树，发动机故障时他们便停车摘枣吃。路上也见到向北步行的士兵，他们是国民政府派往新疆的军事力量，以加强那里中央政府的权威，然而，队伍里有不少十二三岁的男孩充作壮丁，有些人甚至病得厉害，艾黎直斥为"弊政"。

第二天，在从永登前往凉州（武威）途中，他们惊喜地遇见贝尔兹乘着甘肃油矿局的卡车南行。停车交谈时，贝尔兹称对油田的增产潜力表示乐观，当然这还只是初步的了解。经过天祝时，李约瑟还拍摄到路边的放羊娃。尽管汽车又开始出故障，他们还是经过乌鞘关和古浪，于晚上平安抵达凉州。

在凉州，早上修车之际李约瑟上街游逛，看到商店里除了苏联的肥皂外，还充斥着各种日本货，有纺织品和药品等。这也反映了工合运动此时的命运，如果政府支持的话，这些商品完全可以本地生产，而无需向敌人换取。

1. 两名藏族妇女害羞地躲避镜头
甘肃永登，1943 年 9 月 19 日

2. 安远镇附近的经幡
甘肃安远镇，1943 年 9 月 19 日

1、2. 从永登到安远路上的放羊娃　　　　3. 路易·艾黎与放羊娃交谈
甘肃永登，1943 年 9 月 19 日　　　　　甘肃永登，1943 年 9 月 19 日

(2) 山丹与中国工合

20日离开凉州，经过永昌，再穿过一片荒野，便到达了长城外的绿洲——山丹。山丹在长城外向东北方向延伸，面对着沙漠和宁夏，西南耸立着白雪覆盖的祁连山（南山）山脉，东北是朱砂山。城里大树参天，旧式建筑十分漂亮，有古色古香的坚固大牌楼、戏台、破败的商店货栈，以及远处的佛塔。

山丹附近的一段长城，烽火台上有三角支架
甘肃山丹，1943年9月21日

1	3
4	5
2	

1、2. 山丹街景
　　甘肃张掖山丹，1943 年 9 月 21 日

3. 街道上一处华丽的门檐
　　甘肃张掖山丹，1943 年 9 月 21 日

4. 小镇的戏台
　　甘肃张掖山丹，1943 年 9 月 21 日

5. 一座牌楼
　　甘肃张掖山丹，1943 年 9 月 21 日

　　黄兴宗称他平生第一次见到街上人们纺山羊毛线的情景。李约瑟和路易·艾黎都对山丹充满兴趣，李约瑟是因为看到和自己中文别号"丹耀"相同的"丹"字（相传此地产朱砂）；而满目外地商品则让路易·艾黎看到建立工合的机会。艾黎此行主要目的之一是寻找校址，决定搬迁山丹后，在何克的努力下，1944年12月，兰州培黎学校搬往山丹，一边筹建生产车间，一边修葺校舍。搬迁持续到1945年2月，正式成立山丹培黎工艺学校。

　　下面就是路易·艾黎后来送给李约瑟的山丹培黎学校照片。1945年7月，校长乔治·何克因破伤风在山丹病逝，艾黎则继续将学校的事业延续下去。

1	2
3	4

1. 山丹街景，一座传统式样的门以及土砖做的墙，可能是商家仓库
甘肃张掖山丹，1943年9月21日

2. 门口上方华丽的房檐雕刻，可能是一家商店的仓库
甘肃张掖山丹，1943年9月21日

3. 一个男孩在转动纺线轮
甘肃张掖山丹，1943年9月21日

4. 用羊毛制作绳子或线
甘肃张掖山丹，1943年9月21日

路易·艾黎和他的狗，身后是一种可用于造纸的草丛

甘肃张掖山丹，1946 年 1 月 1 日

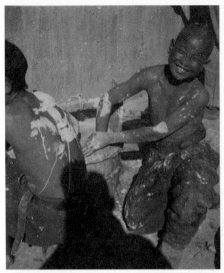

1　2
3　4

1. 山丹培黎学校在为校舍刷浆
　　甘肃张掖山丹，1945 年 1 月 1 日—1946 年 1 月 1 日

2. 山丹培黎学校准备修建新浴室地基的男孩们
　　甘肃张掖山丹，1945 年 1 月 1 日—1946 年 1 月 1 日

3. 山丹培黎学校的男孩在植树
　　甘肃张掖山丹，1945 年 1 月 1 日—1946 年 1 月 1 日

4. 男孩们晒制过冬用的煤饼
　　甘肃张掖山丹，1945 年 1 月 1 日—1946 年 1 月 1 日

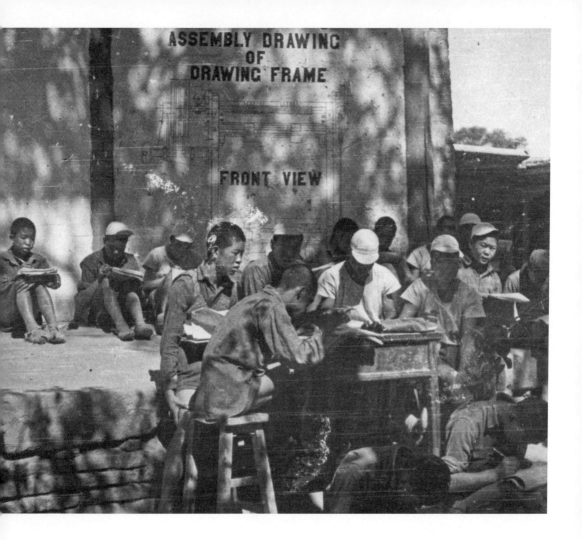

1

2

1. 山丹培黎学校的露天课堂
    甘肃张掖山丹，1945 年 1 月 1 日—1946 年 1 月 1 日

2. 山丹培黎学校的麦地正在收割
    甘肃张掖山丹，1945 年 1 月 1 日—1946 年 1 月 1 日

1	3
2	4

1. 山丹培黎学校墙壁上的地图和机械图
   甘肃张掖山丹，1945 年 1 月 1 日—1946 年 1 月 1 日

2. 学生们制作的瓷器样品
   甘肃张掖山丹，1945 年 1 月 1 日—1946 年 1 月 1 日

3. 新烧制的陶缸和瓷碗
   甘肃张掖山丹，1945 年 1 月 1 日—1946 年 1 月 1 日

4. 山丹培黎学校的窑炉正在烧制陶瓷
   甘肃张掖山丹，1945 年 1 月 1 日—1946 年 1 月 1 日

学生们在制作瓷坯

甘肃张掖山丹，1945 年 1 月 1 日—1946 年 1 月 1 日

学生们在检查烧制的瓷器

甘肃张掖山丹，1945 年 1 月 1 日—1946 年 1 月 1 日

1 | 4
2 | 3

1. 工人们在中国工业合作社附近挖水渠
　　甘肃张掖山丹，1945 年 1 月 1 日—1946 年 1 月 1 日

2. 山丹培黎学校烧制的储藏坛
　　甘肃张掖山丹，1945 年 1 月 1 日—1946 年 1 月 1 日

3. 山丹培黎学校的男孩们搬石头修筑磨粉机水坝
　　甘肃张掖山丹，1945 年 1 月 1 日—1946 年 1 月 1 日

4. 山丹培黎学校的磨粉机房和水坝

甘肃张掖山丹，1945 年 1 月 1 日—1946 年 1 月 1 日

1. 中国工业合作社的烟囱和门口
   甘肃张掖山丹，1945 年 1 月 1 日—1946 年 1 月 1 日

2. 一名工人操作他们的第一台蒸汽绞车
   甘肃张掖山丹，1945 年 1 月 1 日—1946 年 1 月 1 日

3. 男孩们在为皮革脱脂
   甘肃张掖山丹，1945 年 1 月 1 日—1946 年 1 月 1 日

4. 学生搅动池中纸浆
   甘肃张掖山丹，1945 年 1 月 1 日—1946 年 1 月 1 日

| 1 | 2 |
| 3 | 4 |

1. 通过中国工业合作社购买的卡车抵达山丹培黎学校
   甘肃张掖山丹，1945年1月1日—1946年1月1日

2. 一名学生揭开一层纸坯放到白墙上晒干
   甘肃张掖山丹，1945年1月1日—1946年1月1日

3. 学生将纸坯在白墙上刮平晒干
   甘肃张掖山丹，1945年1月1日—1946年1月1日

山丹培黎学校的男生正在清洗纱线

甘肃张掖山丹，1945 年 1 月 1 日—1946 年 1 月 1 日

一名男孩学习使用新的纺织机器

甘肃张掖山丹，1945 年 1 月 1 日—1946 年 1 月 1 日

(3) 嘉峪关与老君庙

　　21 日清晨，卡车绕山丹小城一周，沿着古老的丝绸之路继续前行。下一个绿洲是甘州（张掖），这里有大片的稻田，城虽然不小，但除了午餐时的上好大米以外，让李约瑟感觉无甚趣味。夜宿另一个绿洲高台镇的军事外宾招待所——多年前用于苏联援助物资运输队的住宿，苏联旗帜和列宁画像仍然可见，盥洗室上有俄文标志。第二天下午到达肃州（今酒泉）。

肃州附近沙漠中的一座墓
甘肃酒泉，1943 年 9 月 22 日

中英科学合作馆的卡车在从山丹到肃州途中

甘肃酒泉，1943 年 9 月 21—22 日

从山丹到肃州途中人力操作的打桩机

甘肃酒泉，1943 年 9 月 21—22 日

在肃州，他们入住军官招待所。此地的商店里，也主要是苏联商品。李约瑟访问了甘肃油矿局办事处，受到部门经理的热烈欢迎，他当即打电话通知油田的警卫部门，做好次日参观的接待准备。一同参观油田的还有画家吴作人先生。吴作人1930年留学法国和比利时，1935年回国，在中央大学艺术系任教。此次他去油田负有绘制油画的任务，接下来将和李约瑟一同前往敦煌，临摹壁画。

23日离开肃州，途经长城的西端嘉峪关，这是明代中国丝绸之路的西大门。城墙、城门和堡垒都非常完整。其中有关帝庙，雕像被甘肃油矿局修复并油漆一新。这里还有陶瓷窑、哨亭、新年戏台等建筑。看到外城的最后一道城门，李约瑟感叹道，一定曾有许多的流放者从这里经过。

嘉峪关景色，明代长城的西端
甘肃嘉峪关，1943年9月23日

2
1 3   1、2. 嘉峪关主城楼之一   3. 嘉峪关城楼上的角楼   4. 登上嘉峪关的一座城楼
4   甘肃嘉峪关，1943 年 9 月 23 日   甘肃嘉峪关，1943 年 9 月 23 日   甘肃嘉峪关，1943 年 9 月 23 日

1. 一座两层的中国传统建筑，左下站立者为艾黎

甘肃嘉峪关，1943 年 9 月 23 日

2、3. 关帝庙正门，牌匾上写有"威宣中外"

甘肃嘉峪关，1943 年 9 月 23 日

嘉峪关附近有一处窑址，为中国北方常见的"馒头窑"，即火膛和窑室合为一个馒头形的空间，用于烧纸砖瓦或陶瓷。

出嘉峪关后，道路有处分叉，左行通向油田。李约瑟和黄兴宗不约而同地用"神奇"来形容油田这片地方。一个现代化的石油化工综合企业，设在渺无人烟的高原，南面是白雪皑皑的玉门山峰，北面是无垠的戈壁，高耸的油井架和喷出的蒸气，仿佛小说中的场景。

23日下午，李约瑟到达甘肃油矿局的油田。此地名为老君庙，不用说是因为这里以前曾有一座供奉道教祖师老子的庙宇。他们受到总经理孙越崎和协理邵逸周的热烈欢迎，还与地球物理学家翁文波和地质学家卞美年见面。孙越崎、邵逸周和翁文波都曾留学于英国的皇家矿业学院。李约瑟在这里停留了三天，参观了油井、炼油厂、实验室、生活区、医院和学校等，记下来一长串仪器、药品、材料、设备的名目，打算向印度购买。负责炼油厂的，则是从地质调查所支援过来的金开英。他后来被誉为"中国石油事业的先驱和炼油的第一人"。

虽然这里在科学技术上引人入胜，但干燥、寒冷的气候让李约瑟患上了感冒，好在大剂量的柠檬热茶下肚，很快让他恢复了健康。而那个卡车故障频出，27日离开老君庙后，一路停停开开，甚至一度陷到沙子中几个小时。看着遍地的骆驼骸骨，李约瑟的情绪非常低落。当晚不得不在赤金堡小镇的空营房过夜，第二天中午才到达玉门。

老君庙到玉门途中的驼队
甘肃玉门，1943年9月27日

一座大型的陶瓷窑（馒头窑）

甘肃嘉峪关，1943 年 9 月 23 日

从老君庙到玉门途中，艾黎和兰州培黎学校的两名男孩孙光俊（右）与王万盛（左）
注视并捡起戈壁沙漠上的骆驼骨

甘肃玉门，1943 年 9 月 27 日

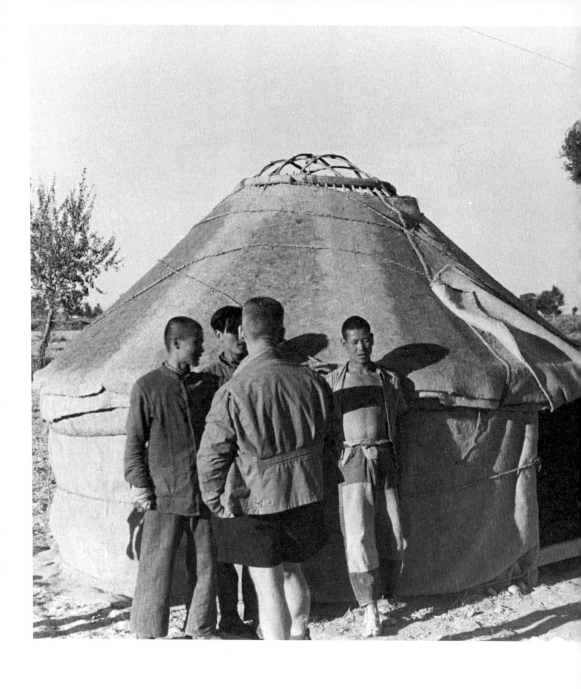

1. 路易·艾黎在蒙古包前同一群人谈话
　　甘肃玉门，1943 年 9 月 28 日

2. 从老君庙到玉门途中，中英科学合作馆的卡车在戈壁
　　沙漠上抛锚，邝威（左）、吴作人（车顶）和艾黎（右）
　　甘肃玉门，1943 年 9 月 27 日

3. 住宿在寺庙的招待所
　　甘肃玉门，1943 年 9 月 28 日

4. 仰望玉门古建筑的屋檐
　　甘肃玉门，1943 年 9 月 28—29 日

1
2
3
4

到玉门更换了汽车零件，卡车于 29 日中午抵达安西。但接下来的路况极为糟糕，行驶缓慢，傍晚接近敦煌绿洲边缘时，卡车不幸滑离公路，陷入流沙里面，用尽一切方法都不能挪动分毫。几人只好生火野餐，晚上睡在卡车里，不断听到马嘶狼嗥。次日醒来，发现卡车周围多处狼迹，还有哈萨克骑士出没的踪迹。为纪念共同经历的一夜险境，吴作人先生还写下一首诗，李约瑟将其译成了英文：

……

暮尽大荒合，天低南斗沉。

忽传群雁语，一句一酸辛。

9 月 30 日，在几个农民的帮助下，终于把卡车从沙中开出，重新装载出发，上午到达敦煌。

1. 前往敦煌的路上，途经五座汉代烽燧
  甘肃敦煌，1943 年 9 月 29 日

2. 卖哈密瓜的老汉
  甘肃敦煌，1943 年 9 月 30 日

3. 吴作人手拿几串吊蛋梨，与一群男孩交谈
  甘肃敦煌，1943 年 9 月 30 日

1 | 2 | 3

(4) 敦煌

　　敦煌是此行的最终目的地，李约瑟说，这是他在中国所见到的最美丽的城市。街道十分整洁，牌楼精巧，有些像山丹，但更繁荣。水果甘美，有哈密瓜、油桃、梨和柿子，还有一种看上去像大樱桃的野沙果。

　　中午，李约瑟、黄兴宗、吴作人礼节性地拜访了陈邦启县长，他是一名年纪较大的绅士，用苏联的糖块招待客人，并派给他们一位带枪的警察。吃过午饭，购买了充足的水果，他们便动身前往敦煌以南约 25 公里的千佛洞。

1、3. 街上的牌楼，两侧大树参天　　4. 城墙边的街道穿过门洞
　　甘肃敦煌，1943 年 9 月 30 日　　　　甘肃敦煌，1943 年 9 月 30 日

2. 带有塔楼的敦煌县古城门
　　甘肃敦煌，1943 年 9 月 29 日

1

2
3
4

```
      1
  _____
  2   3   4
```

1. 一名老妇人看着面前嬉戏的孩子们
   甘肃敦煌，1943 年 9 月 30 日

2. 树下的马、骆驼和卡车
   甘肃敦煌，1943 年 10 月 13—19 日

3、4. 附近的小溪和树木
   甘肃敦煌千佛洞，1943 年 10 月 1—5 日

（5）千佛洞外

9月30日下午4点，李约瑟等人抵达千佛洞。这是一片小绿洲，密布着高大的白杨等树木，沿着一条干涸河床的变质砂砾河岸，在两英里范围内，有大约500个洞窟。其中有300个左右画满了壁画，洞窟的壁画成画时间从北魏到元初，规模参差不齐。有三座250英尺高的佛像。洞窟之外，还有大量唐代木质建筑。

绿洲内有三座寺庙，最南端住着一位年迈的叶喇嘛，带着另外两个稍微年轻的僧人（快70岁的马喇嘛和杨喇嘛）。他已经在这里生活了50年，认识那位卖书给斯坦因的王道士，也记得一批一批的外国探险家。

河床对面的绿洲和岩壁景色　　甘肃敦煌千佛洞，1943 年 10 月 1 日

最北端的庙是一座道观，曾经住过那位王道士，他的墓塔仍矗立在河床对面的沙漠里。道观已经被一队士兵占据，他们看管着这片绿洲。卡车抵达千佛洞时，天光尚明亮，他们迅速瞻仰了几个佛洞，从悬崖高处洞穴外俯瞰绿洲。黄兴宗描述道，"空气中充满一种超自然的特质，整个景色投铸下一股无限安详的魅力"。

穿过河床看到部分岩壁
甘肃敦煌千佛洞，1943年10月1日

安放唐代大佛的第 96 窟外观，远景和局部
甘肃敦煌千佛洞，1943 年 10 月 1 日

从 1900 年发现敦煌莫高窟藏经洞以来，敦煌大量珍稀文物成了国内外文化强盗觊觎的对象，英国、法国、俄国、美国、日本等国的探险家以各种幌子，窃掠了大量敦煌文物。全面抗战期间，在开发西北、建设西北的呼声中，教育部、中央研究院等机构组织过一些考察活动。在李约瑟到达之前的 1942 年，就有西北史地考察团、西北艺术文物考察团，以及张大千等人在此地考察。李约瑟考察期间，除了画家吴作人陪同外，还有中央通讯社摄影部主任罗寄梅及夫人罗芳，他们从 1942 年春开始在敦煌住了一年半之久，致力于对石窟彩绘作系统的调查，拍摄了 2600 多张照片。吴作人则对其中一部分彩绘进行临摹。

从上层佛洞中瞭望岩壁和绿洲
甘肃敦煌千佛洞，1943 年 9 月 30 日

罗氏夫妇和吴作人都住在前面的庙里。

李约瑟等人住的中间那座庙，教育部拟将其用作敦煌艺术研究所（1944年2月成立），中间的大厅有些桌椅，除此之外只有一个小博物馆和一间空荡荡的图书室。庙的后院驻扎着几名警察，他们也帮着做一些石刻铭文的摹拓工作。

1. 骑马的罗芳，身后为易喇嘛和一名警察
　　甘肃敦煌千佛洞，1943 年 10 月 1—5 日

2. 易喇嘛
　　甘肃敦煌千佛洞，1943 年 10 月 6—9 日

3. 从上层佛洞中瞭望绿洲和沙漠
　　甘肃敦煌千佛洞，1943 年 9 月 30 日

4. 千佛洞石窟全景
　　甘肃敦煌千佛洞，1943 年 10 月 1 日

1	2
3	4

文思淼在《李约瑟——揭开中国神秘面纱的人》中提及，这次行程的终点有着"不大"的石窟，这些石窟与李约瑟的公务完全没有干系，却让他魂牵梦萦。恰好由于被"滞留"，时间足够充裕，李约瑟从石窟保存的外界环境，到石窟内珍藏的壁画、彩塑都进行了完整的考察，给我们留下一百余张照片，包括他们这些人在敦煌的生活场景。

　　实际上，李约瑟打算停留在千佛洞的时间只有一天。10月1日，他们随着各自的爱好，尽可能多地参观各个洞窟。李约瑟忙着照相、做记录。然而，正如李约瑟此后意识到的，要想在一天之内弄明白这些绘画是不可能的。

1 2 | 4
3

1、2. 树影下的石窟近景　　　　　　3. 千佛洞石窟近景　　　　　　4. 李约瑟及其同行者居住的平房
　　甘肃敦煌千佛洞，1943年10月1日　　　　甘肃敦煌千佛洞，1943年10月1日　　　　甘肃敦煌千佛洞，1943年10月6—9日

　　按计划，李约瑟一行 10 月 2 日便乘车动身。却不想刚开了几公里，发现多个气缸的主轴承烧坏了。于是让黄兴宗和培黎学校男孩王万盛各骑一头毛驴，到敦煌发电报，向重庆、兰州和老君庙油田请求援助。预料到可能要在此处滞留一段时间，便决定让黄兴宗先行回重庆，以处理合作馆的工作。而他则和其他所有人一起，留在了千佛洞。李约瑟从此开启了一段奇妙的时光，"每晚一阵和风吹拂，大庙正殿上的风铃便叮当作响，半夜醒来听到这种奇特的声音，令人终生难忘"。

　　而黄兴宗 10 月 4 日离开千佛洞，辗转到 14 日才抵达兰州，但前往重庆的航班遥遥无期，多方求助未果，一直等到 11 月 10 日与乘卡车返回的李约瑟汇合。

　　李约瑟站在一高处洞穴，拍摄到 1943 年当时千佛洞外围的环境面貌。李约瑟认为，虽然千佛洞地处干涸河床边砾岩层的断崖上，外围也是黄土以及广阔的沙漠，但得益于一小片珍贵绿洲上的树木保护，至今千佛洞大小上百个石窟没有受到风沙侵蚀，保存相对完好。

中国古代传统建筑多使用木料而非石料，这也是其容易消亡的原因。图中所呈现的第96窟是唐代的建筑，从外看是木制的阳台。中国现保留的唐代建筑凤毛麟角。敦煌此处唐代建筑镶嵌于石窟中，构成了中国所特有的艺术和建筑的自然博物馆。

10月10日是值得回忆的一天，李约瑟和路易·艾黎漫步到五座汉代烽火台旁，又走下河谷摸索汉代堡垒和方丈的墓地，但因担心安全而未果，意犹未尽。第二天他们又带上两个男孩，来到汉代堡垒处。其他人都在废墟中挖掘一些唐宋遗物，而李约瑟看到满目荒废，不免触发怀古幽情。

第96窟及附近外景，该图被用于《中国科学技术史》第一卷
甘肃敦煌千佛洞，1943年10月1日

第96窟前的小溪
甘肃敦煌千佛洞，1943年10月1日

从第 96 窟看一侧的石窟

甘肃敦煌千佛洞，1943 年 10 月 1 日

从下仰望洞窟石壁

甘肃敦煌千佛洞，1943 年 10 月 1 日

从第 96 窟眺望绿洲，看沙漠和群山

甘肃敦煌千佛洞，1943 年 10 月 1—5 日

1	2		6
3	4		
5			7

1、2. 唐代木头搭建的露台
　　　甘肃敦煌千佛洞，1943 年 10 月 5—6 日

3、4. 从洞窟附近看两侧石壁
　　　甘肃敦煌千佛洞，1943 年 10 月 1 日

5. 清晨树影中的千佛洞
　　甘肃敦煌千佛洞，1943 年 10 月 5—6 日

6、7. 沙漠对面的群山，右侧山岭（三危山）
　　　上为五座汉代烽火台
　　　甘肃敦煌千佛洞，1943 年 10 月 5—6 日

1	4
2 3	5

1. 李约瑟站在中间一座烽火台前
   甘肃敦煌千佛洞，1943 年 10 月 10 日

2. 从千佛洞看沙漠对面的群山
   甘肃敦煌千佛洞，1943 年 10 月 10 日

3. 沙漠深处看千佛洞绿洲
   甘肃敦煌千佛洞，1943 年 10 月 10 日

4、5. 大泉河穿过群山
   甘肃敦煌千佛洞，1943 年 10 月 10—11 日

汉代堡垒和唐代舍利塔

甘肃敦煌千佛洞，1943 年 10 月 10—11 日

	1	4	
	2		
	3	5	6

1、2. 唐代佛塔的细节
　　甘肃敦煌千佛洞，1943 年 10 月 10 日

3. 一座唐代佛塔，站立者为路易·艾黎
　　甘肃敦煌千佛洞，1943 年 10 月 10 日

4. 汉代堡垒，李约瑟在怀古
　　甘肃敦煌千佛洞，1943 年 10 月 10—11 日

5、6. 三危山与大泉河河谷，山下有汉代堡垒，上有烽火台
　　甘肃敦煌千佛洞，1943 年 10 月 11 日

1、5. 三危山下的舍利塔
　　甘肃敦煌千佛洞，1943 年 10 月 13 日

3. 路易·艾黎（左）和孙光俊（右）
　　在三危山舍利塔下各手持一块花砖
　　甘肃敦煌千佛洞，1943 年 10 月 12—13 日

2. 三危山下舍利塔中发现的塔状物品
　　甘肃敦煌千佛洞，1943 年 10 月 13 日

4. 三危山风光
　　甘肃敦煌千佛洞，1943 年 10 月 13 日

1	2		4
3			5

在千佛洞的一个月中，每隔三四天，两位男孩就赶着毛驴进城采买物品，有面食和土豆，还能有一些羊肉，水果则供应充足。司机邝威和机修工老余充当起厨师。

10月10日是辛亥革命纪念日，晚上罗寄梅夫妇安排了一场聚会，邀请众人晚宴，大家站立在长桌旁，吃起冷餐。餐会于下午4点开始，有巧克力蛋糕。易喇嘛和两个助理喇嘛也穿上紫红色的长袍，戴上帽子和念珠来赴宴。

千佛洞前罗寄梅和罗芳夫妇的节日晚宴，左起孙光俊、王万盛、顾廷鹏、罗寄梅、罗芳、路易·艾黎、助理喇嘛、易喇嘛、李约瑟和吴作人

甘肃敦煌千佛洞，1943年10月10日

千佛洞下罗寄梅和罗芳夫妇的节日晚宴

甘肃敦煌千佛洞，1943 年 10 月 10 日

```
1 | 4 5
2 3 | 6 7
```

1. 孙光俊和王万盛在赶驴
   甘肃敦煌千佛洞，1943 年 10 月 13—27 日

2、3. 王万盛在溪水中洗衣服
   甘肃敦煌千佛洞，1943 年 10 月 6 日

4. 司机邝威和机修工余德新
   甘肃敦煌千佛洞，1943 年 10 月 1—5 日

5. 路易·艾黎、孙光俊和王万盛在院子里
   甘肃敦煌千佛洞，1943 年 10 月 6—9 日

6、7. 兰州培黎学校的学生孙光俊

甘肃敦煌千佛洞，1943 年 10 月 6 日

(6) 千年洞天

　　离开千佛洞的时间似乎遥遥无期，李约瑟除了探索周边的景物，也每天与艾黎到石窟中观摩壁画。在与壁画朝夕相处十几天后，李约瑟开始有所领悟。他一边拍照，一边在洞窟里用专门的笔记本做详细的笔记，描摹了许多画像。

　　千佛洞横跨北魏、隋、唐、宋甚至元等朝代（约 380—1360）。根据李约瑟的记载，他对不同时代的佛像艺术特点进行了对比总结。他写道：前魏的作品有点古意，而后魏的色彩变得较为绚丽，火焰和风栩栩如生，飞天达到了令人叹为观止的完美境界。唐代开凿的洞窟，色调以绿色和红色为主，故事画较为杰出。宋代跟唐代又大不一样，除了色彩差异外，似乎更倾向于画大型的卧佛或涅槃的佛像。

进入洞窟的梯子和窟内的梯子

甘肃敦煌千佛洞，1943 年 10 月 5—6 日

李约瑟对第 83 窟马镫的描摹，他认为可
以断定马镫的出现肯定不晚于唐代

李约瑟的千佛洞日记
1943 年 10 月

洞窟入口，外部绘有壁画
甘肃敦煌千佛洞，1943 年 10 月 1—5 日

李约瑟在参观千佛洞大小石窟时，对于石窟内外墙壁、穹顶壁画有着大量记录，包括完整的以及因战时没有得到及时保护而被破坏的。他尤其注意东西方文化交流的事例，唐代壁画中战斗及皈依图中的洗礼场面，可能受基督教的影响，而在宋代石窟中，和尚的长袍上有花形的十字架，通常是黑色或绿色。最令人惊讶的是，在一个石窟里出现了"最后的晚餐"，即屋内12个人围坐在一张白色饭桌旁，而第13个人从门口离去。"我们知道佛教的传说变成基督教的神话，那么，为什么不能反转过来呢？"

　　得益于国际敦煌项目（IDP），李约瑟拍摄的这批照片经过数字化处理，内容也已识别整理，我们今天能完整地看到这批照片。

第150窟前室手持宝剑的道教护法神，手臂从眼眶中伸出，眼睛在手心
甘肃敦煌千佛洞，1943年10月1日

1
2
3　4

1. 遭到破坏的壁画局部（张大千编号第 41 窟）
甘肃敦煌千佛洞，1943 年 10 月 1 日

2. 第 130 窟中层，甬道南壁四尊身后带圆光的菩萨壁画
甘肃敦煌千佛洞，1943 年 10 月 1 日

3. 壁画已从岩壁上脱落
甘肃敦煌千佛洞，1943 年 10 月 1 日

4. 遭到破坏的壁画局部，第 103 窟南壁东侧
甘肃敦煌千佛洞，1943 年 10 月 1 日

1. 第 243 窟的菩萨和三侍塑像，内壁和顶部均绘有壁画
   甘肃敦煌千佛洞，1943 年 10 月 1 日

2、3. 第 285 窟西披壁画（上）和东披壁画（下）
   甘肃敦煌千佛洞，1943 年 10 月 1 日

4. 第 85 窟部分脱落的前室西壁北侧壁画
   甘肃敦煌千佛洞，1943 年 10 月 1 日

5. 第 266 窟外景，内壁和顶部均绘有壁画
   甘肃敦煌千佛洞，1943 年 10 月 1 日

1	2
	3
	4
	5

1. 第 196 窟甬道南壁供养人像
   甘肃敦煌千佛洞，1943 年 10 月 13—22 日

2、3. 第 12 窟前室南北两壁的大型
   护法神壁画
   甘肃敦煌千佛洞，1943 年 10 月 1—5 日

4. 第 422 窟内西壁佛龛内北侧魏朝
   佛像
   甘肃敦煌千佛洞，1943 年 10 月 1 日

5. 入口处的壁画（张大千编号第157窟）
   甘肃敦煌千佛洞，1943 年 10 月 1—5 日

6、9. 第 274 窟壁龛中女性形象的佛像
   甘肃敦煌千佛洞，1943 年 10 月 1—5 日

7. 第 254 窟中心柱及龛内魏朝塑像
   甘肃敦煌千佛洞，1943 年 10 月 1—5 日

8. 一座位于第 412 窟侧面的佛像
　　甘肃敦煌千佛洞，1943 年 10 月 6—9 日

11. 第 415 窟西壁佛龛内北侧唐代护法神像
　　甘肃敦煌千佛洞，1943 年 10 月 1 日

1	2	3	4	11
5		6	7	
8	9	10		12

10. 第 259 窟西壁魏朝佛龛及塑像
　　甘肃敦煌千佛洞，1943 年 10 月 1—5 日

12. 第 412 窟前室西壁唐朝大型菩萨像，
　　一人立于其下，显示佛像的尺度
　　甘肃敦煌千佛洞，1943 年 10 月 1 日

1. 第 442、441、440 窟的小型佛像
　　甘肃敦煌千佛洞，1943 年 10 月 1—5 日

2. 几个损坏的洞窟（第 417、416、415 窟）外观
　　甘肃敦煌千佛洞，1943 年 10 月 1—5 日

3. 唐代僧侣像的上半身特写，黑色头光
　　甘肃敦煌千佛洞，1943 年 10 月 9 日

4. 第 194 窟中心佛坛上的唐代天王（金刚）和菩萨像
　　甘肃敦煌千佛洞，1943 年 10 月 13—22 日

| 1 | 2 | 5 | 6 |
| 3 | 4 | 7 | |

5. 路易·艾黎抚摸一座大型佛像的脸部残片
　　甘肃敦煌千佛洞，1943 年 10 月 1—5 日

6. 第 230 窟的小型佛像
　　甘肃敦煌千佛洞，1943 年 10 月 1—5 日

7. 第 415 窟西壁佛龛内宋朝佛像
　　甘肃敦煌千佛洞，1943 年 10 月 1—5 日

1. 月牙泉边，树下拴马
　　甘肃敦煌，1943 年 10 月 29 日

2、3. 骑在马上的邝威和王万盛，准备前往月牙泉
　　甘肃敦煌，1943 年 10 月 29 日

4. 月牙泉边庙宇的屋顶装饰
　　甘肃敦煌，1943 年 10 月 29 日

5. 月牙泉边的大型庙宇
　　甘肃敦煌，1943 年 10 月 29 日

1
2　3　4　｜　5

（7）月牙泉

　　随着天气转凉，水渠开始结冰，衣物和食物都逐渐成为问题。李约瑟每日焦急地扫视着大漠，盼望着油田卡车出现，带回发动机、邝威和技师。10月24日，骑马的邝威终于出现在地平线上。他安排马车将发动机从敦煌拉到千佛洞，28日，卡车终于修好。

　　告别了罗寄梅夫妇和易喇嘛，中午启程出发。吴作人和四名油田的机械师也一并随行。虽有点小麻烦，但下午3点就到达了敦煌，终于可以"品尝大城市的生活了"。

　　为等待汇款，大家在敦煌停留一日。中午大家租马来到月牙泉和鸣沙山，小伙子们滑下鸣沙山，但没有一点声响，据说在有风的日子里，声如雷鸣。月牙泉边建有庙宇，属于道教和喇嘛教的性质，外观漂亮。李约瑟在留言中添了一条"清净圣地"。

1. 左起李约瑟、吴作人、孙光俊和王万盛
　　甘肃敦煌，1943 年 10 月 29 日

2. 登上月牙泉边上的沙丘
　　甘肃敦煌，1943 年 10 月 29 日

3. 近观月牙泉
　　甘肃敦煌，1943 年 10 月 29 日

4. 月牙泉道观中的道教神像
　　甘肃敦煌，1943 年 10 月 29 日

1

3
2
4

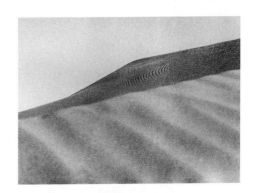

回城后，吴作人为两名哈萨克族人画素描。大家忽然听得院外一阵喧闹，原来是每年一度的城隍游行，李约瑟连忙抢拍了几张照片。城隍的塑像由6位身穿黄马褂的男人抬着，前面点着灯，最后进庙，烧香焚纸，十分热闹。城隍的人间同事——县长也出面接待李约瑟，邀请他到书房喝茶。

1　　3
2

1. 两名哈萨克族人
　　甘肃敦煌，1943 年 10 月 29 日

2. 城隍游行队伍
　　甘肃敦煌，1943 年 10 月 29 日

3. 玉门附近碰到河南的饥民
　　爬上卡车到新疆逃荒
　　甘肃玉门，1943 年 10 月 31 日—
　　11 月 1 日

5 返程兰州

　　10月30日，李约瑟的卡车终于平安开出，经安西次日抵达玉门。在玉门附近，李约瑟看到一群来自河南的饥民正爬上一辆卡车，到新疆逃荒，让他对刚刚过去的河南大饥荒有了直观的感受。

　　李约瑟的卡车经玉门接近油田时，第九次抛锚。简单维修后，11月1日深夜勉强开到肃州。李约瑟参观了这里的酒泉，即汉将军霍去病与军队凯旋痛饮的地方。此外还有救生寺，里面有相传为唐代的佛像，特别是身后的罗汉像栩栩如生，寺庙附近有一所河西中学，是用英国退还的庚子赔款所修建的。但他认为在肃州维持一所普通中学有些过度，当务之急应该是让当地的各族儿童掌握技术，因此最好改造为技术学校。

1、2、3. 玉门附近碰到河南的饥民爬上卡车到新疆逃荒

　　甘肃玉门，1943年10月31日—11月1日

	1		4
2	3		5

4. 肃州街景，中为带头饰的哈萨克妇女和女孩

　　甘肃酒泉，1943年11月4日

5. 河西中学校长何令德和英语教师高鹤（音）

　　甘肃酒泉，1943年11月4日

　　在肃州的油田仓库加满了油，11月5日继续勉强前行，6日下午到达山丹，7日到永昌。天气变得很冷，离开永昌时，大家都买了骆驼毛的袜子、手套和帽子。再经凉州、永登，11月10日，李约瑟一行抵达兰州。艾黎和两个男孩回到培黎学校。后来在李约瑟的帮助下，孙光俊和王万盛留学英国学习纺织专业，成为纺织工业建设的骨干。

河西中学教室
甘肃酒泉，1943 年 11 月 4 日

1 │
 ─────
  2   3

1. 满载工合生产毛毯的驼队通过乌鞘关
   甘肃武威，1943 年 11 月 9 日

2. 两名男子正在溪边冲洗装满纸浆的布包
   甘肃酒泉，1943 年 11 月 4 日

3. 身着光板羊皮大衣、头戴皮帽的李约瑟
   甘肃兰州西固区，1943 年 11 月 10 日

此时的兰州，已经进入冬季，黄河上漂着冰凌。李约瑟和路易·艾黎都换上了羊皮大衣和皮帽。

李约瑟在兰州又停留了一个月，或在内地会鲍尔顿医院的霍伊特家中，或在培黎工艺学校，或在其他友人家中。他重访了兰州的机构，先后做了6次讲座。17日在甘肃省政府主席谷正伦的陪同下向200余名官员演讲《科学与民主》，18日到扶轮社演讲与西北地区相关的科学技术合作，19日、20日、23日连续到西北防疫处讲座《形态发生激素的新发现》《分化的机制》和《医学的新进展》。向西北的中国工合演讲《中国科学技术的前景》。其间，他在城隍庙买到了一本民谣《孟姜女哭长城》，与廖鸿英一起译成了英文，这首长诗后来收入了《科学前哨》。

1. 路易·艾黎身着羊皮大衣，头戴羊皮帽
   甘肃兰州西固区，1943 年 11 月 10 日

2. 兰州培黎学校的王万盛也戴上羊皮帽，穿上棉衣
   甘肃兰州西固区，1943 年 11 月 10 日

3. 正在封冻的黄河
   甘肃兰州西，固区，1943 年 11 月 10 日

1	2
3	

然而，卡车迟迟不能修好，黄兴宗的机票也没有着落，到了12月4日，李约瑟决定亲自乘坐飞机返回重庆。等待机票期间，12月9日是李约瑟的43岁生日，大家纷纷表示庆祝：艾黎送来一盒香烟，吴作人则为李约瑟绘制了一幅"非常成功"的肖像。张官廉特别安排了丰盛的家宴，邀请好友出席。李约瑟穿上了马褂，兴奋地致谢："我的43岁生日是在中国甘肃省的兰州度过的，而且采用了中国传统的方式，我本人十分高兴。感谢中国主人的盛情，谢谢大家美好的祝愿，这个生日将使我毕生难忘。"[1]他还即席用汉语背诵了陶渊明的《归去来兮辞》。

12月14日，李约瑟终于在最后一刻买到了机票，登上了返回重庆的飞机，当天下午5点平安抵达重庆。历时4个多月的西北之行才最终完成。而黄兴宗和廖鸿英乘坐卡车17日从兰州出发，途中屡经耽搁，1944年1月21日才返回重庆。

1. 周肇基. 李约瑟博士在甘肃[J]. 社会科学，1988(6)：101-104.

吴作人绘制的李约瑟画像
1943年12月9日

6 小 结

　　李约瑟的此次旅行，由于行程安排原因，没能到访陕西的众多科研教育机构，因此学术机构的访问以兰州为主，数量上不是太多。但李约瑟此行更重要的目的，是在抗战进入相持阶段后，对中国西北一带的交通、军事、政治和经济情况进行一番考察，特别是考察苏联对中国该地区的影响。而李约瑟滞留敦煌，也意外地让他领会到中国古代文化艺术的伟大成就，他为此感到荣幸和欣慰。

　　李约瑟此行的另一个重要收获，是深入了解了中国工合运动在西北的开展情况，他与路易·艾黎相伴同行，结下了深厚的友谊，并协助培黎工艺学校选址山丹。李约瑟在后续的东南之行、北方之行中，都对工合运动予以高度的关注。

　　关于此次旅行本身遭遇的困难和危险，李约瑟也总结了教训，并在后续旅行中加以改善。主要是装备不足。河西走廊是极为狭长的通道，连接着沙漠中的几片绿洲，人烟稀少。因此，在装备不足的情况下就贸然进入是不明智的。他认为，应该准备有：沙漠装备（望远镜、水壶、挡沙板、链条）、罐头食品、卡车零件、会做饭的帮手、机械师、枪械、当地向导、野营装备。李约瑟特别提到机械师的重要性，认为应该全程配备一名，仅凭司机一人之力是无法维修 2.5 吨重卡车的零件的。而在帮手和当地向导方面，由于两名男孩随行，为李约瑟提供了许多帮助。他们年龄大约 17 岁，王万盛是甘肃本地人。两人共同保证了千佛洞的物资供应，每 5 天骑驴到敦煌购买物品，鉴于当地哈萨克土匪和狼群的出没，这是一项不无危险的工作。李约瑟认为他们值得高度赞扬。

15 年后的 1958 年 7 月 12—17 日，重游敦煌的李约瑟写下了这样的回忆诗句：

我们乘着破旧汽车来这里流放了几个星期

——真是千载难逢的好运气。

生活说不上舒适，却充满了美的意味。

供应极其贫乏，却感到无穷乐趣。

在汉代城堡前的清溪中洗涤衣服，

在沙碛悬崖上采集蘑菇煮羹汤，

在中央的寺院中咀嚼易喇嘛的菇子。

我们感到的只是幸福，最纯粹的幸福。

半夜醒来听到檐前铁马叮当，

在从沙漠吹来的劲风中颂歌赞唱，

这声音永远、永远在我心头回荡。

难忘那风中摇曳的树枝，

难忘那流过沙碛的清溪，

难忘那美妙的石窟，一个比一个更美丽。[1]

1. 李约瑟. 四海之内 [M]. 劳陇，译. 北京：三联书店，1987：159-160.

5

第五章

跋涉东南

——封锁、瘟疫与大溃败

1944 年 4 月，李约瑟开启了漫长而惊险的东南之旅。他和黄兴宗乘车从重庆出发，穿过贵州，进入广西、湖南、广东、江西、福建等省份，历时 3 个月。东南省份的沿海地带虽然被日军占领，但广大的腹地仍依托有利的地形坚持抗战生产和科教活动。时值日军发动豫湘桂战役，李约瑟深入东南，访问封锁下的大学和科研机构，直到衡阳交通中断两天前才返回湘江西岸。他看到战争、瘟疫造成的破坏，也感受到深厚的地方文化传统，以及科学工作者在极端困难的条件下不屈不挠的精神。李约瑟详细描述了他所到访的大学、科研机构和企业的情况，并对它们被日军占领后的遭遇十分关心。

李约瑟此行的报告中记录了参观的 10 所大学，4 所科研机构，4 座工矿设施，以及 7 个政府科研组织。然而，留下的照片却相对不多，可见途中艰苦，只有零星拍照。好在旅途报告极为翔实，我们可以借助文字描述，复现战时东南地区危如累卵的科学状况。

李约瑟东南之行日程表

日期	行程	自驾里程/公里
4月8日	重庆—三溪（今属重庆綦江）	99
4月9日	三溪—桐梓	200
4月10日	桐梓—遵义	33
4月11日	遵义—贵阳	162
4月12日	贵阳—独山	185
4月13日	独山—	（火车）
4月14日	—柳州—	（火车）
4月15日	—桂林	（火车）
4月16日	桂林—	（火车）
4月17日	—衡阳—	（火车）
4月18日	—曲江—仙人庙	（火车）
4月22日	仙人庙—曲江	（火车）
4月27日	曲江—坪石	（火车）
5月2日	坪石—栗源堡	（公共汽车）
5月3日	栗源堡—坪石	（火车硬座）
5月4日	坪石—乐昌	（火车）
5月5日	乐昌—曲江	（火车）
5月7日	曲江—赣县	230
5月9日	赣县—禾溪埠	76
5月10日	禾溪埠—雩都（今于都）	13
5月11日	雩都—长汀	127
5月16日	长汀—永安	183
5月18日	永安—南平（今南平延平区）	145
5月19日	南平—福州	（汽艇）
5月23日	福州—	（汽艇）
5月24日	—南平	（汽艇）
5月25日	南平—建阳（今南平建阳区）	118
5月26日	建阳—邵武	100
5月31日	邵武—南丰	175
6月1日	南丰—宁都	118
6月2日	宁都—赣县	161
6月3日	赣县—曲江—	230
6月6日	曲江—衡阳	（火车）
6月7日	衡阳—桂林	（火车）
6月12日	桂林—良丰	30
6月15日	良丰—桂林	30
6月16日	桂林—八步	264
6月18日	八步—柳州	300
6月19日	柳州—沙塘	30
6月21日	沙塘—柳州—	30
6月22日	—桂林	（火车）
6月25日	桂林—昆明	（飞机）
7月1日	昆明—重庆	（飞机）

1 铁路旅行

李约瑟的东南之旅开始于 1944 年 4 月 8 日，黄兴宗全程陪同。他们乘坐一辆雪佛兰卡车，卡车来自英国军事委员会，以前曾用作救护车，状况比西北之行使用的卡车要好得多。司机还是邝威，添聘了机械师林美新。虽然李大斐于 2 月抵达重庆，但也许鉴于此行的危险性，李约瑟让她留在了合作馆。

第一天行程百公里，夜宿綦江县三溪镇（今三江）资源委员会电化冶炼厂，总经理是叶渚沛。这是一个具有相当规模的综合性冶金企业，冶炼铜、铁、锌和钢，供给兵工厂和机械制造厂等。该厂前身为 1939 年 4 月投产的重庆炼铜厂（化龙桥），叶渚沛任厂长，初创时职工 200 余人，日产能力 3 吨。1941 年 7 月，重庆炼铜厂与纯铁炼厂、炼锌厂合并为电化冶炼厂，总厂设在重庆綦江三溪。叶渚沛接触过马克思主义思想，与路易·艾黎等左翼人士交往密切。1946 年联合国教科文组织成立，李约瑟和叶渚沛分别担任了科学部的正副主任。

第二天行程加倍，驶经著名的桐梓"七十二弯"，公路从陡峭的山头接连转过七十二道尖锐的弯角急骤下冲，让他们饱尝惊险。

4 月 10 日上午，李约瑟抵达遵义，停留一天，顺访浙江大学。他与竺可桢校长会面，参观了位于江公祠的图书馆。下午李约瑟借学校剧院作《和平和战争中的国际科学合作》演讲。这篇演讲以 1943 年 7 月他在北碚的中国科学社年会上的讲话为基础，说明他一直在思考这个问题，并在此次旅行回来后撰写了《关于国际科学合作事业的第一个备忘录》。

然后在工学院院长王国松（劲夫）陪同下参观了工学院的实验室。晚上，李约瑟向竺可桢介绍了来华后的工作，并答应提供一些维生素 D——因湄潭缺乏阳光。李约瑟次日早即启程，约定归途时在此停留一周，可惜因战事急转直下未能成行（从桂林直飞重庆）。

接下来满满两天的行程，李约瑟路过贵阳，抵达有"贵州南大门"之称的独山。抗战期间，为巩固大后方与东部和南部的联系，决定修筑黔桂铁路。

1943 年 6 月，独山至柳州段通车，独山的战略地位从此凸显。独山县被誉为"小上海"，中国空军美国志愿援华航空队（即飞虎队）将其选为中转站点。

李约瑟自然不愿错过在中国第一次乘坐火车的机会。他将卡车交给火车站，放到平板车厢上托运，13 日夜，李约瑟与黄兴宗乘卧铺快车出发。随着列车平稳地前行，他满怀欢欣。次日黎明时分，火车经过一系列之字形的盘旋，又沿着山坡驶下一道峡谷。一整天他们都在欣赏连绵不断的喀斯特山峰。下午 6 点火车抵达黔桂铁路的终点柳州。而湘桂铁路也从衡阳修到了柳州，李约瑟转乘湘桂铁路，中途在桂林游览一天后，继续前往湖南衡阳。车厢里他们遇到一群美国空军，两位译员，一位是周宝玲小姐，女高音唱得很好，好像能唱无穷无尽的中国民歌。她为大家唱了许多首中国民歌，黄兴宗则帮李约瑟把感兴趣的词句和曲调记下来。

在衡阳的美国空军招待所休息了一天，李约瑟和黄兴宗换乘粤汉铁路，4 月 18 日到达广东曲江。英国联络处代表在车站迎候，接他们到郊外英国军事代表团驻地。

3

1
2

1. 同船的女士
　　广东韶关曲江，1944 年 5 月 6 日

2. 船上一名小男孩在休息
　　广东韶关曲江，1944 年 5 月 6 日

3. 曲江上一名撑篙的妇女
　　广东韶关曲江，1944 年 5 月 6 日

1、2. 旁边经过的一艘撑篙船，一名妇女在船顶掌舵
　　广东韶关曲江，1944 年 5 月 6 日

1	2
3	

3. 人们在曲江一座桥下游泳
　　广东韶关曲江，1944 年 5 月 6—7 日

2 曲江

抗战期间，因广州迅速沦陷，广东省政府迁往粤北，曲江（今韶关）一带成为行政和文化的中心。从 4 月 18 日至 5 月 6 日对曲江及周边的访问，构成了李约瑟此行的第一阶段。访问的大学中，岭南大学医学院位于曲江，岭南大学和东吴大学位于仙人庙，中山大学和岭南大学农学院位于坪石。除了访问这些大学，李约瑟还拜会了广东省政府主席李汉魂，表示自己想参观工业设施，并愿意提供力所能及的建议和帮助。但李约瑟感觉李汉魂缺乏进取心，没有任何响应的行动。1945 年 1 月，曲江沦陷。

还有一个小插曲，邝威和林美新与托运的卡车同行，4 月 24 日，李约瑟收到邝威电报，他们被扣在柳州。因铁路托运卡车漏付了卡车内行李和油桶的额外运费，并有一笔 14000 元的罚金（这笔罚金在李约瑟返回柳州时由铁路局长退回）。第二天上午，黄兴宗找到曲江铁路局局长查明情况及办法后，再托英国军事代表团汇款给邝威。邝威则临危不乱，找到柳州的朋友借钱缴了罚款，将卡车和人员解救出来。

（1）岭南大学

李约瑟访问的第一站是岭南大学，18 日下午乘火车从曲江出发，几小时便抵达仙人庙。在那里，李约瑟与黄兴宗受到岭南大学代表们的热烈欢迎，他们住进了学校的招待所，停留了三天。

岭南大学原为美国基督教会在广州创办的学校，1927 年广州大革命期间，收归中国人自办，改名私立岭南大学。1938 年广州沦陷，岭大在香港借用港大校舍复课。1941 年 12 月香港沦陷，岭南大学校本部迁到曲江县（今韶关）

仙人庙大村。该校本来设备齐全，但在迁校过程中几乎损失殆尽。

　　学校迁香港不久，当时的农学院院长古桂芬认为，广东沿海富庶地区已经沦陷，因此发展大后方的农业生产有特别重要的意义，力主农学院迅即迁入内地，以促进内地农业生产，支援抗日战争。李应林校长遂派古桂芬去粤北坪石筹办农学院。古院长在校舍建设过程中操劳过度，不幸以身殉职。

```
      | 2   3
    1 | 4
      |     5
      |     6
```

1. 岭南大学的学生在操场做操
　　广东韶关仙人庙，1944 年 4 月 18—20 日

3. 岭南大学的学生在制图
　　广东韶关仙人庙，1944 年 4 月 18—20 日

6. 岭南大学的化学实验楼
　　广东韶关仙人庙，1944 年 4 月 18—20 日

2. 学生们进行排球比赛
　　广东韶关仙人庙，1944 年 4 月 18—20 日

4、5. 校园的房屋
　　广东韶关仙人庙，1944 年 4 月 18—20 日

1	2
3	

1. 一名女士
   广东韶关仙人庙，1944 年 4 月 18—20 日

2. 两名女生在布告栏前
   广东韶关仙人庙，1944 年 4 月 18—20 日

3. 香樟树下的校园景色
   广东韶关仙人庙，1944 年 4 月 18—20 日

校本部所在的仙人庙大村校址，为第七战区司令长官余汉谋划拨的训练场，原有 48 座草棚，后在此基础上建立简易校舍。校园虽离铁路有一段距离，但坐落在一大片香樟树林中的山坡上，李约瑟认为这是中国最漂亮的临时校园之一。新建的木结构建筑物错落有致，带有设计讲究的门廊和走廊。

校长李应林曾任广州基督教青年会总干事，与其说是一名学者，不如说是一名出色的筹款家。科学方面最优秀的是寄生虫学家陈心陶（1904—1977），他毕业于哈佛大学，担任理学院院长，专长肺、肝疾病和血吸虫病。但除了不久前从广州抢运出来的几台显微镜外，几乎没有其他设备，这大大限制了他的研究工作。化学和物理方面的条件更差，只能开展基本的教学活动。

医学院位于曲江县城，由林树模（1893—1982）博士出任院长。林树模 1922 年获圣约翰大学医学博士学位，接着留学美国获康奈尔大学理科博士学位。1925 年回国，任教于北京协和医学院。1931 年曾到爱丁堡大学担任过一年的生理研究员，研究磷酸原和肌肽，合作者是埃格尔顿（P. Eggleton）。1937 年到岭南大学任教，1938 年学校迁往香港，他兼任医学院院长，1941 年学校内迁韶关。1944 年韶关沦陷后，林树模转到贵阳，在林可胜主持的卫生人员训练所任教。抗战胜利后回岭南大学继续任教[1]。

李约瑟在岭南大学作了几次演讲，参观了教学设施，与教师们进行了几次座谈。但从第二天起，他就感觉胃部不适，这多少影响到他的干劲。岭南大学医学院的附属河西医院位于曲江，他返回曲江后，住到医务主任家里，以便对他的胃部进行诊疗。此后几天参观了岭南大学医学院，并到一些书店浏览书籍。

1. 卢光启, 詹澄扬, 陈培熹. 林树模教授传略 [J]. 生理通讯, 2013；32(5):2.

(2) 东吴大学

东吴大学是一所小型的大学，正式成立于1900年，原为教会学校。其中文学院和理学院设于苏州，法学院设于上海。东吴大学培养了一大批著名学者，尤其以法学闻名海内外。太平洋战争爆发后，法学院迁到重庆，与沪江大学合办法商学院；而暂避上海的文、理学院南迁邵武，再到曲江，就坐落在仙人庙站附近的荒地上。师生化身泥瓦匠，修盖了简陋的临时校舍。也许是沿用了旧楼名称或是略带苏州风格，李约瑟评价该校"建筑少而精"。当时担任代理校长兼文学院院长的是来自上海的杰出学者沈体兰，他曾获牛津大学文学硕士学位。该校的科学仪器几近于无，但仍利用黑板讲授化学、天文学和数学。

学术方面，气氛良好，特别是拥有一些优秀的教授，李约瑟在报告中专门提及一位杰出的青年经济史学家吴大琨。

当时学生已经遣散，学校失去经费来源，教授只能坐吃山空，美方委员会的电报指示校长，结束所有事项，学校于1944年夏关闭。李约瑟得知有些教授已经西迁。部分师生后来到重庆与法商学院汇合。

(3) 中山大学

4月27日，李约瑟的身体终于复原，能够前往广东最重要的教育机构——中山大学。下午7点，他乘火车离开曲江，10点到达坪石，在那里住了一个多星期，参观了中山大学各学院和岭南大学农学院。

中山大学是李约瑟在中国访问过的规模最大的独立大学，包括文、理、法、工、医、农及师范学院，在校生有将近2500名。由于坪石只是边陲小镇，不通公路，中山大学只能沿武江分散在坪石街及周边地区：校总部和研究院设在坪石；文、理、工三学院分设于坪石附近之铁岭、塘口、三星坪等地；又增设一年级教育委员会于车田坝；医学院设于乐昌县城；法学院设于武阳司；师范学院设于管埠；农学院则设在湖南宜章县的栗源堡。彼此间没有电话，校长办公室信息也不灵通。

抗战以来，中山大学经历了令人伤感的疏散历史。1938年，在广州最初陷落以前，它迁到遥远的云南澄江，但是在那里安顿下来以后，由于滇西战事临近和粤北局势相对趋于稳定，1940年广东省政府又将其召回粤北，校本部和理学院等迁坪石镇，医学院迁乐昌县，农学院迁湖南。据估计，在外迁与回迁的途中各损失了三分之一的设备。尽管拥有一些著名学者，如朱谦之博士（欧亚文化交流史专家）、杨成志博士（《民俗》学刊编辑）、吴康博士（哲学家）、王亚南博士（经济学家）和盛成博士，但中山大学已今非昔比了。

坪石附近的小河
广东韶关坪石镇，1944年5月1—4日

理科方面，中山大学最引人注目的是拥有当时中国大学中唯一的天文台。1927年，在留法学者张云教授主持下，中山大学把数学系改为数学天文系，1929年建成天文台。张云在中山大学任教20年，曾两度出任校长。其间他还培养出众多天文人才，其中即包括叶述武、邹仪新夫妇，叶述武曾留学法国里昂大学数学系，邹仪新则曾在日本东京天文台实习，两人归国后任教于数学天文系。

抗日战争时期，身为中山大学天文台台长的邹仪新跟随着中山大学的迁徙脚步，抢运设备，辗转广东罗定、云南澄江，最后到达坪石。而且用很短的时间就在塘口村附近重建天文台，确保教学工作不致中断。她带着约12个学生，教学工作仅依靠一台6英寸的赤道仪进行。为了通过恒星的方位来测定纬度和时间，一台经纬仪被改装成天顶仪，并已投入使用。李约瑟访问时，看到战乱中的乡间校园许多系空无一人，而邹仪新带着年轻人，仍在孜孜钻研，给他留下了极深的印象。1948—1949年间，她先后在英国格林尼治天文台、爱丁堡天体物理台及太阳物理台进修和工作。

邹仪新在中山大学天文台
广东韶关坪石镇，1944年4月29日

中山大学工程系师生在桥梁模型前学习
广东韶关坪石镇，1944 年 5 月 1 日

在李约瑟感兴趣的生物实验室中，张作人博士[季列蒙(A. Guilliermond)的学生]正在研究在秋水仙碱影响下根须的细胞核。他对学生启发性的影响是显而易见的。尽管有很好的显微镜，但还是必须制作许多代用品，比如通过裂化樟脑油在本地生产汽油，以代替混合二甲苯。在从巴黎博物馆归来的任国荣研究员指导下，鸟的分类学研究很活跃。容启东则领导着植物分类学研究。

工学院的士气有些不振，设备也非常简陋。但制作了一些精美的木桥模型。为讲授电学原理而制作的仪器，也反映出教师们的心灵手巧。

在坪石，李约瑟遇到了经济系教授兼系主任王亚南。王亚南是马克思主义经济学家，曾译有《资本论》(1938年)。他们讨论了近代科学为何未在中国发生的问题，到旅馆中作过两次畅谈。分手的时候，李约瑟突然提出"中国官僚政治"这个话题。此后，王亚南开始搜集有关这方面的研究资料，后来出版了《中国官僚政治研究》(1948年)。

法学院有较好的图书馆，里面也有一些关于马克思主义的书，想必是 1927 年前留下的，但国共两党早已"分道扬镳"。法学院旁边是一幢化工用途的房子，学生们制造火柴和肥皂，然后销售。每当碰到这种场合，李约瑟总是感到不安，因为他担心学生和老师只是为了糊口而被迫这么做，这就有损大学的真正宗旨了。

　　最令李约瑟眼前一亮的，还是农学院和医学院。那里的气氛截然不同，都称得上中国顶尖，而农学院甚至是"研究和教学方面最大最好的一所学院"。农学院占据了栗源堡的一大片旧营房，院长是经验丰富的土壤学专家邓植仪。生物学研究规模很大，特别引人注目的是赵善欢博士和同事们对天然生长的杀虫植物进行了积极的研究。鸡血藤被证明像鱼藤制剂一样可杀灭大量害虫。用雷公藤和芋豆做试验也获得了同样好的效果。这项研究还包括用当地的矿物批量生产含砷和含铜的喷雾剂等等。这是在非常困难的情况下积极开展创造性研究的一个典范。

中山大学医院和医学院大楼外景
广东乐昌，1944 年 5 月 5 日

农学院的另一个强项是土壤学。在干练的院长邓植仪博士领导下，他们出色地组织了一个省立土壤调查所和一个土壤博物馆。

李约瑟还结识了在图书馆工作的梁家勉，他致力于古农书研究，与李约瑟有很多共同的兴趣和话题，两人交谈了两个半天。李约瑟回到中山大学本部，向金曾澄校长特意赞扬了梁家勉的研究工作。[1]

此外，李约瑟注意到，温文光（植物生长激素）、冯子章（家畜性激素）、蒲蛰龙博士与其夫人（蚕体病理）、蒋英博士（植物分类与木材解剖）和罗彤鉴（森林学）已经开始为中国空军栽种最轻的木材白花泡桐（Paulownia fortunei）。

5月4日下午，李约瑟从坪石前往乐昌，参观中山大学医学院。医学院及教学医院由李雨生院长主持。新建筑尽管只是用当地的木、竹、砖和石灰浆等材料建成，但风格非常现代化。有几位医师曾经留学德国，因此在秩序和清洁方面，大多数医务人员明显地表现出所受德国训练的影响。李约瑟也有了说德语的机会，用德语发表演讲《目前英国的科学与医学》，并在这里住了一夜。

1、2. 中山大学医院和医学院大楼的楼梯和走廊
　　广东乐昌，1944 年 5 月 5 日

3. 一面画有孙中山像和写有标语的墙，一人站立于前
　　广东乐昌，1944 年 5 月 5 日

1　2 ｜ 3

李约瑟认为这里最杰出的是病理学家梁伯强博士，他组建了最完善的病理学和临床学实验室。大量的研究正在取得进展，例如血吸虫病、奇特的脾脏粟粒疹脓疮（流行于粤北，可能由回归热螺旋菌引起）、先天性肠内支囊、胎儿的软骨营养障碍等等。这所医学院计划招收 150 名学生，但实际招收了 300 名。解剖方面，由于极度缺乏防腐剂，杨简博士只好回到 16 世纪维萨里时代，解剖都必须在一两天内完成。

　　当然，中山大学也有一些不令人满意的地方。除了反复搬迁造成的损失之外，时任校长金曾澄，似乎只是一位平庸的教育部官员。至少有一半的学生是通过政治关系而入学，考试一周前就得公布题目，考试期间还可以看书和交谈，否则经常会发生针对某位教授的骚乱。因此，李约瑟认为，中山大学的水平很难归类，既有非常好的一面，也有非常差的一面，不知道战后它会成为什么样子。

1.　林枫林. 李约瑟与华南农业大学的农史研究 [J]. 中国科技史料, 1988, 9(4): 55-59.

3　从赣县到长汀

东南之旅的第二阶段是福建，也是此次旅行的最东端。抗战期间，东南半壁多遭沦陷，只有福建内地山区免受战火，周边一些省份的文化教育机构也迁往此地。李约瑟 5 月 7 日从曲江出发，穿过江西，然后进入福建。这段行程没有铁路，直到 6 月 3 日返回曲江，大多是乘坐卡车，只有往返南平和福州的这一段路乘坐汽艇。

(1) 赣县工合

第一天的行程从曲江到江西赣县，穿越大庾岭的道路十分崎岖，直到进入江西路况才大为改善。但美军正在赣县修建机场，多处道路被切断和毁坏。赣县县城曾遭受猛烈轰炸，几乎全部重建过。这里有许多工业合作社，是中国工合设于东南的中心，与西北陕甘的工合事业相呼应。正好卡车需要购买燃料酒精，李约瑟就在赣县停留一天。

1. 中国工业合作社一名陶工正在作坊工作
   江西赣县，1945 年 1 月 1 日—1946 年 1 月 1 日

2. 刘姓总工程师正在试验改进的纺纱机
   江西赣县，1945 年 1 月 1 日—1946 年 1 月 1 日

3. 江西纺织合作社手工操作的丝织机
   江西赣县，1945 年 1 月 1 日—1946 年 1 月 1 日

1
2　3

1. 伤兵医用棉布和绷带合作社的纱布晾晒及打包

　　江西赣县，1945 年 1 月 1 日—1946 年 1 月 1 日

	1		
2	3	4	5

2、3、4、5. 修桥的人们

　　　　江西雩都（于都），1944 年 5 月 12 日

1939年，艾黎在江西赣县成立"东南工合"办事处，主要工作是组织难民成立工业合作社，给予贷款、技术和合作组织方面的协助。次年创办第一所培黎学校，该校培养的这些学生很快为东南地区的合作社组织提供了有力支持。工合生产40多种日用品和五金机械。李约瑟到访时，赣县及周边大约有29个合作社。他看到工合的机械工场非常繁忙，经营状况不错，规模是兰州工场的4倍。他们正在生产一种30马力的煤气发生炉发动机。造船合作社曾一度红火，但此时已陷入困境，面临关闭，李约瑟听说是因为合作社的开办者做生意太过老实。实际上共产党组织在工合运动中发挥了重要作用，工合事业也因此不断遭到国民政府的暗中破坏。

　　5月9日从赣县出发，乘渡轮渡过赣江，但刚过零都（今于都），就发现卡车的发电机不能充电，便沿另一公路到禾溪埠村，那里有江西公路局的一个维修站（经理潘盈庭），又加上洪水淹没公路，结果在路边小客店中住了三夜。白天无事，李约瑟就教黄兴宗唱《欢乐颂》《国际歌》，还一起将中国民歌按原文的韵律译成英文演唱。

　　12日终于重新出发，路过瑞金时，李约瑟在报告中专门提道，瑞金曾经是共产党苏区的首府，而且这里的物价最为便宜。过瑞金后，卡车盘旋而上，翻越山岭，下午三点半开进长汀城内。长汀县也是汀州府治所，位于闽、粤、赣三省边陲要冲。随着湘桂战场的溃败，长汀机场成为东南地区唯一的大型机场。李约瑟要访问的厦门大学就在这里。

（2）厦门大学

就在李约瑟到达长汀的同一天上午，厦门大学全体师生正在为校长萨本栋送行[1]，两人的车辆在路上擦肩而过。萨本栋接受美国国务院的邀请，赴美讲学，并诊治积年劳累引起的胃病。这个日子将永远铭记在厦大师生的记忆中。由于身体原因，萨本栋在美期间辞去厦门大学校长职务，1945年5月前往英国讲学，抗战胜利后返回重庆，担任中央研究院总干事。1948年年底，由于病情恶化，萨本栋赶赴美国旧金山治疗，次年病逝。

厦门大学原为陈嘉庚创办的私立大学，1937年由国民政府接管改为国立，任命萨本栋为首任校长。时值全面抗战打响，萨本栋经多方调研考察，决定学校不随其他高校迁入西南大后方，而是迁到闽西的长汀。长汀地处多山地带，城外又有空地可用，厦大迁此，不仅免除了长途搬迁，图书设备损失很小，也为沦陷区学生提供了求学的可能，维持了东南半壁的高等教育。由于组织得当，厦大虽然多次遭受空袭，但无人员伤亡，办学规模还日益壮大。在厦大的示范下，东南一些城市的工商业和中小学校也迁到长汀，小城的文化和经济面貌焕然一新。1942年，黄兴宗从日军占领下的香港出走长汀，曾在化学系担任助教，所以他说："这次我真像回到老家，因为我于1942年春秋两季曾在厦大化学系任教，在这里重逢谢玉铭（物理系）、蔡启瑞（化学系）等几位相识的教授，使我很愉快。"巧合的是，李约瑟秘书廖鸿英的家也在长汀，李约瑟还专门前往拜会其哥哥。

萨本栋赴美之前，决定校政由汪德耀代理。汪德耀1931年获法国巴黎大学博士学位，先后担任国立北平大学生物学教授、湖南师范大学教务长和福建研究院院长。1943年，他来到厦门大学生物学系，不久担任理工学院院长。汪德耀与李约瑟是老朋友，两人曾在法国巴黎和罗斯科夫（Roscoff）巴黎大学海洋生物研究所见过面。物理学家兼教务长谢玉铭也参与了接待工作。

李约瑟一行住到了萨本栋的房子里。一起用餐的主要是哈特利夫人（Mrs. Hutley），她是中国内地会的传教士，曾与修中诚[2]同期在长汀很多年。李约瑟

用作厦门大学图书馆的江西会馆
福建长汀，1944 年 5 月 14 日

得知，长汀在"剿共"内战中遭到洗劫，修中诚自己的房子已被夷为平地。13日一早醒来，李约瑟注意到房间内有一部卡约黎 (F. Cajori) 的数学史著作，里面有提到有关中国的部分，于是便打算将其与李俨的数学史中文著作相对照。

李约瑟最先参观的就是学校图书馆，在这里找到了一些关于中国科技史的资料。在李约瑟看来，长汀地处内陆，沿海被封锁，通往西南的道路也有被切断的危险，恐怕很难获得外界的信息与设备。然而，厦门大学却有条件优越的图书馆。抗战期间，不仅藏书没有损失，而且添购了大量中外书籍杂志，总量达 8 万余册。图书馆位于学校后方的万寿宫，原为江西商人的会馆，

雕梁画栋，环境优美，布置雅洁，分为中西文书库、阅览室、办公室等，硬件和藏书数量在全国也是名列前茅的。

李约瑟在实验室见到了来自卡文迪什实验室的周长宁博士，他仍在继续从事宇宙射线的理论研究。让李约瑟感到不可思议的是，在非常闭塞的情况下，他有四年没有看过新的学术杂志，也没有可用的直流电，更没有真空密封用的油脂。他甚至无法使用现有的少量仪器，但是他通过只有自己知道的方法坚持研究工作，仍保持相当乐观的态度。

下午和晚上各有一场报告，厦大"英文学会"组织了全校性的英语课外活动，应该会邀请，李约瑟演讲了《民主科学与文学》。晚上的报告《联合国战备中的科学》面向全体学生，教务长谢玉铭的女儿谢希德正在数理系就读，第一次见到了李约瑟。谢希德毕业后留学美国，获博士学位后前往英国与曹天钦相聚，1952 年 8 月，李约瑟在剑桥为两人证婚。

1、2. 江西会馆局部
　　福建长汀，1944 年 5 月 14 日

1　2
3

3. 厦门大学的五名生物学家，前排右起汪德耀、陈子英，
　　后排右起黄厚哲、廖翔华、顾瑞岩
　　福建长汀，1944 年 5 月 14 日

　　14日李约瑟上午作了场关于生物化学和形态发生的讲座，接着便去参观文庙。因历史上长汀县与汀州府同城而治，故城内分别存有府文庙和县文庙，形制大体类似。厦门大学的本部礼堂设于长汀县文庙的大成殿，而府文庙内则是长汀县立初级中学，通过李约瑟拍摄的府文庙大殿内外情形，亦可想见县文庙的规模。中午与李亚瑟（Arthur Lee）一起用餐，他是出生于澳大利亚的文学批评家。

1 | 2
　 | 3

1. 府文庙入口，内有长汀县立初级中学
　　福建长汀，1944 年 5 月 14 日

2. 学校的男生们
　　福建长汀，1944 年 5 月 14 日

3. 雕龙柱边的男生
　　福建长汀，1944 年 5 月 14 日

1 | 2
| 3

1. 府文庙内上课的男生 2. 一个雕龙柱的特写 3. 庙内的一个小神龛

福建长汀，1944 年 5 月 14 日 福建长汀，1944 年 5 月 14 日 福建长汀，1944 年 5 月 14 日

厦门大学在理科方面开展了大量的研究工作。其中海洋生物研究颇具优势。1935 年应中央研究院委托，成立海洋生物研究室，主任为陈子英教授。陈子英是著名遗传学家摩尔根 (T. H. Morgan) 的学生，曾写过一部关于器官芽的重要著作，拥有中国最好的果蝇属原种 (使用红薯代替香蕉饲料)。西迁长汀后，他仍利用福建沿海的海藻制作琼脂，特别是用一种褐藻 (Ecklonia) 制作抗甲状腺肿的药品。年轻有为的生物学家廖翔华在研究等足类动物寄生虫，他毕业于福建协和大学，战后赴英国利物浦大学攻读海洋生态学。

化学系将一座监狱改造成实验室，保证学生的实验条件，还从土酒中制取酒精燃料。陈允敦应用对数表原理制造计算尺、绘图纸等售卖，许多工科和理科学生购买。李约瑟认为，就像云南制造相纸一样，这是福建人创造力的一个例证。物理化学家蔡启瑞在设法进行一些有趣的研究，他使用分布系数的方法，通过脂肪酸镉盐水解的电动势，测定上至戊酸在内的低级脂肪酸的混合比。1947 年，蔡启瑞由国民政府选派赴美留学。

5 月 15 日，李约瑟分别应化学系 (化学学会) 和生物系 (生物学会) 的邀请，为师生作了两场关于实验胚胎学的讲座——《胚胎中形态发生的激素》和《组织、化学与生物学之特性》。

厦门大学没有医学院和工学院。杰出的学者还有文献学家兼语言学家周辨明，他个性突出，有自己的一套罗马化系统，有点像国语罗马字。周辨明曾任外文系的首任系主任及"英文学会"的顾问。

1. 石慧霞. 抗战烽火中的厦门大学 [M]. 郑州: 河南大学出版社, 2015: 89.
2. 修中诚 (E. R. Hughes) 1911 年来华，在福建汀州传教 18 年。1929—1932 年，在上海任中华基督教青年会全国协会干事，1933 年携眷回英。全面抗战时期，他二度来华。

4 临时省会永安

　　经过四天参观，16 日一早李约瑟重新启程，汪德耀校长为他送行，植物学家林镕随行前往（他兼任福建省研究院动植物研究所所长）。卡车穿过苏格兰般的旷野，翻越金鸡岭关隘，在白云缭绕的山顶，李约瑟采摘了一大束殷红的野生杜鹃花，气味香甜。夜幕降临时，到达永安。

　　永安位于福建中部，战时成为临时省会。省政府安排了他们的日程和陪同人员，共计停留一天半。17 日上午他们先到了省立气象站，这可能是中国最好的气象站，然后又到省地质土壤调查所和福建省研究院。下午参观了省研究院、农事试验场、省立农学院（设备出乎意料的好）、水电厂、省研究院化学工程实验室等。水电厂引起了李约瑟的浓厚兴趣，该厂所有的管道、水轮机和发电机全由中国制造，利用落差 11 米的瀑布发出 130 千瓦功率的电流。

儿童在室外吃饭并收拾餐具
福建永安，1944 年 5 月 17 日

1. 当地为电站修建的一个管道

    福建永安，1944 年 5 月 17 日

2. 电站用水坝

    福建永安，1944 年 5 月 17 日

3. 三人站立在水闸上

    福建永安，1944 年 5 月 17 日

电站下游的河流

福建永安，1944 年 5 月 17 日

电站围墙边上的两人
福建永安，1944 年 5 月 17 日

　　福建省有许多独特的省立科研机构，如研究院、气象局等，大多创建于陈仪主政期间 (1934—1941)。继任者刘建绪虽减小了对科研机构的支持力度，但在李约瑟到访时给予了很高的礼遇，不仅共进晚餐，还安排他第二天一早向约 300 名省政府官员发表演说，自己坐在前排听讲。报告的主题仍是盟国战备中的科学与技术。在永安，李约瑟还与著名学者黄曾樾[1]讨论中国科学史，接受记者采访。

1: 　　黄曾樾 (1898—1966)，福建永安人，史学家，1925 年获法国里昂大学文学博士学位，回国后致力于交通建设、文化教育和公益事业。1943 年 5 月福建省政府任命他为省驿运管理处副处长。

（1）福建省研究院

抗战以来，大批学者教授被迫南迁，如燕京大学物理系教授谢玉铭、北京协和医学院教授傅鹰等都移居福建。1939年4月，主政的陈仪决定成立专门的学术机构——福建省研究所，聘请厦门大学校长萨本栋兼任所长，研究所的办公地点也暂设于厦门大学。

福建省研究所最初设有自然科学、医药卫生和农林三部。后为了战时经济发展需要，又增设了工业部和社会科学部，总部从长汀迁到永安，自然科学和社会科学两部仍留在长汀。1940年，萨本栋因厦门大学校务繁重，提出辞职。省政府决定聘请汪德耀前来主持，并将研究所改为福建省研究院，以提升科研水平。福建成为唯一拥有自己研究院的省份。1941年4月，汪德耀到职，抱以极大的热情，亲自制定和主持研究院的各项工作。

然而，仅仅四个月后，陈仪就因施政不当遭撤职。新任省主席刘建绪是陆军上将，提倡军事优先，对文化事业的支持不甚积极。研究院的一些学者便转投厦大，如理化所研究员兼所长谢玉铭出任厦门大学理工学院院长，傅鹰转任厦门大学教授兼教务长。1943年，汪德耀也感到独木难支，辞职前往厦门大学担任生物系教授。

李约瑟到访时，院长是周昌芸，他同时兼任福建省地质土壤调查所所长。研究院设有工业研究所、农林研究所、动植物研究所、社会科学研究所、土壤保肥试验区等。在工业研究所，只有初中文化程度的曾竹仪正试验制造照相乳胶，实现了国产底片和幻灯片的量产，并试制出印相纸。1943年初，福建省研究院破格晋升曾竹仪为技士。李约瑟说，这是福建人的一种典型且成功的创新。研究院的工作还包括从松脂油中提取汽油，用植物材料制取润滑油，电解卤水，开发本地的黄铁矿，以及帮助本地各类小型化工企业等。

李约瑟看到，研究院尽管有许多设备，但受到资金短缺的严重制约，即使一些杰出的科学家也无法开展工作。同路而来的林镕博士是非常能干的植物分类学家，他原为北平研究院植物研究所的研究员，如今在福建腹地发现了许多新品种。农林研究主要集中在林木方面。

李约瑟评价说，尽管研究院的建立，无疑极大地促进了本省的科学技术活动，但它从诞生之日就缺乏资金，又因隔绝的环境而得不到设备，因而其组织基本是半瘫痪的。

(2) 福建省气象局

福建省是第一个设立气象局的省份，气象局隶属于建设厅，局长为留日气象学家石延汉。难能可贵的是，石延汉英语流利，很重视学术。气象局设有一个几十平方米的图书馆。办公区和生活区的房子虽然不多，但设备完善，井然有序。全省有 19 个二等测候所，以及 63 个雨量站。

抗战期间，气象局坚持观测，后来曾为美军飞机提供气象支持。他们将历年的数据和一些出版物通过李约瑟转交伦敦空军部人员。该局还出版过多种杂志和科普手册，其中包括马廷英博士的《古气候与大陆漂移之研究》等印制精美的著作，这在全国也是不多见的。

李约瑟（中）与福建省气象站站长石延汉（左），以及另外一名气象学者
福建永安，1944 年 5 月 17 日

(3) 福建省地质土壤调查所

该调查所成立于 1940 年，也隶属于建设厅。首任局长是充满活力的周昌芸，他著述甚丰。全所除总务外，分设地质矿产和土壤两课。李约瑟看到，总部设有一座状况良好的土壤博物馆，以及令人印象深刻的土壤化学实验室。约有 10 人在实验室工作，内有许多自造的仪器，如烘箱，以及用于离心的电扇。此外还有一个图书室，规模虽小，但书籍都是经过精挑细选的。

(4) 福建省农事试验场和农学院

福建省农事试验场成立于 1939 年，下设五个中心农场，附设畜牧兽医所和园艺试验区。场址最初在连城县，后迁到永安县西营坡。该场原设总务课和技术课，技术课下设作物、园艺、病虫害、畜牧兽医和农艺化学五个组。后来畜牧兽医组改为畜牧兽医所，园艺组改为园艺试验区，作物、病虫害和农艺化学三个组扩充为课。主任为留日的农业害虫专家易希陶博士，正在致力于棉花的改良。

福建省农学院创办于 1940 年，首任院长为留美的昆虫学家严家显博士。让李约瑟惊讶的是，这里的生物理化实验室及其他各系实验室和研究室都配备了很好的设备，拥有四架最新式的手摇计算机，数十架显微镜。还有种子室、昆虫室和三座大型的温室，同时建有农场、畜场、畜牧场、园艺场等。虽然这些实验室看上去利用得不够充分，但李约瑟认为那一定是肤浅之见，因为教职员发表了数量众多的论文，其中有不少是关于经济昆虫学方面的，后来引起了英国科学家的密切关注。农学院在化学、植物病理学，特别是病毒病害、柑橘栽培等方面的研究，均非常出色。

福建省农学院严家显站立在防鼠的饲养室前

福建永安，1944 年 5 月 17 日

5 福建疫区

5月18日，李约瑟一早向省政府官员做完演讲即启程，沿闽江支流沙溪而下，路过三元（今三明），进入了疫区。途中遇到多批被遣送医院的生病士兵，主要患淋巴腺鼠疫或疟疾，许多人奄奄一息，站不起来，瘟疫极大地削弱了中国军队。医院周围躺满了伤兵，这里没有工业，没有药品，也没有医疗设施，一切都杂乱无章。

傍晚抵达南平（今延平），李约瑟拜访了美国军事情报处的约翰·考德威尔（John Caldwell），他被称作"华南之鸟"，对军事形势十分焦虑。晚上入住中国旅行社，年轻的剑桥植物学家弗兰西斯·默顿（Francis Merton）前来，他在此地卫生署防疫所（防鼠疫）第四防疫室工作，向李约瑟抽丝剥茧地谈到在此处工作的种种困难，可谓内外交困。默顿是公谊救护队（Friends Ambulance Unit, FAU）的一员，该组织是抗日战争中后勤战线上的一支国际运输大队，主要是由英国人自愿组建的国际性和非政府性的社会救护团体。他们穿着英军的军装，1941年起在西南各省负责运输和医疗救护工作。

次日，李约瑟换乘汽艇，沿闽江直下福州。福州是留在中国政府手中的唯一沿海商埠，虽经日军短期占领，但所受破坏较轻。李约瑟住在英国领事馆，英国领事特赖柏斯（Tribes）和夫人的招待非常周到。李约瑟对"福州俱乐部"也很感兴趣，这是西人团体惯常聚会的交际场所，有宽敞的休息厅、漂亮的图书室，体现了西方人的在华特权。其间他还接到西南联大黄子卿教授的来函，寄来一篇文章——《中国炼丹术的起源与发展》，信中说："我听说先生计划写一本关于中国历史的书，希望这篇文章对您有所助益。"

李约瑟参观了福州的造船厂和轮机厂，但最吸引他的是书铺。这里有两家很大的专门出售古籍的店铺，以及几家现代新书店。李约瑟用了整整两天查遍了库存，黄兴宗特地买了两只大藤箱才装下搜寻到的古籍。当然，他们也享受了福州的天然温泉澡堂，品尝了红曲烹调的鱼和鸡。李约瑟称，他们在福州"度过了五天愉快的时光"。

5月23日下午，李约瑟离开福州，乘船溯江而上，次日下午返回南平。

（1）华南女子学院

李约瑟回到南平当晚，就到华南女子学院演讲，题目是《女性对科学的重要贡献》。华南女子学院位于闽江上游，由循道公会教徒(Methodist)创建，主要立足福建本地。与金陵女子大学400名学生的规模相比，这里正常情况下只有90名学生。该校创建于1908年。校园建得很好，在一座小山上，俯瞰闽江，一切井井有条。图书馆分门别类，但非常小。约有65%的学生学习理科。院长王世静小姐，以前是一名化学家，毕业于密歇根大学。生物系教授兼主任许引明小姐[1]，也曾留学密歇根大学。还有一位生物化学家——化学系主任余宝笙[2]，她曾是麦卡伦(E. V. McCollum)的学生。

图书馆中能看到1940年后的图书，可以看出学院一定得到了美国方面的有力支持。当时还有一些美方教职员，包括经验丰富的教育学家埃塞尔·华莱士小姐(Ethel Wallace)。有些教员已经撤离，但多数人表示无论发生什么都会坚守。

---

1. 许引明(1903—?)，1930年度巴伯学者，1935年获密歇根大学动物学博士学位。
2. 余宝笙(1904—1996)，1937年获美国约翰斯·霍普金斯大学生物化学博士学位。她的导师麦卡伦是维生素甲、乙、丙的发明者。

（2）松根炼油厂

25日，李约瑟乘坐卡车，沿闽江另一条支流建溪上行，上午11点到达建瓯。此处有一座松根炼油厂，李约瑟在游记中专门提到这个厂，认为这是一个非常杰出的工程，显示了人们面对任何困难都不屈不挠的顽强精神。

福建虽缺少从糖浆中提炼动力酒精或裂解桐油生产汽油的设施，但松木产地分布广泛。于是全面抗战初期福建协和大学化学系的林一等人设想，可以从松木中提取油脂材料用于生产汽油。林一是一位年轻的化学家，从福建协和大学化学系毕业后，到燕京大学攻读研究生，1935年回母校任讲师。面对日寇的侵略和经济封锁，他除了担负教学任务外，还苦心钻研，终于成功地从松树根提炼出柴油和汽油的代用品。他们将各地丢弃的松树根收集起来粉碎，干馏出沸点不同的松脂油。芳香族的松脂油很难裂化，但使用一种当地的酸性黏土球充当催化剂，可以将沸点较高的松脂油裂化产生汽油、润滑油和杂酚油。汽油的辛烷值相当高，大约为75。

林一在各地建厂，亲自担任厂长并兼任福建省研究院工业研究所所长。工厂还在雕梁画栋的古庙里设有实验室，化学家倪松茂负责研制润滑油，监控生产的各个环节。这项工作对支持抗战有重要意义，产品解决了当时福建客车和货车的用油问题，获得了当时省政府与人民的高度评价。李约瑟特别指出，这座繁忙的应急工业设施完全是由因陋就简的器材搭建的，如竹笕、木制冷凝塔，以及福州海军造船厂废弃的锅炉，还有一些用汽油桶制造的设备。整套系统是他在中国看到的最具开创性的事业。

李约瑟与林一在工厂中共进午餐，后参观了粉碎车间。下午出发时，还带上了一些样品，以分析和测定辛烷值。卡车中早已换成了松木汽油。

（3）暨南大学

黄昏时分，李约瑟抵达建阳，入住中国旅行社的小旅馆。当时的建阳，即今天的南平市建阳区，暨南大学就落脚城北的童游镇。校舍依托文庙，大成殿扩建为礼堂，东西殿改建成教室，师生宿舍用毛竹临时搭建而成。文庙天花板上的漂亮彩绘，不禁让李约瑟想起长汀文庙的雕梁画栋。

暨南大学是我国面向南洋华侨而设的高等学府，"暨南"在这里意为"达及南方"，原来位于上海郊区，1942年全校迁到建阳。海外学生曾达到30%，现在只剩7%。这里有1000名学生，多数学习商业。尽管有一个理学院，不过缺乏科学研究的设备。学生每年要到沙县的福建省研究院，或广东龙川的浙江省工业研究所去借用实验室。比起其他大学，这里的生活极为贫困，学生看上去体质更差，许多人打赤脚，或穿着破草鞋。

校长何炳松是著名历史学家，曾留学普林斯顿研究院，擅长西洋史，著有多部教材。但在李约瑟看来，这些书带有国民党的偏见。图书馆里也主要是中文书和翻译的西方著作，说明学校的英文水平不会太高。

建阳的暨南大学还与曾经酝酿的东南联合大学有一段渊源。1942年1月，教育部将未在内地设立分校的上海专科以上学校合并，计划在浙江境内成立东南联大，以何炳松为筹备委员会主任。但五个国立专科以上学校只有暨南大学内迁，私立专科以上学校，则有上海美专、上海法学院等内迁。起初在金华设立筹备处，旋因战事于6月迁到建阳。东南联合大学最终没有正式成立，大部分学院并入暨南大学[1]。

周到的午餐之后，李约瑟乘车西行，出城不久便是麻沙镇，一座牌楼上书"南闽阙里"[2]。这里是古代的出版中心，也是宋代哲学家朱熹的流放之地，朱熹曾在麻沙印行自己的著作。李约瑟则在自己的书中对朱熹推崇备至。

---

1. 房鑫亮. 东南联合大学：抗战中的高等教育 [J]. 探索与争鸣，2006(8)：51-55.
2. 阙里是孔子在曲阜讲学的地方，意为朱熹在建阳讲学犹如孔子在曲阜讲学。李约瑟记作 "Nan Min yu li"，可能他将"阙"误作"阕"。

（4）卫生署防疫站

福建自 19 世纪末便有鼠疫流行，各地设有防疫所。福建发病数量在 1942 年后急剧增加。尤其是日军在宁波、江西投掷鼠疫炸弹，疫病随流亡人员被带入闽北。李约瑟在南平时，从公谊救护队的默顿那里听说过这些防疫站的工作。

然而，这里的抗疫效果似乎并未达到预期。尽管默顿等防疫人员曾在重庆歌乐山的卫生署中央卫生实验院培训过三个月，但由于本地的防疫工作极度缺乏组织，他们几乎不知所措。而且，负责建阳防疫站的伯力士博士（Dr. R. Pollitzer，1885—1968）和南平防疫站的负责人还无法协调工作。防疫站的日常工作应该包括老鼠解剖，观察器官的显微病变，再通过血样确认疫菌。不幸的是，仅在福州，收集老鼠的任务就分别交给至少四方：中央、省、市、县，结果真正被解剖的老鼠寥寥无几。

奥地利籍著名防疫专家伯力士曾任职东三省防疫处，抗战爆发后，伯力士加入"国联援华防疫团"，被国民政府聘为卫生署专员。侵华日军发起细菌战，伯力士曾前往湘北、浙江调查。李约瑟与伯力士有过一次会面，在场的还有邓炳明，系卫生署指派协助伯力士的人员。他们介绍了鼠疫在云南和福建流行的区域，认为本地的鼠疫并未向外扩散，理由是跳蚤幼虫以米渣为食，而本地粮食还要靠外地运入。伯力士针对突出的瘟疫问题，向李约瑟提供了许多科学信息。他认为，永安和福州的省立卫生实验室都还不错，能够生产哈夫金氏疫苗（防霍乱和鼠疫）。

伯力士强调，他确认日军企图在中国传播瘟疫的说法是真实的。有稻谷和带菌的跳蚤从飞机上被扔下，有些从未有过瘟疫的城镇出现过几例。但由于导致疫病传播的因素非常复杂，日军的阴谋并未完全得逞。

后来，李约瑟还在贵阳图云关遇到伯力士的同事，细菌学家陈文贵。按他的说法，日军曾两次投放细菌武器，一是在宁波附近的金华，一是在湖南的常德。两地此前从未有过瘟疫，但常德在一次日军空袭后出现了 30 个病例，而且能够根据文献记载确认菌种来自日本。该病菌极为恶性，病例无一存活，也是靠停止米粮外运，疫病才没有传播。

（5）福建协和大学

26 日下午，李约瑟抵达邵武县。渡过富屯溪，便是"值得高度评价"的福建协和大学。

福建协和大学是一所教会大学，创建于 1915 年，下设文、理、农三学院。1938 年，学校从福州迁到山城邵武。校舍大半借用旧教会中学的楼房，又新建了男生宿舍和图书馆。尤其是该校重要的图书，几乎全部运来，其中就包括《道藏》等经典。李约瑟在图书馆停留了一个下午和一个上午，他评价说："藏书 14 万册的图书馆有极高的价值，拥有多部来自福建名门的珍稀古籍。外文图书也丰富而精美。"理科实验室则设在教会医院的旧址，仪器设备也相对不错。原有教会中学的农场非常广阔（约 19 万平方米），现已成为大学的农场和园艺场用地。

在访问福建协和大学的三天中，李约瑟住到了校长林景润的家中。林景润曾留学美国，获哈佛大学名誉博士学位，自 1928 年起担任该校校长。此时

林景润

的邵武，正处于鼠疫流行的核心区域，严重影响了该校的办学。1943—1944年间，学生中有 10 例染病，其中 1 例死亡。而疟疾则感染了 90% 的学生。大学在山上有自己的隔离医院，校长林景润的夫人是约翰斯·霍普金斯大学的医学博士，加上奥地利流亡医生米尔智（Dr. Eugen Milch，维也纳大学医学博士），他们给予了学生很好的医学救助。

校内还有 8 名来自美国的教师。其中约翰·毕晓普（John Bishop）讲授实用工艺课程，以及适用于合作社的小型应用工程学，算是该校的一个特色。另一位是罗德里克·斯科特（Roderick Scott），他充满激情，长期讲授哲学，但根据教育部的命令，要改为"西方文化"课程。第三位，塞缪尔·莱杰（Samuel Leger），是一名杰出的语言学家，编写了一本福建方言词典。6 月，所有的美国教师都离校，经昆明返美。

理学院系中，李约瑟认为生物系最为出色，处于中国顶尖水平。第二天（27 日）下午，李约瑟参观生物学实验室。系主任郑作新充满活力，他认为大学的疏散对生物学家来说也有积极的一面，因为沿河而上就属不同的动物区域。这里鸟类和蛇类的收藏非常丰富，海洋生物的收藏也不错。大大小小的玻璃器皿十分充足，所有的东西都可以从福州直接用汽船或驳船运来。研究人员除了郑作新，还有赵修复（蜻蜓研究专家，有大量藏品）、丁汉波（研究性生理学，特别是两栖动物）、唐仲璋（研究寄生虫学，特别是血吸虫的中间寄主）等杰出学者。

与生物学相比，化学和物理学则稍弱一些，几乎没有开展什么研究，但教学方面非常出色，特别是物理学。

农学方面，该校有一个颇有特色的茶叶研究所，由张天福主持。该所靠近著名的武夷山，那里生长着优良的茶树。张天福曾担任茶厂厂长，当时该校也因茶叶研究而闻名。29 日下午李约瑟参观时，还购买了几罐武夷茶。农学院其他几个系，农业经济学系、园艺学等，都生机勃勃。李约瑟还前往省立农业试验场的虫害防治站参观，马骏超（协和大学兼职教师）正在负责闽南及闽西南水稻害虫调查。李约瑟感佩他在极度孤立无援中却做着出色的工作。

马骏超与几个热心学生一道，出了一本油印的《邵武昆虫志》。他常到附近的深山里追踪昆虫，有时会遇上仍在坚持抗日的共产党游击队——因为极度缺盐，他随身带的盐总是给了游击队。

短短几天中，李约瑟在这里做了 10 次讲座，无疑说明了他对这所学校的认可和喜爱。总而言之，李约瑟说，福建协和大学和厦门大学一样，都具有问鼎的实力，应该得到尽可能多的援助。

（6）之江大学

之江大学的总部和文学院当时仍在邵武，新建的校舍稍微偏僻。之江大学也是教会学校，原在杭州。全面抗战初期，学校一度在上海租界复课。太平洋战争爆发后，1942 年部分师生迁到邵武。就在建设邵武校舍期间，校长李培恩的儿子不幸染病去世。因疫情和语言交流不便，学校又在贵阳设立分校。当时法学院和工学院都迁往了贵阳，邵武只有 100 名学生，都是学"人文学科"（商学和工学的预科）的。这里只剩了 4 名教授，包括美国人马尔济（A. W. March），他曾被日寇强制遣返，但又辗转来到邵武。李约瑟感到，由于人手不足和经费短缺，大家似乎充满焦虑，不堪重负。李约瑟为这里的学生们做了一场报告。

该校坚持到 1944 年 6 月，校董会决定停办邵武总校，李培恩带领师生再度迁到贵阳花溪复课。

6   穿越火线

就在邵武期间，消息传来，日军从汉口向长沙方向南下，一场大规模进攻已经打响。这就是 1944 年 5 月起导致长沙、衡阳、桂林、柳州，以及南宁相继沦陷的长衡会战和桂柳会战。因此局势很清楚，李约瑟应尽快设法穿过江西，跨过粤汉铁路，即在衡阳陷落前通过衡阳大桥，否则就将被困在东南。

5 月 31 日一早，李约瑟乘卡车沿富屯溪峡谷而上，经过与江西交界的光泽县，越过一道关隘，就走出了鼠疫流行区。进入江西后，通过一座长长的古石桥，就到了南城县。这座小城曾被日军占领，李约瑟震惊地看到大多数的房屋已毁于轰炸和炮火，现在人迹稀少。下午，抵达南丰。

次日的行程充满曲折，刚费尽心机借到蓄电池，又发现进油泵密封圈损坏造成泄漏，更换了零件仍无济于事，车子走走停停。中午时分他们忽然灵机一动，想到用软管绕过有毛病的供油系统，直接将酒精从油桶里送到化油器里。这办法还真灵，李约瑟坐在车厢里面操纵一端，林美新坐在翼子板上端着化油器上方的导油管，邝威掌方向盘，黄兴宗坐在驾驶室里。下午一点半路过广昌，午饭吃得很高兴。四点半到达宁都落脚，从报纸上得知汉口和湘北一带战事激烈。

如何选择前方的道路？李约瑟原计划向西，到江西省政府所在地泰和，参观那里的多家工厂和实验室，包括创办于 1940 年的中正大学。然而，日益紧张的局势让他们判断，即使长沙守得住，衡阳也可能交通混乱，使得车辆和已搜集到的资料无法回到重庆，因此他们决定不去泰和，直接向西南穿过于都，到达赣县。

在赣县郊区，李约瑟拜访了中国工合的东南七省办事处[1]，当时办事处主任陈志昆（Walter Chen）正在重庆，只见到李志乔和李琼春两位负责人，并参观了造船和机器合作社。因日军迫近，他们也在讨论合作社的迁移问题。晚上渡河入住中国旅行社招待所。次日出发，路上还看到樟脑合作社正向福建方向东撤。

6月3日，离开赣县，路经大庾（今大余），李约瑟专门绕道9公里去参观西华山著名的钨矿。这座矿位于西华山顶部，出产了全世界90%的钨。多数矿场控制在私人矿主手中，工人通过窄小的坑道开采异常沉重的钨锰铁矿，资源委员会则以指定价格收购矿石。

资源委员会也拥有自己的现代化矿井，在经理陈蹈善、总工程师杨邦荫和助理傅堂训的带领下，李约瑟来到坑口参观。工人的主要工作还包括洗去矿石上的沙子和粗石英块。矿石装袋后运送下山，用卡车运到南雄，然后走水路到曲江，再用铁路外运。这座矿山每年产量为七八百吨，而整个地区每个月产出500吨。供需基本平衡，没有多余的储备。

李约瑟一行中午抵达南雄，午餐后出发，下午3点抵达曲江。这里是铁路的起点，秩序尚好。从曲江到广西，实际上还有经连县（今连州）到八步的道路，但早已废弃，而且桥梁不安全。因此只能乘火车北上，至少到耒阳再换公路。长沙围城业已开始，一天都不能耽搁了。

李约瑟直接找到铁路站长，并要求提供一节平板车厢。获得应允后，先到英国军事代表团驻地稍歇，晚上8点将卡车弄到一辆军列的平板车上。为了卡车安全，李约瑟与黄兴宗直接留在卡车上，亲自押运过桥去衡阳西站。但火车直到凌晨1点才开，李约瑟则在卡车中酣睡。

空袭警报不断响起，列车走走停停，就像爬行。4日早晨才走到乐昌，慢慢地爬过坪石峡谷，约下午1点到达坪石。夜里通过郴县，次日下午路经耒阳。6日上午9点才抵达衡阳。李约瑟经历了一些令人吃惊的延误：部队为了吃顿米饭而停留5小时，火车因煤用光而停了一整夜。

李约瑟找到火车站长，站长说将用约3个小时将他们从大桥送过江，不主张下火车开过去，因为可能在江对岸难以找到另一辆平板车。衡阳的局势平静正常，只是有无数士兵在筑机枪阵地，在车站上构筑防御工事。中国空军的各个中队正从衡阳机场出发北上，报纸上登载了盟军已于6月4日攻克罗马的消息。

一直等到下午，车厢重新编组，然后又停在引桥上面等了很久。大家下车到大池塘里洗了一个澡，之后坐回平板车上，在明亮的月光下抽雪茄，煞是惬意。晚上9点睡觉，半夜醒来发现已经过桥到了西站。四点半下车，正值黎明。最危险的地段已经过去，李约瑟在站台上用热水洗了脸，修了修面。接着换乘湘桂铁路五点半的快车，前往桂林。午夜时分，火车到达桂林，李约瑟被接到领事馆，洗去了一周的污垢，终于进入了深沉的梦乡。

不久之后，卡车被托运到桂林，同时传来消息，长沙沦陷，衡阳大桥被炸毁。

1.　东南七省办事处设在江西省的赣州，毗邻广东粤北地区。而抗战时期粤北地区的"工合"组织几乎都在中共地下党的控制之中，受中共东江后方特委领导开展地下抗日工作。

7 广西考察：桂林与良丰

在桂林，李约瑟读到妻子李大斐的来信，得知黄兴宗获得了英国文化委员会的奖学金，秋天即可前往英国进修。黄兴宗当即表示，希望保留名额，推迟到明年成行。

广西阶段的考察以桂林为中心，往返其他几处城市。李约瑟与总领事维特莫尔 (Whittamore) 等人花费两天时间制订参观计划，做好准备工作。在桂林本地，李约瑟打算访问资源委员会的几个电子工厂，以及托马斯·阿姆斯 (Thomas Arms) 将军指挥的中美步兵训练团（学校）。中美步兵训练团成立于 1944 年初，是美方为增强中国军队的战斗力而在昆明和桂林设立的训练学校。桂林陷落之前，该校官兵执行了"焦土抗战"任务，协助炸毁了桂林的道路、桥梁和飞机跑道。

桂林南郊的良丰是战时广西的文化中心，有广西大学、广西省立科学馆，以及中央研究院的三个研究所。6 月 12 日，李约瑟动身前往良丰，住了四天，在其论文中专门冠之以"良丰的科学"进行介绍。

桂林还是战时的文化中心，先后在桂林活动的著名作家和艺术家达两百多人，诸如郭沫若、茅盾、巴金、徐悲鸿等。李约瑟认为他们为中国的民主作出了重大贡献，而这种文化繁荣不可能在其他城市出现，因为广西地方政府在许多方面具有进步性。桂林的陷落也被李约瑟称为"对民主中国的重大打击"。

(1) 资源委员会电子工厂

资源委员会在电工设备方面设有 6 个工厂，其中 3 个在桂林，即中央无线电器材厂一分厂、中央电工器材厂二分厂和四分厂。中央电工器材厂有 4 个分厂，原设湖南湘潭，武汉失守后分别迁到昆明和桂林。

李约瑟看到，所有这些工厂都位于城市的西部，新建的大楼和平房是战时建设的重大成就。然而，这些工厂不得不忙着将设备和材料打包装箱，运往独山或贵阳。

中央电工器材厂二分厂生产灯泡、灯管和电子管，厂长为冯家铮。该厂的玻璃作坊装备精良，拥有全套的吹制和退火器具。有自己的液氧厂和煤气厂，还配有良好的电子和光学实验室。许多机器都是最新式的，当然，规模上还无法与西方国家相比。

中央电工器材厂四分厂生产发电机、电池和蓄电池，厂长为王宗素。主楼内设有资源委员会的会议厅，配楼内设有学校和托儿所。厂内有一个大型的铸造车间，设施先进。蓄电池车间生产各种型号的汽车和卡车电池，李约瑟获赠了两块。支架的原料使用先前进口的硫化橡胶库存，在车间制成栅格。硫酸来自附近的资源委员会工厂。干电池车间完全使用本地的材料。发电机车间非常宽敞，线圈部分使用昆明一分厂的产品。

中央无线电器材厂生产各种无线电设备和零部件，包括机床、军用手摇发电机、电讯发射机、无线电、信号灯、野外电话机、安培表、伏特表、天线设备、汽油发电机等等。油漆车间自制乙酸戊酯、油漆和描图纸。仪表装配的细致工作位于专门的车间，多数由女工完成。工厂的福利设施也相当完善，有健身房、体育场和电影院。

(2) 中央研究院三所

良丰一座松林掩映下的草坡上，坐落着中央研究院地质、心理和物理三个研究所，斜坡另一侧就是广西省科学馆，尽头则是广西大学的房屋。中央研究院有一个公共的招待所——李约瑟访问期间就住在这里，位于山坡高处，俯瞰平原和几座喀斯特地貌的山峰，风景如画。

全面抗战爆发之初，中央研究院只有南京的地质研究所直接迁往桂林。上海的物理所迁昆明，南京的天文、心理、动植物，以及历史语言、社会科学等所，连同南京紫金山地磁台（属物理所）一起初迁长沙，再迁衡山。1938年决定将地质、心理、社会科学和动植物四所迁桂林，动植物研究所不久迁北碚。但战局迅速恶化，除了化学、工程两所直接迁昆明外，其他各所被迫三迁乃至五迁。李约瑟到访的时候，地质、心理和物理三所又在准备内迁。

地质研究所由李四光主持，李约瑟称他为"国际知名地质学家"。两人一见如故，李四光曾留学英国，获伯明翰大学科学博士学位，1939年响应剑桥牛津致我国大学教授及学者宣言，受聘为中英文化协会教育文化委员会委员。李四光向李约瑟展示了他在当地发现的一块形似马鞍的砾石。这块石头被他当作中国南方曾经出现冰川的证据，非常珍视。经合作馆推荐，李四光研究这块石头的论文发表在《自然》(1946年)杂志上。

地质研究所的工作主要包括三个方向：普通地质学、古生物和应用地质。如斯行健的古植物学研究、张寿常的小型构造研究以及王嘉荫（别名王荫之）的矿苗结构研究等。除此之外，李约瑟还注意到，地质所与桂林科学实验馆有合作，在那里监造的成套地质模型，十分精美。

心理研究所抗战初期频遭迁徙之苦，直到1940年才安顿到良丰。研究稍有恢复，也不得不因只能就地取材而转变方向——研究胚胎行为的发展问题。所以李约瑟认为也许命名为发育神经学研究所更好。所长汪敬熙作为美国国务院邀请的第二批访问学者(6人，包括萨本栋)刚刚启程，研究所的事务由老所长唐钺代理。工作人员不多，主要开展神经系统的实验形态学研究，移植研究使用当地一种高度透明的树蛙蝌蚪。研究所图书馆设于一座专门建造的砖房，李约瑟用"特别好"来形容。可惜的是，随后迁往贵阳途中，大部分书籍杂志损失殆尽。后来在李约瑟推荐下，1948 年汪敬熙赴巴黎参加联合国教科文组织工作。

物理研究所原迁昆明，又到桂林，与地磁台汇合。主要致力于地球物理学研究，所长丁燮林（丁西林）毕业于英国伯明翰大学，曾三度出任中央研究院总干事（代理），还是一位著名的剧作家。物理研究所在山坡顶部，李约瑟认为该研究所主要致力于地磁研究，地磁学家陈宗器曾随斯文·赫定（Sven Hedin）的西北科学考察团工作数年。他在山坡另一侧盖了一座设施良好的地磁站，这座特制的小屋没有使用任何铁钉，不产生任何磁性，且温度恒定，能够通过连续照相来记录地磁场的三要素。

磁学家施汝为 1934 年获耶鲁大学物理学博士学位，他和夫人顾静徽都在物理研究所工作。在桂林期间施汝为兼任广西大学物理系教授。他正在研究纯金属在拉伸下的磁性质，以验证孔多尔斯基（Kondorski）的磁致伸缩理论。实验室设备相当精良，包括一台 4 万高斯的电磁铁。

此外，朱恩隆的无线电实验室设在广西省科学馆，但由于缺乏足够的电池，研究工作受到很大影响。

（3）广西大学

广西大学 1928 年成立于梧州，首任校长为著名学者马君武。1936 年广西大学迁到桂林雁山（良丰），学校规模和学科均大幅扩充。1939 年由省立改为国立，重新担任校长的马君武一年后病逝于任上。抗战期间，李四光、陈望道、陈焕镛等许多名家都曾到该校任教。

在李约瑟看来，广西大学与贵阳花溪的贵州大学不无相似，但明显要好得多。作为新建的大学，却占据了良丰的老公园和多处园林。时任校长李运华为留美的工程博士。图书馆很不错，藏有大量好书，中外文齐全，当然也有少数"垃圾"。物理和工程方面的设备众多，但似乎没有得到充分利用。其中无线电和光学实验室的装备尤其完善。

学校最出色的部分无疑是化学领域。生化学家彭光钦充满进取心，1943年正是他在桂林近郊首先发现了中国的橡胶植物。为了发展天然橡胶生产，他组织了一个团队调查本省和粤、滇等地的天然林木。已经发现了多种具有经济价值的橡胶植物，也根据实验撰写了有关论文。当然，是否能和农作物那样真正投入商业利用，仍存在问题。彭光钦正在筹划广西大学的西迁，21日赶到沙塘与李约瑟相见。李约瑟高度评价了彭光钦的工作，认为在战时中国经常令人沮丧的条件下，彭博士显示了自己能够同工程师、化学家和农学家开展合作研究的能力，值得祝贺。同样值得庆幸的是，这里的实验设备和化学试剂的供应尚没有完全断绝。此外，类似的工作还有秦道坚从桐油中提取塑料的研究。李约瑟还结识了讲授半微量分析化学的丁绪贤，此人率先在中国大学里开设了世界化学通史课程。

大学的农学院[1]坐落于柳州沙塘，毗邻农林部的农业试验场。李约瑟对农学院的整体印象不错，农学院有500亩试验田，虽然志在研究，但由于战时的实际困难，只能限于教学。教职员看上去非常能干，李约瑟列举了院长汪振儒（森林植物学）、鲁慕胜（林木病理学）、蒋书楠（经济昆虫学）、肖辅（乡村经济学）和郑庚（兽医系）等人。李约瑟认为，该学院在中国别具一格，拥有一个园艺专业，配有精良且恰当的参考书籍。

衡阳陷落后，广西大学疏散到桂林和柳州西部的山区，年底迁往贵州榕江。

---

1. 1939年8月，广西大学农学院院长由昆虫学家周明牂教授兼任。农学系分为农艺、园艺、农业经济3个专业。同时成立畜牧兽医系。1941年1月，由童润之教授任院长，1943年8月，由汪振儒任院长。1944年秋，日军进犯广西，学院随广西大学疏散到贵州榕江。

2. 1944年10月12日竺可桢日记记载：今日将学术审议会送来之鲁慕胜《中国古代科学史（节要）》阅竣。上册共分科学概论、数学、物理、天文、化学、土壤六章。所取材得自诸子百家……此种误会实太可笑，故主张不给奖。见竺可桢．竺可桢全集(9)[M]．上海：上海科技教育出版社，2006: 199.

（4）桂林科学实验馆

　　李约瑟看到，各省设立的科学馆是中国发展科学活动的特色之一。这些科学馆旨在普及科学教育，开展一定的研究工作，为大学和中小学制造科学仪器。早在1938年，广西省政府借助迁来桂林的中央研究院地质所的力量，联合设立桂林科学实验馆，任命李四光为馆长。该馆下设工场、陈列室、图书室等9个分支机构，以仪器制造见长，并开展一系列调查工作。

　　李约瑟认为，科学实验馆在秘书长叶雅各（林学家）和天文学家余青松的指导下，生产的各类仪器做工精良，在国内首屈一指。拥有出色的镜片磨制工场、机器工厂，以及缩微胶卷投影机室，自制的多台阅读机用于阅读英国文化委员会和美国国务院赠送的杂志缩微胶卷，以弥补这里图书杂志的不足。

　　科学实验馆制造的仪器，李约瑟还罗列了各种型号的棱镜和透镜、立体几何模型、陀螺仪、回转罗盘模型、精度达半毫克的化学天平、手摇离心机、平板仪、照准仪、邮政信箱、电位计、千分尺，以及各类电磁仪器和常用化学试剂。实际上，该馆设计制造的仪器还解决了当时迫切的实际问题，如为省政府提供收发报机21套，为交通部提供长途电话局用的振子整流器30余件，以及多种探矿仪器。

　　同时，科学实验馆还调查和采集了广西的各种矿产和化石标本，并分类陈列。推进科学教育方面，在馆内制作各种科学模型，并举办公开科学演讲。李约瑟就在这里作了报告《中国与西方的科学史》。

　　然而，在李约瑟离开不久，6月27日，李四光就带领地质所人员离开桂林，向贵阳转移。11月桂林沦陷，科学实验馆的房屋设施被毁坏殆尽。1946年，桂林科学实验馆改名为广西科学实验馆。

（5）广西建设研究会与广西省立艺术馆

6月22日，李约瑟考察八步和柳州后又返回桂林，住到领事馆。停留的几天里，他参观了广西建设研究会和广西省立艺术馆。

建设研究会成立于全面抗战之初（1937年10月），为"今后建设进行，作通盘之筹划，以备当局参考咨询"，决定设置研究机关，"兼采学理与经验之优长"。会址设在桂林旧藩署八桂厅，下设政治、经济和文化三个部，可以说广西建设研究会实为抗战时期桂系的智库。这个省立机构在当时也是全国唯一的。负责人陈劭先告诉李约瑟，目前几乎完全专注于经济和计划。研究会编印的《建设研究》季刊登载了不少好文章。

广西省立艺术馆成立于1940年，亦是全国首创，分戏剧、美术、音乐三部。欧阳予倩任艺术馆馆长兼戏剧部主任。1944年2月，经过多年努力筹建的广西艺术馆落成开幕，这座现代风格的艺术馆也是我国首个专供话剧的剧场，聚拢了一批著名的进步作家、艺术家和剧作家。李约瑟会见了欧阳予倩、田汉、邵荃麟。然而，随着桂林陷落，艺术馆只剩下一片瓦砾之场。但欧阳予倩没有气馁，1946年初又主持艺术馆的重建工作。

8 广西考察：八步与沙塘

6月16日，李约瑟一行从桂林出发，取道荔浦和平乐，向东到达八步（今贺州），次日参观了水岩坝锡矿和附近的一个煤矿。18日返回荔浦，向西前往柳州。柳州北郊的沙塘被称为中国的"战时农都"，中央农业试验所与广西农事试验场在此地合署办公，广西大学农学院也落脚在这里。19—21日李约瑟在沙塘参观。21日下午返回柳州后，李约瑟根据战事判断，如果仍乘火车、卡车返回重庆恐怕夜长梦多，决定自己当即乘卧铺快车前往桂林，在那里等候飞机返回重庆。临行前，李约瑟明确建议黄兴宗接受奖学金，不要拖延。

同样，李约瑟访问期间，这里各机构的科研人员都做好了疏散的准备，所有的仪器和资料已经装箱备运。广西农事试验场迁往粤北三江，广西大学农学院迁到贵州榕江，职业学校也辗转迁到三江。然而，正如李约瑟所忧心不已的，广西农事试验场藏匿于本地的图书设备损失殆尽，广西大学农学院的图书设备则在转运途中化为乌有。昔日的战时农都，再未恢复往日的繁荣。

一群小男孩
广西桂林平乐镇，1944 年 6 月 16 日

妇女们操作渡船　广西桂林平乐镇，1944 年 6 月 16 日

船上用绞盘拉绳逆流而上　广西桂林平乐镇，1944 年 6 月 16 日

（1）平桂矿务局

李约瑟专门到访的八步，位于两广交接的山地，是历史悠久的锡砂产区。二战期间，锡、钨等特种金属作为不可或缺的军工原料，是我们换取国际援助的重要资源。1938年，资源委员会与广西省政府合资，组建平桂矿务局，全权办理富贺钟矿区和平乐、桂林两区所产锡砂的收购、提炼，以及精锡销售。资源委员会的钱昌照认为，抗战期间，"我国向外借款或易货，均有赖于矿产，而矿产中锡尤为重要"。自组建到1944年9月被迫停止生产，平桂矿务局6年共生产精锡7600余吨，约占国民政府同美苏易货偿债锡品总量的三分之一。

平桂矿务局下设煤矿、大型砂锡矿、炼锡厂、炼铁厂等。矿务局主要从私人的小型矿厂购买砂锡，不断改进炼锡工艺，1944年所产精锡纯度提高到99.9%，在国际上有一定声誉。成品在八步通过水路运往外贸港口城市梧州，部分再发往桂林或柳州。日军封锁沿海，水路外运终止后，八步还开辟了一个机场，空运精锡。

李约瑟评价矿务局时任总经理李方城是一位杰出人才，可能是唯一曾在英国担任过煤矿经理的中国人，拥有采矿工程的真才实学。

李约瑟在八步参观了煤矿，不同寻常的是煤层接近垂直分布。煤矿管理得当，采矿效率很高，而且拥有完善的机修场和铁工场，但每月只产出约2000吨，坑口还有约2万吨的储备。实际上，由于抗战后期通货膨胀加剧，原料价格猛涨，导致矿业产量日益减少。李约瑟认为，若不是因为经济困难，该矿产量应很容易超过6000吨。

锡矿的开采范围也大大缩减，此前这里曾有40多家现代锡矿和100多家传统锡矿，但现在只有资源委员会的锡矿还在开采，总产量从以前的每年2500吨精锡，减少到现在的480吨。虽然盟国敦促提高产量，但生产下滑的根本原因还是经济形势的崩溃。

最让李约瑟感兴趣的是这里的电厂。1938年，刚建成不久的电厂就遭到日军飞机轰炸。发电机组被迫移往两公里外的观音岩山洞内，利用喀斯特地形的石灰岩洞加以扩建，形成 4500 立方米的机房，安装的发电机组和锅炉，功率达 3200 千瓦，为当地的工矿业生产提供了宝贵的电力。

就在李约瑟到访之际，各矿场得到了疏散的命令。人们把设备装箱，并采取"焦土政策"，以致损失惨重。炼锡厂关闭，工作集中到桂林，附属的实验室仍在继续研究工作。李约瑟总结道，经济形势（严重通货膨胀、价格管制）和日军侵扰（后并未占领该地），极大地妨碍了资源委员会在这里的工作，但战后仍将具有重要潜力。他后来还向桂林领事馆的英国武官建议重视八步矿区的战略价值。

(2) 中央农业试验所与广西农事试验场

沙塘位于柳州北郊，地形相对隐蔽，且土壤肥沃、雨量充沛。1935 年冬，新组建的广西农事试验场迁到此地。抗战全面爆发后，许多农业机构和人才先后迁到此地，包括 1937 年 7 月从梧州迁来的广西大学农学院，1938 年设立的农林部中央农业试验所广西工作站，以及 1940 年创办的省立柳州高级农业职业学校等，使得沙塘成为大后方农业科学的中心，取得了丰硕的成果。

中央农业试验所广西工作站与广西农事试验场合署办公，站长与场长均为马保之，广西大学创建者马君武之子，他 1933 年获美国康奈尔大学博士学位，回国后担任中央农业试验所技正。马保之的特殊身份，让他在战时广西农业的组织工作中发挥了关键作用。李约瑟写道，马保之曾在英国剑桥大学研究农学（一年），翻译了许多重要著作，是一位令人尊敬的组织者和管理者。

马保之领导下的这个农业中心实际上还包括柳州高级农业职业学校、农林部西南区农业推广繁殖站、沙塘垦区等机构，从而建立起以沙塘为中心的广西农业科学实验研究体系。试验场占地达 4 万亩，包括房屋、实验用地、苗圃和林场等，此外还有附属垦区。在战时科研经费不继的情况下，只有与农业生产相结合，才能坚持农业的科学研究。这里有自己的图书馆、银行和气象台，新年还组织农民联欢。

中央农业试验所广西工作站设有稻作、麦作、杂粮、病虫害、森林、土肥等 6 个系。科学研究氛围极为活跃，李约瑟看到了肥料与土壤方面张信诚博士的土壤微生物（豆科根瘤菌）研究。经济昆虫学方面，黄亮博士拿出一种竹梳，农民用来椊除稻苞虫，另外有一种里面涂有松香和茶子油的黏性混合物的匣子，用来驱除菜叶上的黄条跳甲。柑橘贮存方面，黄瑞纶博士的研究表明，柚子在贮存期间维生素 C 的含量实际上会逐渐增加到最高值。还有蜡和油的生产，谷类（尤其是水稻）遗传研究，以及甘蔗改良等工作。

（3）省立柳州高级农业职业学校

李约瑟在报告中，还专门提到一所中等农业学校——广西省立柳州高级农业职业学校。校长也是马保之，由副校长余桂甫主持校务。

该校旨在培养偏远县区的农业推广人员，而非科研人员，因此除了传授他们现代农业科学之外，还有乡村的实用技术。学生没有集体宿舍，而是每25 名学生组成一个村落，自己做饭、洗衣和理发。84% 的学生都出身农家，毕业时除了 2 名学生考入大学，其余均成为科学种田的骨干人才。

该校强调合作，筹划共同养鸡、养猪，学生可从农民银行贷款。每天从事 2 小时的农业劳动，除了学习时间之外，还要轮流做家务。

李约瑟把该校看作中国最具希望的事物。也许他从该校身上看到培黎学校的影子，但马保之没有听说过培黎学校，他的做法显然是别出心裁。

9 小 结

　　6月25日上午，李约瑟乘坐一架美军飞机，从桂林返回昆明。在昆明联系了很多科学家，安排了一些科学供应服务。7月1日，李约瑟登上中国航空公司的飞机，回到重庆。卡车装在平板车厢托运，邝威和林美新随行，29日抵达独山。黄兴宗则在柳州盘桓几天，拜访旧友，29日登上火车，7月4日抵达独山。三人汇合后，7月9日开车到贵阳。卡车交给英国军事代表团车库检修，邝威和林美新原地等待李约瑟的下次行程。黄兴宗买到18日的车票，21日回到合作馆，为赴英留学做准备。

　　李约瑟的长途旅行中，以此次访问的省份最多，路程最曲折漫长。湖南、广东、江西、福建、广西都是抗日前线省份，因地形复杂，许多教育科研机构仍留在省内。此次访问的重要大学，包括中山大学、厦门大学和广西大学等，李约瑟都给予了极高的评价。如他认为厦门大学是除了四大高校（西南联大和浙江大学）之外的一流大学；广西大学拥有极为自由的讨论氛围；中山大学则规模庞大，设施优良。在桂林，有中央研究院的三个研究所，福建省设有中国唯一的省级研究院，沙塘则被称为中国的"战时农都"。而随着湘桂战争的进行，形势正在发生急剧的变化，他参观的许多科学教育机构又面临疏散甚至失去联系，原址遭到严重破坏，这也让他的描述弥足珍贵。

　　更重要的是，东南省份拥有宝贵的战略矿产资源。李约瑟专门前往参观西华山著名的钨矿、八步的锡矿，中国依靠出口这些金属来换取援助。通过考察这些厂矿面临的经营困难，以及了解赣县工合运动遭受的破坏，让李约瑟对抗战后期的中国经济有了直观的认识。当然，像松根炼油厂等事例也反映出中国人不屈不挠的顽强精神。

　　沿海地区特别是口岸城市是近百年来中西文化交流活跃的地方，李约瑟也在此行中购买了大量的古籍和英文图书，还在油漆工厂探讨相关技术。李约瑟此行多次得到了美国军方的帮助，美国也开始资助中国教授赴美讲学，让他认识到美国势力在东南一带的渗透。回到重庆后，李约瑟就撰写了第一个《关于国际科学合作事业的备忘录》。

6

第六章

西南之旅

——兵工厂、野战医院与远征军

贵州和云南两省位于西南边陲，拥有特殊的战略地位和重要的对外交通孔道，成为许多教育文化和工业机关内迁的目的地，同时一些新的科教机构也应运而生，贵阳和昆明一时成为科教和工业的中心。抗战末期，随着国民政府在豫湘桂战场的溃败，盟军从缅甸反攻，云南、贵州成为抗日前线。不仅工业部门全力生产，一批军医院、血库等也建立起来。

1943 年，刚刚来华的李约瑟曾驻足昆明，主要访问了大学和科研机构。1944 年 7 月，李约瑟完成东南之行，立刻着手准备西南之行，为此还把卡车停留在贵阳。中国驻印军和盟军在缅甸的反攻不断取得胜利，新受训的中国远征军也向怒江西岸进发。因此李约瑟此次把关注的重点放到与军事有关的工业和医学部门。行程最后访问浙江大学，弥补了上次东南之旅的缺憾，更开启了他撰写《中国科学技术史》的计划。

除了在贵阳等候的司机邝威和机械师林美新，随行的人员发生了较大变化。首先是妻子李大斐博士的加入。她于年初来到重庆，担任中英科学合作馆的化学顾问。其次是曹天钦接替了黄兴宗。黄兴宗回到重庆后，一边继续监造合作馆新馆舍，一边做赴英留学的准备。为此，他找到了接替的人选，即刚从成都燕京大学毕业的曹天钦。两人曾在成都中国工合的技术部门共同工作过一段时间，西北之行往返路过成都，黄兴宗都与曹天钦会面。曹天钦接受了邀请，7月25日抵达合作馆，立即开始熟悉工作，做好了动身的准备。旅行自8月1日开始，停留昆明期间，劳伦斯·毕铿于9月30日抵达昆明，中途加入了队伍。10月31日，众人返回新落成的中英科学合作馆，历时整整三个月。

1 旅途概况

西南之旅历时整整三个月，除了昆明的大学和科研机构外，他们还参观了浙江大学、贵州大学、华中大学等著名学府，28家工厂，以及多座医学院和医疗机构。李约瑟将全部行程划分为五个阶段。

★ 1944年8月1日清早，李约瑟和李大斐随英国军事代表团的车队出发，夜宿松坎，次日晚抵达贵阳，找到在那里等待的卡车司机邝威和机械师林美新。李约瑟在贵阳停留十天，曹天钦则于2日从重庆乘坐长途汽车前往贵阳会合。

★ 8月12日乘卡车启程，在安顺停留数天。然后经安南和曲靖，8月17日抵达昆明。

★ 李约瑟在昆明住了近一个月，以此为中心多次访问邻近地区。这里的多数机构他1943年都曾到访过（详情见本书第一章）。

★ 9月10日，李约瑟等人从昆明向西行进，9月12日抵达大理以北的喜洲，访问华中大学，李大斐留在这里。李约瑟和曹天钦继续前往保山，25日返回喜洲。几人一同于28日返回昆明。30日，剑桥大学的生物物理学家毕铿博士从英国抵达昆明，他们到机场迎接。

★ 10月8日，一行踏上返程的道路。10月16日前往花溪参观贵州大学，接着到遵义和湄潭访问了浙江大学。10月31日，返回重庆。

李约瑟西南之行日程表

日期	行程	自驾里程 / 公里
8 月 1 日	重庆—松坎	196
8 月 2 日	松坎—贵阳	292
8 月 12 日	贵阳—安顺	93
8 月 15 日	安顺—安南（今晴隆）	147
8 月 16 日	安南（今晴隆）—曲靖	260
8 月 17 日	曲靖—昆明	160
9 月 10 日	昆明—楚雄	192
9 月 11 日	楚雄—大理	235
9 月 12 日	大理—喜洲	10
9 月 15 日	喜洲—永平	144
9 月 16 日	永平—保山	138
9 月 19 日	保山—瓦窑	56
9 月 24 日	瓦窑—永平	82
9 月 25 日	永平—喜洲	144
9 月 26 日	喜洲—下关	25
9 月 27 日	下关—楚雄	220
9 月 28 日	楚雄—昆明	192
10 月 8 日	昆明—平彝（今富源）	230
10 月 9 日	平彝（今富源）—安南	190
10 月 15 日	安南—安顺	147
10 月 16 日	安顺—花溪	114
10 月 21 日	花溪—遵义	176
10 月 23 日	遵义—湄潭	75
10 月 28 日	湄潭—遵义	75
10 月 29 日	遵义—桐梓	64
10 月 30 日	桐梓—三溪（今綦江）	184
10 月 31 日	三溪（今綦江）—重庆	

乘坐的交通工具仍是由救护车改装的 1.5 吨雪佛兰卡车，从桂林开到贵阳后，一直停放在英国军事代表团的车库里。此次旅行中车况总体良好，只换了两个轮胎。

途中发生过一次较为严重的翻车事故。10 月 9 日下午，在从盘县到安南的路上，距安南约 20 公里处，李约瑟驾车，响起喇叭，正要越过一辆停靠的卡车，但卡车突然发动，开到了路中央。为避免相撞，李约瑟的卡车被迫转向路边，结果车轮失控，慢慢翻到 12 英尺下的稻田里。

所幸没人受伤，此时黄昏降临，下起了雨。他们拦到一辆路过的邮政卡车，除了司机和机械师留在原地外，其他人乘车抵达安南。他们找到美军运输器材处帮助提供卡车，李约瑟和曹天钦回到事故现场。所有的物品，包括装满书和显微镜等仪器的箱子从稻田里搬出，放到美国人的卡车上，李约瑟和卡车一起前往安南的中国旅行社招待所。因为需要看守卡车以免零件被盗，曹天钦选择与邝威和林美新在一起。他们在那里停留了 36 小时，辛苦守卫着车内的物品，非常劳累，而且雨一直下。直到 11 日，两辆小型救援车才将卡车翻正，从稻田拉出来。除这次事故外，从保山返程时，途经澜沧江河谷的公路上山崩和滑坡不断，也几次耽误行程。随着天气转凉，阴雨连绵，旅程最后多人感冒，曹天钦甚至卧床不起。

中英科学合作馆的卡车在安南附近的路上遭遇翻车

贵州安南（今晴隆），1944 年 10 月 9 日

2 贵阳与安顺

　　1944 年 8 月 1 日一早，李约瑟和李大斐辞别了黄兴宗、曹天钦和邱琼云，随英国军事代表团的车队出发。与其他雪佛兰车相比，他们被分配乘坐一辆大概最不舒适的福特卡车。结果经过两个小时才迟迟发动起来，以至于很晚才到綦江吃午饭。下午 5 点到东溪，8 点到松坎。李约瑟为李大斐安排了一个小旅馆的房间，自己则借来铺盖，睡在卡车上。

　　第二天早上 8 点抵达桐梓，早餐后继续前行，11 点到遵义，送给浙江大学一包图书。中午经过刀靶水时用午餐，下午 5 点到贵阳，见到了邝威和林美新。

　　作为贵州的首府，贵阳聚集和新建了许多科学机关，最大的医疗卫生机构当数战时卫生人员训练所，其他还有新成立的贵阳医学院、内迁的湘雅医学院，以及中央防疫处分部。贵阳也设有省立科学馆和农业改进所，新建的贵州大学位于贵阳以南的花溪。包括低温碳化厂、氯酸盐厂，以及兵工署下属的几座兵工厂在内的一些重要工业企业都在这里。8 月 6 日，李约瑟与李大斐参观了低温碳化厂、氯酸盐厂和电厂。

　　1944 年底，日军进犯贵州南部的独山，引起了贵州一些学校和机构的恐慌。但日军很快败退，自此未再前进一步，独山战役标志着侵华日军已成强弩之末。

（1）战时卫生人员训练所

　　图云关地处贵阳城东 5 公里的黔桂公路上，是贵州通往广西、湖南的咽喉要道。[1] 抵达贵阳当晚，李约瑟首先前往图云关，战时卫生人员训练所就在群山环抱、树林茂密的一个山谷中。他顺利拜访了训练所主任卢致德，共进晚餐并留宿。

全面抗战爆发后，战地救护工作的需求迅猛增加，医护人员极度缺乏。1938年5月，内政部卫生署和中国红十字总会救护总队部合作，在武汉成立战时卫生人员训练所，培养容易速成的看护士、看护兵等低级护理助手，1939年初迁至贵阳图云关。时任中央卫生实验处副处长兼红十字会救护总队部总队长的林可胜担任卫训所主任。

林可胜（Robert K. S. Lim, 1897—1969）是中国现代生理学奠基人，1921年获英国爱丁堡大学生理学博士学位，1924年获美国芝加哥大学科学博士学位，回国后担任协和医学院生理系教授，1928年出任中华医学会会长。抗战期间，林可胜被聘为中国红十字会救护委员会总干事，全面负责各战区医疗救护事宜，并受命组建救护总队部，创办战时卫生人员训练所。救护总队部与卫训所最终落户图云关，在林可胜领导下，图云关人才济济，工作人员一度达到上千人，小小的村落很快发展为繁忙的市镇，成为全国各战区上百个救护队的"心脏"。

卫训所的工作很快得到蒋介石肯定，进而负责所有军队在岗医务人员的培训。1940年8月改隶直属于军政部，发展成为训练各种战时所需医护人员的机构，保留速成班的同时，也开始提供完整的医学课程，包括基础医学等。课程和其他医学院校采取同等标准，特点是两年的培养期间，插入了一年的战地服务工作。林可胜还决定在陕西、江西、湖北、四川、湖南建立五个卫生训练分所。总所和五个分所共计训练了大约两万医护人员，他们是抗战救护的主力军。林可胜本人也于1942年亲率医疗队，前往缅甸战场为中国远征军提供医疗救护。

1944年下半年，林可胜调任军医署长，而原来的军医署长卢致德（中将）则接替林可胜担任卫训总所主任。卢致德为美国纽约大学博士，曾到英国皇家陆军医学院进修。李约瑟到访时，卢致德已经住进了林可胜原来的住所。

当时，卫训所有大约1800名学生，分成四个部门：基础医学、临床、护理和制造。这里将实验课程和野战医院的经验相结合,第 167 陆军基地医院(病床 600 张)充当临床部和护理部的实习医院。另有一座新的医院(300 张病床),也即将开放(即贵阳陆军医院)。生产部从事许多重要的工作,服务学校和其他机构。机械厂可以制造医院所需的各类设施,包括手术台、牙科仪器、实验室设备、X 光机配件,甚至汽车配件等。

隶属实验医学系的疫苗工厂配有良好的装备,能够生产天花、霍乱、伤寒、破伤风和鼠疫疫苗,每年总计生产大约 120 万支。而最值得注意的是一处整形中心,主要应对伤残士兵的身体复原和日后谋生等问题,这在中国是首创。中心有约 200 名病人被安装上假肢(由学校的整形器械厂制造),不仅予以合适的治疗,还传授各种谋生手艺。

李约瑟印象最为深刻的是这里的高水平教师队伍。8 月 5 日,在卢致德的陪同下,李约瑟参观了卫训所的 X 射线、物理学和化学等部门,8 月 9 日又参观了卫训学校的生产部门,包括机械工场、整形工场,以及林绍文的生物实验室。他看到,尽管教学工作压力大,设备短缺,科研人员仍孜孜不倦地开展力所能及的研究:陈文贵博士主持模范疫苗厂和细菌学实验室;林飞

李大斐、李约瑟在战时卫生人员训练所
贵州贵阳,1944 年 8 月 5—9 日

战时卫生人员训练所，李约瑟与生物学家林绍文（左）、陈文贵（右）
贵州贵阳，1944 年 8 月 5—9 日

卿博士正在研究如何从当地青霉菌中提取青霉素，而她的丈夫荣独山博士则主持着一所重要且有趣的 X 光器材修理站（中国唯一的）；李冠华博士在化学教学方面，匠心独运，设计了一套极为精巧的半微量分析法，用于实验。

但同时李约瑟也强调：我们不能忽视的事实是，由于开支急剧上涨，这里的某些工作陷于停顿，甚至面临即将瓦解的危险。卢致德将军及其忠实的下属，付出了巨大的牺牲，为国家做出重要的贡献。以他们的高超技能和留学经历，他们不难找到高薪的工作，但他们选择留下来，在艰苦的条件下拿着微薄的薪水，奉献自己的服务。

8 月 5 日,李大斐和李约瑟在卫训所分别报告了《肌肉收缩之机制》和《胚胎发育的机制》。

1.　池子华. 救死扶伤的圣歌：林可胜与中国红十字会救护总队的故事 [M]. 济南：山东画报出版社，2018：28.

李大斐与卢致德（左）和荣独山（右）

1944 年 8 月 5—9 日

李约瑟与荣独山（右一）、李大斐、林绍文（左一）在训练所散步

贵州贵阳，1944 年 8 月 5—9 日

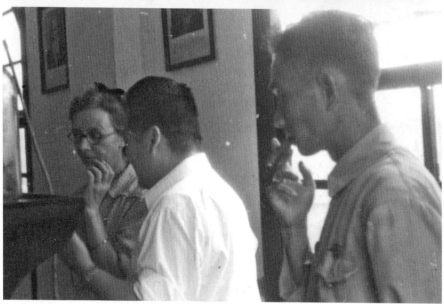

1. 李大斐、李约瑟与战时卫生人员训练所 X 射线实验室主任荣独山

   贵州贵阳，1944 年 8 月 5—9 日

1
—
2

2. 李大斐与生物学家林绍文（右）、荣独山（中）

   贵州贵阳，1944 年 8 月 5—9 日

（2）贵州省立科学馆

抵达贵阳的次日（8月3日），李约瑟拜访了政界人士之后，便在林绍文博士[1]的陪同下参观了贵州省立科学馆。林绍文为战时卫生人员训练所的生物形态系主任教官，兼任该馆馆长。该馆成立于1941年10月，得到了贵州省政府的支持，以及管理中英庚款董事会和中华教育文化基金董事会的补助。抗战时期，后方各省的科学馆是政府开展民众科学教育和科学普及的重要机构。李约瑟认为，省立科学馆是中国发展科学最好的一种机构形式，而贵州科学馆"特别好"，值得"专门提及"。6日晚，李约瑟又来到科学馆大报告厅，发表了《科学与民主》的演讲，听众有三四百人。

贵州科学馆虽然规模不是很大，但馆内布局合理，组织结构严密。馆内设有物理部、化学部和生物部，各部门分别下设实验室和陈列室，后来又增设国防工业模型陈列室、地质矿产陈列室等。科学馆还设有简易科学仪器制造修理厂，也为学校制造科学仪器，并已筹建宽敞的中心实验室供学校开展实验工作。

简短的参观中，李约瑟了解了这里展出的寄生虫学、公路工程、军用毒气、胚胎学（包括人的）、地质学、矿物学以及营养学等方面的大量展品。他尤其对昆虫学家刘廷蔚（1903—1994，美国康奈尔大学博士）布置的贵州白蜡虫生活周期展室感兴趣。白蜡虫是一种具有重要经济价值的昆虫，分泌的白蜡广泛应用于医药和工业领域，是我国传统的出口商品。贵州每年生产大量的高级白蜡。10月20日，李约瑟返程途经贵阳，又和李大斐、毕铿一起参观科学馆，并拜访了刘廷蔚。

---

1. 林绍文（1907—1990），1930年获北平燕京大学生物学硕士学位，1933年获美国康奈尔大学湖沼学博士学位，曾任山东大学和贵阳医学院教授，1947年到上海筹建中央水产研究所，1949年后长期担任联合国粮农组织渔业技术专家。

（3）贵阳医学院与湘雅医学院

8月4日，李约瑟在林绍文的陪同下，参观了贵阳医学院和湘雅医学院。全面抗战初期，大量师生流亡到西南地区，内迁西南的9所医科院校中，4所迁到贵州，因此贵州成为全国医学教育的重要基地。当局决定在贵阳筹建"国立贵阳医学院"，1938年3月正式成立，为当时全国9所国立医学院校之一，聘请北平协和医学院的李宗恩（1894—1962）担任院长，管理团队和下设科室的主要成员均来自协和医学院。该校位于贵阳城外2公里，占地120亩，李约瑟到访时，校舍仍在建设之中，有175名学生，部分师生仍住在临时校舍里。

8月8日中午，李约瑟又来到贵阳医学院。午餐时，遇到女病理学家李漪博士、精神病学教授凌敏猷，以及胚胎学家张作干等，他们都有在北京协和医学院的经历。接着在李宗恩的带领下，李约瑟参观了花溪路上在建的新校园。下午4点，李约瑟演讲《人体组织与癌症问题》，听众济济一堂，而且有深入的讨论。晚上则在医学院李冠华的安排下，与众多化学家、药剂师共进晚餐。

湘雅医学院1914年成立于长沙，1938年迁到贵阳，是抗日战争时期第一所迁至贵阳的医学院。在院长张孝骞（1897—1987，美国康涅狄格大学医学博士）的率领下，落脚在贵阳城外石洞坡的旧庙中，逐渐在山腰上建起校舍，自称"湘雅村"。医学院有约200名学生，多数来自沦陷区，以贵阳中心医院作为临床医院。

李约瑟看到，湘雅的建筑很简陋，但师资却是一流的，如药物学家郑文思博士正在研究中药材鸦胆子，该药对于痢疾有类似吐根碱的作用。美国细菌学家秦瑟在贵阳有两名学生，一是湘雅细菌学科的刘秉阳博士，一是卫生署中央防疫处贵阳生物制品研究所的魏曦。他们当时在攻克一个极有趣的课题，就是在家蚕幼体和蚕蛹的体液里培养斑疹伤寒立克次氏体（发现生长得很好），从而代替鸡胚卵黄囊培养，这样就可以大大简化疫苗的制备工作。

（4）中央军医学校

8 月 12 日，李约瑟夫妇告别卢致德、林绍文等，中午抵达安顺。安顺位于贵阳的西南方向，城北有一座清代兵营，这里迁来了国内唯一的军医大学——中央军医学校。李约瑟下午就拜访了学校教育长张建中将（柏林大学的医学博士），以及李振翩少将（1898—1984）和万昕少将，并在张建家中晚餐，与各系和医院的负责人见面。中央军医学校校长虽由蒋介石自兼，但一切校务均由教育长张建襄理。见面的负责人包括外科教官于少卿（兼教务处长，德国图宾根大学博士）、外科教官梁舒文、内科教官杨济时、内科教官兼附属医院院长张静吾、眼科教官陈任、组织胚胎教官陈伯康、生化教官兼陆军营养研究所所长万昕、药科主任兼药品制造研究所所长张鹏翀（张岳庭）、细菌学系主任兼血清疫苗研究所所长李振翩等。其中许多人曾留学德国，除张建外，于少卿为德国图宾根大学博士，张静吾为德国哥廷根大学医学博士，曾宪文是德国汉堡大学医学博士。

中央军医学校的前身是 1902 年创建于天津的北洋军医学堂，开中国医学药学教育之先河。1912 年改为陆军军医学校。1933 年迁到南京，1936 年更名为中央军医学校。全面抗战期间，学校再度三迁：1937 年迁往广州，1938 年再迁广西桂林等地，1939 年最终迁至贵州安顺，校址设在北大营（北兵营）。建成新的教学楼、办公楼和三个实验室，随后从国内外购置大量图书和医学仪器，聘请医学专家来校工作，并设立附属医院。

学校下设研究部（进修班）、大学部、专科部、专修部。这些常规教育部门承担了图云关战时卫训所的部分职能。800 名学生中，有 400 名修完整医学课程（五年半），300 名接受医学助理课程（两年）；30 名学牙科（五年半），50 名学药理学（四年）。8 月 13 日上午，李约瑟在练兵场向全体师生做了《医学科学和反法西斯战争》的演讲。

教学之外，研究和生产都在继续。研究主要集中在免疫学、营养学和胚胎学方面，中央军医学校在安顺专门成立了三个研究所。8月13日，李约瑟与李大斐到校参观，特别留意了这三个研究所。他们最感兴趣的是成立于1941年6月的陆军营养研究所，生化课万昕教授担任所长。李约瑟了解到，万昕带领团队长期调查中国士兵的体格和营养状况，制定了符合战时中国士兵实际情况的最低营养标准，还开展军队膳食管理和营养治疗等工作，但万昕正在遭受神经性抑郁的折磨。

下午李约瑟参观了血清疫苗研究所和药品制造研究所。血清疫苗研究所成立于1940年10月，由细菌学系李振翩兼任所长，主要工作分为制造和研究。研究所制造的各种药品和疫苗，发给部队供防疫。李约瑟专门提到，这里最杰出的人员是李振翩少将，他曾在洛克菲勒研究所做过一流的研究工作，但现在承担了繁多的行政事务，特别是指导生产供应部队的大量血清，有些不堪重负。李约瑟可能不知道，李振翩早在五四运动时期就是毛泽东的好朋友[1]。药品制造研究所成立于1940年10月，药科主任张鹏翀（张岳庭）为所长。李约瑟认为研究工作乏善可陈，主要是生产工作，产品包括几种疫苗（天花、霍乱、伤寒）。有趣之处是成功地利用豆芽汁来代替牛肉汤作为培养液。制造的药品，既有金属性的，如甘汞，也有植物性的，如毛地黄。但科研活动明显受到封锁和资金缺乏的影响，李振翩和万昕都特别请求，来访的科学家能够延长访问时间，以提供更多的信息。

参观结束后，李约瑟夫妇回到营养研究所，李大斐作了题为《肌肉的生物化学》的演讲，然后在研究所草坪的桃树下饮茶，晚宴。次日上午，李约瑟又来营养研究所做了一场名为《胚胎学和形态发生学》的讲座。接着李约瑟前往安顺南门，参观陆军兽医学校并演讲。

1.　谢盛林. 著名爱国美籍华人李振翩教授 [J]. 湖南党史月刊 ,1988(12):18-19.

3 再访昆明

　　李约瑟一行 8 月 15 日离开安顺，途经黄果树瀑布、曲靖，8 月 17 日中午抵达昆明，在那里一直停留到 9 月 9 日，仍住到位于大普集的中央研究院化学研究所的图书室中。李约瑟前往各大学和科研机构会见老友，分发物资。李约瑟和李大斐在化学研究所、西南联大、北平研究院、云南大学等机构做了 14 场演讲。他们以昆明为中心，参观了附近的兵工厂和工业部门。当然，由于安全上的原因，许多兵工厂、化工厂、炼钢炉等无法拍摄。

手持鲜花的李大斐

云南昆明大普集，1944 年 8 月 21—28 日

1 ╎ 2 3
       4

1. 峭壁上的三清阁石门
   云南昆明西山，1944 年 8 月 20 日

4. 峭壁上的三清阁雕像
   云南昆明西山，1944 年 8 月 20 日

2、3. 从三清阁眺望滇池
   云南昆明西山，1944 年 8 月 20 日

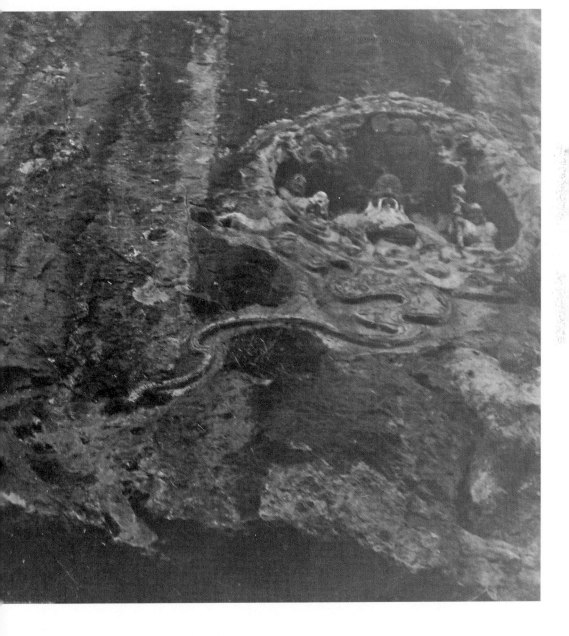

从三清阁眺望滇池　云南昆明西山, 1944 年 8 月 20 日

<table>
<tr><td>1</td><td></td><td>4</td><td>5</td></tr>
<tr><td>2</td><td>3</td><td>6</td><td></td></tr>
</table>

1. 华亭寺
　　云南昆明西山，1944 年 8 月 20 日

2、3. 华亭寺的护法神将
　　云南昆明西山，1944 年 8 月 20 日

4、5、6. 西山的一些寺庙建筑
　　云南昆明西山，1944 年 8 月 20 日

吴素萱是李约瑟在昆明最亲密的朋友，两人多次会面。8月20日，李约瑟、李大斐、吴素萱和曹天钦同游西山，参观了华亭寺、太华寺和三清阁。李约瑟还接洽空军方面，安排了黄兴宗去印度的机票。

　　李约瑟9月10日开始滇缅公路之行，9月28日返回昆明，又停留了近十天。其间来自剑桥大学动物学实验室的生物物理学家劳伦斯·毕铿于9月30日抵达昆明，加入中英科学合作馆，也自然成为此行的一员。而黄兴宗则在监督完成重庆中英科学合作馆馆舍的建造后，于10月1日在昆明登机，赴英国牛津大学留学，李约瑟前往机场送别。

李大斐在云南
云南昆明，1944 年 9 月 3—12 日

（1）兵工署第53兵工厂

由于大量兵工厂内迁，以及便于通过滇越铁路购置新机器，昆明附近分布着6家兵工厂，成为仅次于重庆的军工基地。其中规模最大、设备最先进的就是距离昆明市区70公里的海口第53兵工厂。

8月24日，李约瑟与李大斐、曹天钦在兵工署杨国庆少校的陪同下，乘吉普车绕昆明湖经呈贡到海口，下午1点至6点参观了第53兵工厂。此处群山环绕，利于隐蔽，又靠近石龙坝水电站，供电和水运都比较方便。生产车间全在山洞内，共有34个，大的山洞约高12米、宽6米、深30米左右，用砖石砌就墙壁和穹顶，互相之间以隧道相连。

该厂成立于1942年，由位于昆明南柳坝村的第22兵工厂和海口中滩山洞中的第51兵工厂合并而成。第22兵工厂前身是南京筹建的兵工署军用光学仪器设备厂，于1939年正式在昆明建厂，为中国第一个军用光学工厂。曾经留学德国的周自新任厂长，龚祖同任设计专员。该厂主要生产望远镜和测远镜，选址昆明也是考虑到便于购买欧洲的光学材料。第51兵工厂则以生产枪炮为主，1941年试制成功捷克26式轻机枪。因南柳坝厂房迭遭轰炸，两厂遂合并，周自新仍担任厂长，机器设备有2500多台。抗战期间共生产望远镜1.1万具，迫击炮瞄准镜2600具，捷克式轻机枪1.5万挺，指北针3.1万具。

第53兵工厂厂长周自新曾留学德国柏林工业大学，厂内也有德国专家和懂德语的技术人员，因此晚宴后李约瑟用德语做《盟国战备中的科学》的演讲。第二天，李约瑟与周自新吃过早餐后，乘坐兵工署的汽船横渡昆明湖返回。

生产枪械的地下武器工厂，第 53 兵工厂
云南昆明，1943 年 3 月 1 日—1945 年 12 月 1 日

地下武器工厂的工人正在操作机器，第 53 兵工厂

云南昆明，1943 年 3 月 1 日—1945 年 12 月 1 日

（2）兵工署第21兵工厂安宁分厂

第21兵工厂前身是金陵兵工厂，全面抗战爆发后西迁重庆，并接管合并了一些小兵工厂，同时新建几个生产部门，形成下设11个分厂，职工达1.4万人的当时规模最大的兵工厂。1939年3月，厂长李承干偕总工程师范致远前往昆明西郊的安宁县始甸村寻觅厂址，1941年初建成第21兵工厂安宁分厂，由范致远任厂长。该厂占地165亩，职工1250余人，设备全部购自德国，主要生产八二迫击炮弹、八二黄磷弹等。

8月26日，李大斐留在住处准备讲座，李约瑟与中央研究院工程研究所所长周仁乘车往安宁方向，参观了位于桥头村的中国电力制钢厂，以及资源委员会云南钢铁厂的鼓风炉和酸性转炉。回程途中，李约瑟拜访了范致远厂长，

环云崖石刻群的"莲龛丹竈"（莲花形的佛龛，炼丹的炉子，佛道）石刻，
上为"虎啸生风"岩画

云南昆明，1944年9月3—12日

李大斐与吴素萱（植物细胞学家）走过安宁温泉环云崖石刻群

云南昆明，1944 年 9 月 8 日

并定好访问日期。9月8日，就在离开昆明前夕，李约瑟、李大斐和吴素萱一起，到访距离安宁21公里的第21兵工厂。下午住进安宁的酒店，与曹天钦收听广播，得知纳粹在法国土崩瓦解的消息。

(3) 兵工署第23兵工厂与资源委员会电厂铜厂

昆明作为抗战大后方的基地，大量厂矿企业搬迁于此，1940年昆明地区主要的工厂企业已达80个，仅次于重庆和四川中部地区。9月4日，李约瑟来到昆明西郊的马街，这里有资源委员会的昆湖电厂、炼铜厂，以及第23兵工厂昆明分厂——该厂生产黄磷，厂长顾敬心是留德的化学家，他从牛骨中成功地提炼出黄磷，结束了中国不能制造黄磷的历史。而该厂在昆明开采露天磷矿，并用电炉加工制磷，在中国都属首创。

李约瑟看到，尽管第23兵工厂实验室的工作非常出色，但缺少精确的化学天平。李约瑟偶然发现合作馆在昆明的存货中有一台印度制造的天平可供支配，因此9月8日很高兴地再次前往马街，将仪器交给顾敬心博士。这么快就得到帮助，让顾敬心大为惊讶。

(4) 兵工署第52兵工厂与利滇化工厂

9月6日，李约瑟和李大斐从昆明沿滇越铁路乘火车东行，抵达阳宗海北岸的凤鸣村站。这里属于宜良县，李约瑟参观了第52兵工厂和张大煜创办的利滇化工厂。第52兵工厂总工程师王书堂是河北高阳人，年仅12岁就留法勤工俭学，在法国18年，获机械、土木两个工程师学位。李约瑟认为他"格外有魅力"，早餐时还品尝到了法式面包和云南火腿。

上午参观利滇化工厂。张大煜曾留学德国学习胶体与表面化学，担任西南联大理学院教授兼中央研究院化学研究所研究员。为解决燃油匮乏问题，张大煜毅然从基础研究转向了石油、煤炭方面的技术科学研究，首次从中国褐煤低温干馏中得到质量尚可的汽油和大量沥青。凤鸣村有一座煤矿，出产褐煤。1941 年，张大煜与几位同仁一起，在凤鸣村创办了一座人造石油厂——利滇化工厂（褐煤碳化厂），边实验边生产，用低温干馏法成功地从褐煤中提炼出油品。张大煜曾在回忆时提起当时的困难情形："简直就是一杯杯熬出来的啊！"1943 年昆明的美军"飞虎队"向利滇化工厂购买了一批油毛毡和柏油[1]。

　　第 52 兵工厂位于毗邻的木希村，主要生产手榴弹、破坏剪以及药包等军用物资。下午，李约瑟参观了兵工厂的机械部和炸药部，看到了炸药的制造和干燥过程。接着众人前往阳宗海游览，李约瑟曾在飞机和火车上看到过这个湖泊，大家都下水游泳，李约瑟也从联大学生那里借了泳衣下水畅游。晚餐过后，李约瑟为第 52 兵工厂的专家用法语做了《国际科学技术合作》的演讲。

　　次日，李约瑟来到利滇化工厂，与张大煜等交流"烃类的生物活性"，直到火车抵达。虽然坐的是有些脏乱的三等座，李约瑟路上仍在阅读克罗齐的《维柯的哲学》(The Philosophy of Giambattista Vico)，下午两点返回昆明。

1.　　徐光荣. 一代宗师：化学家张大煜传 [M]. 北京：科学出版社，2006: 85.

4 滇缅公路西行

　　暂别昆明的朋友，9月10日，李约瑟、李大斐和曹天钦从中央研究院化学研究所出发，沿滇缅公路西行，终点是缅甸边境的保山。李约瑟已经了解到，缅甸的西线战场暂时没有动静，但湖南的零陵陷落，日军逼近桂林，形势仍在恶化。

　　李约瑟再次路过安宁，中午抵达禄丰，1938年地质调查所的杨钟键在这里发掘出中国第一具恐龙化石标本，命名为禄丰龙。这里的化石数量众多、种类齐全、密集度高，是宝贵的学术研究资源。午餐后，李约瑟还购买了这里特产的各类剪刀。继续沿滇缅公路前行，穿越一平浪峡谷，翻越级山坡，下午4点到达楚雄。

　　在楚雄，李约瑟住到传教士摩根小姐（Miss Morgan）的楼院，支起了行军床。据说她的门诊部曾经有三个入口，一个是政府雇员用，一个是共产党人用，一个是土匪用。

　　次日启程，经陈南、云南驿，翻过滇缅公路的最高点，海拔2600米的天子庙坡隘口，然后一路下山，5点到达洱海之畔的下关。前往美国军营住宿时，因李大斐的帐篷不好解决，只得继续开往大理，住到中国内地会。第二天北行，苍山洱海之间，高塔耸立，野花遍地，李大斐也不禁赞叹这里是"一个天堂般的地方"。中午时分，他们便到达了此次西行的第一个目的地，洱海东岸喜洲的华中大学。

（1）喜洲华中大学

　　从昆明出发时，李约瑟还捎带了两名华中大学的教师同行，一是英国文学讲师王多恩，一是真菌学家沈善炯，因为华中大学的车辆已被征用，他们无法返校。

华中大学是英美基督教会在华创办的教会大学，原在汉口。1938年，抗战烽火逼近汉口，在校长韦卓民带领之下，举校西迁桂林。但不久桂林也成为前线，在大理喜洲爱国商人严子珍的建议下，1939年春学校搬迁到喜洲办学。当时滇缅公路仍开放，此地距公路仅35公里，本可以获得可靠的物资供应，但滇缅公路中断后，此地几乎与世隔绝。游国恩、傅懋勣、包鹭宾、阴法鲁、钱基博等多位华中大学知名学者在这里坚守七年，为西南边疆的历史、民俗、宗教、语言的研究做出贡献。

喜洲位于大理以北15公里，被称为"上帝也不曾落脚的地方"，生活艰难程度可以想象。华中大学将校舍安置在文庙（当地称奇观堂）、大慈寺、张氏宗祠。文庙作为图书馆，庭院中的简易二层楼房分配给理科院系。学校礼堂设在大慈寺大殿，其余厢厅作为教室或办公室用。一些新的建筑，用作化学、生物和物理学的实验室。学生则住到镇里居民家或祠堂古庙中。

李约瑟9月13日参观时正值阴雨连绵，所有的庙宇都很堂皇，布满雕刻和彩绘，但和科学用房一样，都得不到维护，下雨天漏得厉害。上午参观了生物与化学实验室，理学院从武昌带来了大量仪器，1941年也从缅甸进口了一些，但化学药品缺乏，要靠蒸馏当地的酒来制取酒精。下午参观图书馆，他注意到，图书馆虽有不少西文书，但都相当陈旧，还有一些用于教学的中文书，各科实验室也都有少许精选的用书。参观结束后李约瑟向师生演讲《盟国战备中的科学》。次日下午，李约瑟又作了《生物化学与形态发生》的讲座。

校长韦卓民（1888—1976）是一位个性鲜明的著名哲学家，三四十年代曾多次赴美讲学。作为国民政府参政员，他支持国共合作，一致抗日。李约瑟与他商讨了访问的日程安排，认为他自奉甚简，富有献身精神。但在不利局势下，华中大学无法为战事做出任何直接贡献。而韦卓民出于爱国的动机，似乎在凭借其影响，反对国外支持的一些具有长远价值的基础研究。

李约瑟专门介绍了该校两位特别出色的科学家，一位是物理系主任卞彭博士，1935 年获麻省理工学院物理学博士，李约瑟在西北油田曾遇到的地质学家卞美年就是他的弟弟。卞彭研究无线电物理学，李约瑟到他设在旧庙里的物理实验室参观，那里可以接收到电台消息，却没有足够的电池，每周只有 2 ~ 3 个晚上供电，电线还经常被闯入的松鼠弄乱。他带领物理系罗有斌、刘伯年教授等师生考察研究了苍山十八溪，提交了《大理喜洲万花溪水力发电报告》，1944 年成立喜洲电力股份有限公司，次年建成发电。

另一位是生物系主任萧之的，哈佛大学博士，1941 年回国后，重振生物系。萧之的对洱海开展了系统的湖沼学研究，包括洱海的氧含量、pH、水生物及浮游生物的分析等，这在中国尚属首创。李约瑟到来时，萧之的正在研究一种胎生螺蛳的新陈代谢，他有很好的显微镜，但是极缺药剂。他已完成了一篇论文，调查工作却因无力支付租船的费用而暂停。后来，萧之的发表"洱海生物"和"滇西彩云"等系列论文，令美国科学界惊叹不已。李约瑟曾到萧之的家中喝茶，萧的夫人（Erica Hsiao）是位美籍犹太人，对封锁局势格外担忧。

李约瑟看到，华中大学规模不大，学生从未超过 200 名，此时则只有100 多名学生，教师也不是很充足。过去的 6 个月，一直没有化学教员，不得不由其他老师代课。新聘任的教师和助教，开学几周都还未到校，这位迟迟未到校的老师，就是卞彭博士的弟弟卞松年，留美化学博士。当地的文化活动几乎完全中断。从这里到昆明，乘坐较好的卡车，也要 2 ~ 3 天，碰上恶劣天气或道路中断，则需要 9 ~ 10 天才能到达。

9 月 13 日是李约瑟与李大斐结婚 20 周年的日子，晚上在萧之的家中用餐时，李约瑟还专门准备了巧克力蛋糕。不过，李大斐鉴于在下关遇到的住宿问题，决定放弃后续的行程，留在喜洲，李约瑟和曹天钦继续前往保山。在等待的日子里，李大斐为学校师生作做了《肌肉的生物化学》《细胞的蛋白质架构》两场讲座。

1. 传统祠堂的彩绘装饰　　　　2. 传统民居
　云南大理喜洲，1944 年 9 月 12—14 日　　　云南大理喜洲，1944 年 9 月 12—14 日

$$\frac{1}{2}$$

喜洲镇却是个奇迹，我想不起，在国内什么偏僻的地方，见过这么体面的市镇……进到镇里，仿佛是到了英国的剑桥，街旁到处流着活水；一出门，便可以洗菜洗衣，而污浊立刻随流而逝。街道很整齐，商店很多。有图书馆，馆前立着大理石的牌坊，字是贴金的！有警察局。有像王宫似的深宅大院，都是雕梁画栋。有许多祠堂，也都金碧辉煌。不到一里，便是洱海。不到五六里便是高山。山水之间有这样的一个镇市，真是世外桃源啊！

——1941年，老舍《滇行短记》

华中大学的萧之的和夫人（Erica Hsiao）

云南大理喜洲，1944 年 9 月 12—14 日

李大斐与华中大学萧之的夫妇

云南大理喜洲，1944 年 9 月 12—14 日

(2) 西行保山

9月15日，告别了李大斐和萧之的，李约瑟和曹天钦离开喜洲，抵达下关，继续沿滇缅公路西行。下午1点抵达漾濞，穿过澜沧江支流（永平大河）的吊桥，通过一个大关口，到达铁丝窝。下午5点到永平山谷，投宿滇缅公路的工兵营房。

雨下了一夜，次日离开永平，公路景色很好，但有滑坡等危险。翻越"麦庄丫口"时遇到滑坡，自行清理了路面。11点到澜沧江边，感觉澜沧江仿佛一条巨大的裂缝。穿过吊桥，12点离开澜沧江西行，然后沿着一条黄色溪流（东河）南下，在瓦窑村购买了面包和梨子。下午5点抵达保山。

保山位于滇西边境，滇缅公路穿境而过，是滇西抗战的主战场。1944年5月，中国远征军强渡怒江，反攻松山、龙陵和腾冲。经过艰苦战斗，9月7日松山守敌全部肃清，14日腾冲光复，不久取得龙陵会战胜利。1945年1月，中国远征军攻克畹町，与夺取缅北重镇密支那的中国驻印军胜利会师，中印公路正式通车，并被命名为"史迪威公路"，滇缅公路也重新开通。

作为怒江前线的后方，这里集中了中国第37、19、21野战医院。中国远征军装备美式武器，每个师都配有一所设备完善的野战医院。9月16日，李约瑟首先来到第37野战医院，遇到了加入该院的公谊救护队和英国红十字会的联合手术小组，他们已经承担部分工作。野战医院的病房很简陋，中方管理部分几乎没有医疗护理，伤兵只能躺在稻草上，蚊帐也不足。李约瑟与英国医疗队共进晚餐，并与鲍勃·麦克卢尔博士（Dr. Bob McClure）进行了愉快的交谈。晚上住在存放敷料的帐篷里，尽管很舒适，但邻近帐篷里中国伤兵的呻吟，还是让曹天钦难以成眠。

次日，李约瑟到滇缅公路处解决了动力酒精的问题，中午回到第37野战医院午餐，与英国医疗队负责人——哈佛大学毕业的约翰·佩里（John Perry，精神病学家）一起参观了按治疗等级区分伤兵的病房。李约瑟认为：第37野战医院的中国病区非常差，但英国病区条件尚可；拥有美军第36外科医疗队的中国第19野战医院条件要好得多；而设在由旺镇少保寺的美军第21野战医院，无论美国人还是中国人的病区，器械和管理都是最好的。

9月18日，李约瑟离开保山，向北返程。雨仍未停歇，一路上滑坡不断，穿过云雾和悬崖峭壁，中午到达瓦窑。进入澜沧江河谷时，公路领班周金镛传来消息，前方发生了严重塌方，需要数天才能清除。李约瑟无奈只得让卡车开回瓦窑，自己和曹天钦步行前往塌方地。但路上不断有新的塌方出现，最糟糕的是一道泥石流吞噬了公路。面对路况李约瑟毫无办法，只好返回瓦窑寻找住处。客栈早已住满，最终李约瑟在公路监理员张国勋先生家中找到一处舒适安静的房间。

张国勋是一位真正的化学家，以前在昆明的炼钢厂工作。他每天外出时几乎同农民没有区别，戴着大圆斗笠，披着十字裙形状的棕蓑衣。张太太非常善良和气，给李约瑟送来许多食物，包括煎土豆、火腿、鸡蛋等，并给他们吃刚从树上摘下的核桃仁，还特意加了糖。李约瑟也用随身带的咖啡和一

滇缅公路分段负责人张国勋和他的妻子
云南保山瓦窑，1944年9月20—22日

1 2　　　1、2. 张国勋居住的房屋和小院，院内堆放有路标
3 4　　　　　云南保山瓦窑，1944 年 9 月 20—22 日
5

3、4、5. 张国勋居住的屋顶茅草丛生的房屋
　　云南保山瓦窑，1944 年 9 月 20—22 日

些好吃的豆腐乳回赠。张家的住宅非常漂亮，修建得很好。李约瑟每天晚上大约睡 11 小时。窗户外有一个平台，可以在上面洗漱、洗衣服，屋顶上长着漂亮的花。李约瑟拍下了屋顶的照片，也为张国勋夫妇拍了照。

停留瓦窑期间，也让李约瑟有闲暇思考更为宏大的问题，"山岩崩裂使我失去了与外界的一切联系，我没有电报或电话，只等待道路清理。不过，这倒使我有机会为一本讨论社会组织的文集写点东西"[1]。此文原名为《从社会层面上看相关性与冲突性》，整理了他先前关于科学与民主相联系的思想，以论证独裁的轴心国必败。文中提出了"现代科学未能在中国文明中产生"的问题，他认为，中国文明同样包含有许多民主要素，现代科学未能在中国产生，关键可能在于四种因素：地理因素、水文因素、社会因素和经济因素，这也是李约瑟首次尝试解答这个问题。此篇落款为"瓦窑，云南，1944 年 9 月 22 日"。

1969 年李约瑟将包含此篇（发表最早）的 8 篇论文结集为《文明的滴定：东西方的科学与社会》(*The Grand Titration: Science and Society in East and West*) 出版[2]，此书明确表述了"李约瑟难题"。其中一些文章又成为《中国科学技术史》最后一分册的总结。

21 日晚上，邝威注意到天空星星闪烁，次日终于看到了一缕阳光，连续十天的阴雨终于结束了。下午时分，美国的推土机、平路机、铺路机到达塌方处，在中国工兵团的努力下，双向同时施工。9 月 24 日，李约瑟终于可以重新启程，告别了张国勋，通过了塌方后令人毛骨悚然的险要地段——岩石高悬头顶，车轮离悬崖边缘只有一英寸左右。5 点钟到达永平，仍住在滇缅公路的工兵营房。这时传来消息，远征军夺回了龙陵，但桂林和梧州陷落。

9 月 25 日，李约瑟顺利抵达下关，加满酒精，于下午 6 点返回喜洲，与李大斐会合。

1. 李约瑟. 文明的滴定 [M]. 张卜天，译. 北京：商务印书馆，2016：111.
2. Needham, J. The Grand Titration: Science and Society in East and West [M]. London: George Allen & Unwin Ltd., 1969. 本篇题目改为《科学与社会变迁》。

（3）**从喜洲到昆明**

9月26日，李约瑟、李大斐与曹天钦收拾好了行装，临行前，李约瑟为华中大学师生演讲《科学的国际展望》，与萧之的夫妇午餐。萧之的随车一起出发，前往下关的美军第27野战医院。经过大理古城时，他们专门到一座宝塔前瞻仰，也许这会让李大斐的腰痛得到缓解。路上李约瑟注意到大理的乡绅喜欢戴着平顶帽，罩上发亮的浅绿色油布，披着鲜艳的蓝色斗篷，帽子上饰有飘带。他把这一形象画在了日记中。在韦卓民校长的安排下，他们晚上入住一位巨商家中。

27日出发，经云南驿，抵达楚雄。次日早上，李约瑟和李大斐访问了楚雄的陆军第99野战医院。该医院于1942年迁驻楚雄东岳庙，李约瑟认为其优势是有一位医术高明的奥地利医生百乐夫（Dr. Rolf Becker）。百乐夫受国际红十字会的委托，来滇西救治抗日伤员，美军向他提供充足的药物，但是食物、床位、衣物，以及护理服务，都依赖中国军队，情况不容乐观。参观结束后，李

李约瑟日记中绘制的大理乡绅形象

约瑟随即启程，途经禄丰，28 日当晚返回昆明。

1944 年的 10 月 1 日正值中秋节，刚到昆明的毕铿还水土未服，便和李约瑟夫妇、曹天钦度过了一个难忘的夜晚。他们与中外友人一起泛舟昆明湖，月晕如幻，机影绰绰，西山灯火通明，水上欢歌四起。众人流连忘返，凌晨 1 时始归。李约瑟还带毕铿一起逛书铺，向他推荐了《天工开物》和辞典，李约瑟则购买了一部《封神演义》。

停留昆明期间值得一记的，则是 10 月 5 日李约瑟在中国全国工业协会云南分会的会所举办了一场盛大晚宴，宾主共八桌，李约瑟亲自安排座位。宴会上觥筹交错，非常成功，这也是李约瑟对工业界朋友的答谢。工业协会为抗战时期的全国性工业界组织，旨在团结工业界人士共同努力促进工业化、巩固国防、充裕民族经济。次日晚上，李约瑟又到会所，作了一场题为《西方与中国的科学与工业》的报告。

（4）军医署血库

毕铿加入中英科学合作馆后，团队的第一次集体活动，是参观昆明的中国血库。

抗战期间，美国生物化学家唐纳德·范斯莱克（Donald Van Slyke）和血库专家约翰·斯卡德（John Scrudder）等人组织发起了美国医药助华会，范斯莱克任会长。该会决定捐赠一座用于输血救伤的血库给中国，以支援中国的抗日战争。血库的设备和冻干血浆的制备技术在当时都处于医学发展的最前沿。到 1943 年 6 月，"华人血库"在美国纽约建立并试运行。因缺乏细菌学方面的检验人才，范斯莱克邀请获威斯康星大学博士学位的樊庆笙加入。樊庆笙表示，回国承担血库工作的同时，还想进行青霉素的研制。范斯莱克帮他采购到研制青霉素所需的仪器、设备和试剂，以及珍贵的三支菌种。

应史迪威将军请求,中国血库选址昆明,为中国远征军反攻滇缅战事服务。1944 年 7 月 12 日,血库在昆明市金碧路昆华医院举行开幕典礼,定名为军政部军医署血库。在林可胜的指导下,血库正式成立,主任易见龙,副主任黄若珍,樊庆笙负责检验血液、制造血浆。这是中国历史上第一座血库。工作人员都曾在美国受训,设备也是美国的。

10 月 5 日,李约瑟、李大斐、曹天钦与毕铿一起来到血库,遇到了樊庆笙。他们了解到,血库当前的目标是积累 100 瓶全血或血浆的库存。脱水装置已经安装,但还没有投入使用,因为没有足够的电。专门的发电厂正在建设中。制成的血浆用飞机直接运往滇西腾冲前线,拯救了无数将士的生命。1944 年秋,一名腾冲前线的军医报告:"凡经血浆救治的伤兵,无一不颂血浆之伟大"。然而,受中国传统观念影响,血库目前捐血量还有不足,仍需要宣传。他们获允在军队中采血,但中国士兵中常见严重贫血,所以每人只能采 250 毫升。贫血在平民中也不少见,抽血前需要检测几滴血。平民可以采到 400 毫升,但通常只采350 毫升。

参观后的次日,李约瑟会见了林可胜,并与血库的同事们一起共进午餐。

血库在昆明运行的一年多时间里,采血总量超过 300 万毫升,捐血者总计 1 万余人,救治了大批伤员,同时还为中国培养了第一批掌握现代血库知识的技术人员和管理者。

5 昆明到重庆

10月8日，李约瑟告别了昆明的朋友，西南之行进入最后的阶段。首站经曲靖到平彝，参观了光华低温碳化厂。10月9日，在距离安南不到20公里的地方，发生了翻车事故，因此被李约瑟称作"灾祸日"（CALAMITY DAY）。10月15日才离开安南，抵达安顺，受到万昕和陈伯康的款待。10月16日到贵阳花溪，参观了贵州大学和兵工厂。10月21—29日抵达遵义，访问遵义和湄潭的浙江大学。10月29日路经桐梓，参观第41兵工厂。10月31日返回重庆，此时中英科学合作馆的新馆舍已经落成。

（1）光华化学公司

战时汽油柴油奇缺，平彝县龙海出产含焦油量较高的肥煤，可用低温干馏的办法获得焦油，再从中提取汽油和柴油。1939年，从德国留学回国的龚介民、王学海、聂恒锐在龙海创办了低温碳化厂，取名光华化学公司。王学海邀请毕业于燕京大学化学系的侯祥麟担任精制部主任，负责焦油加工，生产出含硫量较高的汽油柴油及沥青等产品。当地盛产白酒，侯祥麟提议建造了精馏塔，收购白酒生产酒精。因质量不错，来往车辆可以掺入汽油使用，故销路很好。公司还收购松香，制造柏油，生产的油毛毡和沥青供给陆良美军机场。1942年光华化学公司改组为官商合办的光华化学工业股份有限公司，有工人近千人。1943年年产柴油、煤油共约20吨，沥青110吨，木材防腐剂12吨。

10月8日下午4点，在吴学周的陪同下，李约瑟一行到达平彝（今富源），在光华化学公司的宿舍见到了龚介民。工厂在一座偏僻的山坳里，李约瑟手持拐杖，李大斐和毕铿乘坐轿子，曹天钦则平生第一次骑马，前往厂区。接待人员除了龚介民，还有王学海和当地的官员，以及云贵工矿调整处的负责人。参观完工厂，众人共进晚餐。

李约瑟在他的《中国科学》一书中，特地选了这张合影作为结尾。由于安全方面的原因，化工厂、炼钢炉等也不能拍摄。这方面的遗憾只能用一张集体照来弥补。这是中英科学合作馆的成员在访问平彝（今富源）低温碳化厂时在办公室前拍摄的。左起第二名是吴学周博士，昆明的中央研究院化学所的所长。左起第四名是王学海先生，他是一位精力充沛、能干的化学工程师，是该工厂的负责人。"也许这幅照片用来结束本书很合适，无论岁月多么艰难，这象征着互助与合作的精神。英国文化委员会就是本着这种精神建立的。"[1]

次日离开平彝，翻山越岭，过盘县后，穿越峡谷，在距离安南不到 20 公里的地方，发生了翻车事故，本章前文已提及，所幸人员无碍。车辆需救援维修，邝威因淋雨而生病，李约瑟也患上了感冒，喝了不少茅台酒，加之前方道路发生滑坡，一直到 15 日才离开安南。过黄果树瀑布，抵达安顺时，中央军医学校的万昕设招待晚宴，李约瑟则把剪刀和糖果等礼物送给万昕的孩子们。晚上李约瑟住在中国内地会。次日胚胎学家陈伯康邀请大家吃广式早茶，李振翩的夫人也作陪。饭后旋即出发，经三桥，于 16 日下午抵达贵阳花溪。

1. Needham, J. Chinese Science [M]. London: Pilot Press Ltd., 1945: 94.

1
—
2

1. 曹天钦骑马前往低温碳化厂
   云南平彝，1944 年 10 月 8 日

2. 低温碳化厂办公室门前的合影
   云南平彝，1944 年 10 月 8 日

在位于云南平彝县的低温碳化厂办公室门前的合影，吴学周（左三）、王学海（左五）、
李大斐（右四）、毕铿（右二）、曹天钦（右一）

云南富源平彝，1944 年 10 月 8 日

（2）贵州大学

贵州大学是战时新成立的学校，1941 年，教育部先在贵州花溪设立农工学院，次年行政院决议成立贵州大学，任命张廷休 (1897—1961) 为校长，增设文理、法商两学院。1943 年，农工学院分立，工学院迁安顺办学。历史虽然短暂，但改变了此前贵州省没有大学的面貌，其意义不言而喻。

贵州大学校址为贵阳南方 15 公里的花溪。李约瑟此前曾到访过这里正在建设的贵阳医学院，此次则入住贵州大学的招待所。花溪是一座小镇，景色优美，配套的托儿所、小学、中学和医院等机构一应俱全，让学校师生对当地政府赞不绝口。

10 月 16 日晚上，李约瑟见到了校长张廷休。张廷休是贵州籍，曾留学英国伦敦大学和德国柏林大学，主修历史和经济。他 1941 年担任国民政府蒙藏教育司司长，1942 年 8 月出任贵州大学校长兼史学教授。他关注西南边疆民族的教育问题，主张苗汉同源，云南和贵州的苗族、彝族等少数民族应享有和汉族同等的教育机会。他怀着报效桑梓的情怀和发展边疆教育的责任感出任校长。大学里现有 5 名苗族学生。

李约瑟等人 17 日参观了贵州大学，他看到，因为该校刚刚建成，首要任务是置办教学必需的图书和设备，而研究工作尚无从开展。这里有化学系、物理系、数学系和农学系，但没有生物系。在化学实验室，没有电、燃气和自来水，但有一个无机物定量分析的小班，一切有条不紊。应用有机化学只能通过演示来教学。农学系在教学方面比较活跃，还能做点实验，如运营着一个小农场，尝试蓄养奶牛。李约瑟评价道，贵州是一个特别穷的省份，土壤贫瘠。贵州大学在现阶段肯定无法与中国其他大学相提并论，师资中也缺乏杰出的科学家，但创业之艰难仍值得铭记。

虽然李约瑟的感冒加重，18 日他和毕铿还是分别做了场讲座，李约瑟的题目是《反轴心国战争中的科学》。毕铿的题目是《英国战时农业研究动态》，这也是他来华后的首场讲座。19 日李大斐也作了两个报告，《肌肉收缩之机制》和《战时英国妇女的技术贡献》。晚上在贵州大学举办的送别晚宴上，他们遇到了英语文学教授陈逵博士 (1902—1990)。陈逵留学美国，是诗人伦纳德 (William Ellery Leonard) 的学生，曾创办南开大学英文系，任教浙江大学。1944 年逃难到贵州花溪执教，吟有"忧患有生机，苟图安乐死。浩然一息存，向往高山止"[1] 等句。他是李约瑟日记中唯一提到的贵州大学"比较有趣"的教授。

1.　陈浩望. 学贯中西的"双语诗人"翻译家陈逵教授 [J]. 文史春秋, 2000（5）.

(3) 兵工署第44、53、41兵工厂

贵州紧邻重庆，战略地位突出，时任省主席吴鼎昌把握抗战时机，推动经济发展，支持抗战。一批军工企业迁到贵州，计有第41兵工厂、第42兵工厂、第43兵工厂、第44兵工厂、第53兵工厂贵阳分厂、中国第一航空发动机制造厂等。在贵州大学停留期间，李约瑟、毕铿和曹天钦参观了第44兵工厂和第53兵工厂贵阳分厂，以及高射炮修理厂。在桐梓，李约瑟和毕铿参观了第41兵工厂。

10月19日上午，李约瑟等人参观了位于中曹司的第44兵工厂。该厂前身是1936年兵工署在南京成立的中央修械所，1938年底辗转西迁贵阳中曹司，曾任兵工署技术司炮兵科科长的赵学颜接任所长。修械所逐步接收合并，1940年扩编为军政部贵州修械厂，1943年更名为兵工署第44工厂，1944年1月又合并了桂林兵工署第43工厂。该厂主要生产手榴弹、炮弹和步枪等，同时负责修理大量从前线送回的枪械[1]。该厂还装配生产美国史密斯－韦森转轮手枪，这是抗战期间有记录的唯一量产的手枪。

当天下午，李约瑟等人又前往贵阳城东的水口寺，参观第53兵工厂贵阳分厂。李约瑟在昆明曾参观过第53兵工厂。其光学厂的修理部分，1942年5月因日军沿滇缅公路发动进攻，而将设备和人员迁往贵阳。"水口"即指南明河绕城而过的出口，资源委员会在这里设立了"水口寺发电所"，1939年贵州第一台汽轮发电机组投产供电。

设在桐梓的第41兵工厂是李约瑟此次西南之行参观的最后一个机构。该厂前身是广东兵工厂，1937年与广西兵工厂合并，次年改称第41兵工厂，奉命迁往桐梓。在大娄山纵横的沟壑中，以山洞为车间，建起了简陋的厂房。兵工署在石林、巩县、江陵等地的几家兵工厂也陆续迁入。10月29日下午，李约瑟和毕铿来到了南郊的天门洞和傅家洞厂区参观。该厂生产中正式步枪和捷克式轻机枪，职工4000多人，厂长为钟道锠和刘守愚。

第41兵工厂的一道水坝
贵州桐梓，1944年10月28日

李约瑟还参观了"地下电厂"——天门河水电厂。为保证第41兵工厂的电力，1939年钟道锟亲自勘察，在天门河上游筑坝"小西湖"，蓄水百余亩，利用天然溶洞开凿地下室为主机房，安装着驼峰航线运来的两台美国发电机组。该厂邀请清华、浙大、东北、西北、工大5所大学的专家一同参与设计，1945年建成发电，至今仍在正常运转。在水电厂启用之前，只能去重庆购买柴油或用当地的菜籽油作燃料发电。

经过遵义时，李约瑟还想参观遵义天台阁和四面山的第42兵工厂，但因道路情况不佳而中途返回。该厂也设于溶洞之内，主要生产防毒面具，厂长为陈正修。

1. 周继厚. 徽章铭记的贵阳矿山机器厂 [N]. 贵州政协报, 2022-1-21.

（4）浙江大学

10月21日，李约瑟一行离开贵阳，渡过乌江，下午到达遵义。这里地处黔北，南接贵阳，北通重庆，是重要的物资集散地。

浙江大学于1927年建校（国立第三中山大学），著名教育家蒋梦麟、邵裴子先后出任校长。作为大学区制改革的产物，学校有浓厚的致力研究的氛围。自1936年起，气象学家、中研院气象研究所所长竺可桢担任浙江大学校长，领导了浙大的内迁和战时的科研教学活动。抗战期间，浙江大学设有文学院、理学院、工学院、农学院和师范学院。1940年浙江大学辗转迁至遵义：校本部和文学院、工学院、师范学院文科设在遵义；理学院、农学院和师范学院理科设在湄潭；一年级新生设在永兴。湄潭为遵义所辖县，位于遵义以东约75公里，永兴是湄潭的一个集镇，距县城20公里。竺可桢希望大学教育更加贴近中国的现实社会，与内地开发结合起来，故浙江大学总是选择搬迁到小城乃至乡村办学。在竺可桢的领导下，浙江大学在战时名师荟萃，让李约瑟对浙大的学术氛围之浓、师生科研水平之高十分惊叹，认为是与西南联大三校并列的中国顶尖"四大高校"之一，可以与牛津、剑桥和哈佛媲美。

李约瑟本来将访问浙江大学的计划放在此前的东南之旅。他和黄兴宗于1944年4月10日途经遵义，曾作短暂的停留，演讲《和平与战时的国际科学合作》，并参观工学院的实验室。晚宴后，竺可桢与李约瑟会谈，初步了解对方的工作，并托李约瑟购买维生素D事宜。李约瑟次日旋即启程，计划返回时再停留一周。孰料湘桂战局急转直下，李约瑟从昆w明直飞重庆，而未能再访遵义。8月开始的西南之旅，因搭乘英国军事代表团车辆从重庆到贵阳，未在遵义停留。故访问浙江大学的计划，只能留待返程途中。10月8日离开昆明前，李约瑟致电竺可桢，大概十天后到访浙大，但路上遭遇车祸，又滞留安南数日，21日下午才抵达遵义。

由于社会服务处没有房间，李约瑟一行直接来到浙江大学，在高学淘（直侯）秘书安排下，住在学校的办公室内。当时竺可桢校长还在湄潭，文学院院长梅光迪(1890—1945)和师范学院国文系系主任郭斌龢(1900—1987)接待了李约瑟。22 日下午，李约瑟参观了蔡堡领导的中国蚕桑研究所。蔡堡曾任浙大文理学院院长、生物系主任，迁到遵义时，蔡堡接受中英庚款董事会的建议，在遵义筹建中国蚕桑研究所。

22 日晚上，竺可桢专程赶到遵义，在社会服务处设晚宴并住宿。次日，在竺可桢的带领下，李约瑟一行前往湄潭，一路枫叶如火，景色宜人，不过道路泥泞，汽车故障，下午两点半才到。竺可桢已提前安排好了李约瑟的膳宿，住在湄潭卫生院（院长杜宗光）的房间，并请人找了一名厨师。当天下午，李约瑟一行在竺可桢、理学院院长胡刚复、教务长郑晓沧等人的陪同下，参观了用作校办公室的文庙，以及设于川主庙梵天宫的化学实验室，并与化学系的张其楷、王葆仁（1935 年获伦敦大学帝国学院博士学位）等教授交流。

李约瑟看到，王葆仁博士在研究磺胺类药物的衍化物（其中一些已被发现是活跃的植物生长激素）；建校元老、化学系主任王琎（1888—1966）曾任中研院化学研究所所长，是微量分析和中国炼丹史专家。其他成员还有张其楷，一位曾在德国受训（德国明斯特大学博士）的专家，研究当地麻醉剂；以及创办药学系的孙宗彭博士（曾留学美国宾夕法尼亚大学的生物化学家）。川主庙供奉的李二郎（李冰之子），也引起了李约瑟的兴趣。

24 日，李约瑟为浙江大学师生作了两场演讲。上午演讲题为《科学与民主》，师生听众达 400 人。李约瑟论述了科学与战争的关系，回顾了近代科学兴起的原因，并介绍了苏联社会主义制度下的科学，郑晓沧担任翻译。

晚上 8 点，李约瑟在文庙大殿演讲《中西科学史之比较》。他批判了中国自古无科学的偏见，认为中国古代哲学对自然界的理解不亚于希腊，传统中国科学的实验与理论之间相互为用，且技术发明显著影响了世界历史。最后讨论了近代科学起源于欧洲而非中国的问题，认为儒教重视人伦而忽视自然，不能产生近代科学，主要由于地理、气候、经济与社会等四个抑制因素。陈方正先生在《继承与叛逆》导论中认为，李约瑟在 1944 年湄潭大会上所作的演讲无疑是有关中国科学落后原因讨论的转折点。"在其中已经出现日后'李约瑟问题'的雏形与'李约瑟论题'的核心了。"[1]

Introduction   Statement of the problem. Prohibition w...
                The 4 factors. Climatical. Geographical.
  Philosophical   2. Hydrological
  Methodological   3. Social
                                   4. Economic
       Brief descr. of the Geol. structure, the orography and
              the x general ...
  Ch. philosophy: both ancient and ...   The Ch.
       could speculate as well about Nature ...

                                                        Patriarch...

  1. Rju Djia   not scientific, thought ...
        organise human soc. without Enlightenment
        secular, thisworldly, anti-manual
        But notes on Kungfutze, cf. social
        significance of sci. today.   & Mencius
        Sci & Dem/matriar. ... Comm...
  2. Tao Djia   the x sou ... intuitive & deph...
        a. Laotze, humility, connect with mystics
        b. Chuangtze   oln theory, eth...
        c. Kwantze   going watch chapter ...
        d. Tsai-tze   Tsngshihtze
              Comparison with Epicureans (Lucretius)
  3.   djia   Motze optics and mechanics & exact
                measuring-rod for ethics
                more geometrico demonstrate
  4. Ming djia.
     The logicians
  5.   Djia   legal law & natural law
           Hanfeitze   Chichastu & canal by Chin...
           Kuseikutze
                comparison with Roman jurists
  6.   utze   social significance of science
  7. L   Han ph   Wey Chung & ... people
             against the ... classes
  8.   ...   ... Fofadjia, strict
          causation inevitability overbalanced by idea
          world ...
  9.   Confucian... ... worldview by Edu...
         Hsi...   ethics
                            view of the earth
                            before & Spencer...

  (marginal notes, left:)
  only kind of
  mysticism in
  no way
  anti-scientific
  but mat.
  dialectical

  Contact with west
  Lu Shih Chun Chiu
  the x ... fish the spoon
  later ...
  of York ...

  as pegs...

1. 最早的《中国科学技术史》手写目录
1944 年 10 月 25 日

2. 浙江大学校长竺可桢出席中国科学社的年会
贵州湄潭，1944 年 10 月 25—27 日

3. 中国科学社会议，前右起谈家桢、王琎、胡刚复
贵州湄潭，1944 年 10 月 25—27 日

	2	5
1	3	
	4	6

1、2、3. 中国科学社会议
　　　　贵州湄潭，1944 年 10 月 25—27 日

4. 中国科学社会议，二排右起贝时璋、王葆仁、王淦昌、吴耕民
　　贵州湄潭，1944 年 10 月 25—27 日

5. 竺可桢在中国科学社会议上发言，桌子周围有王琎、贝时璋、王葆仁
　　贵州湄潭，1944 年 10 月 25—27 日

6. 中国科学社会议结束后学者们走出会场
贵州湄潭，1944 年 10 月 25—27 日

李约瑟的报告引起了热烈讨论。竺可桢认为，如果把近代科学看作实验科学，中国人不喜欢动手，也是现代科学未在中国产生的原因之一。郑晓沧、胡刚复均发表了看法，数学史家钱宝琮（曾留学英国伯明翰大学）发表了长篇的评论，讨论到 11 点才结束。也许正是这些思考和讨论，让李约瑟于次日下午列出了写作《中国科学技术史》(Science and Civilisation in China) 这一大书的计划。

李约瑟访问湄潭期间，正逢中国科学社举办成立 30 周年的纪念活动。中国科学社是我国第一个综合性科学社团，由于战时交通不便，庆祝活动由各地分会分别举办。10 月 25 日上午 9 点，遵义地区社友会在湄潭文庙召开年会，李约瑟和毕铿应邀出席，到会社员 39 人。李约瑟在致辞中表示，希望中英科学合作馆与英国设于美、印、法、苏等国的相关机构一道，成立国际科学合作机构。上午由钱宝琮主讲《中国古代数学发展之特点》。下午宣读论文 30 余篇，李大斐也向生物系学生演讲《肌肉收缩之机制》。李约瑟本打算于次日

李大斐和中国科学家一起在文庙用餐
贵州湄潭，1944 年 10 月 24—27 日

离开，但认为可看之处尚多，一再延后行期。一些高水平的研究成果，包括束星北的《加速系统的相对论转换公式》、王淦昌的《中子的放射性》等论文给李约瑟留下了深刻的印象，后来他把其中5篇带到伦敦，发表在英国《自然》杂志上，而浙江大学通过中英科学合作馆介绍到西方刊物发表的论文达23篇。

26日，李约瑟在竺可桢等人的陪同下，参观了数学研究所和物理系，毕铿则去了农学院。物理学方面，由于缺乏设备，多数的研究工作侧重于理论方面的原子核物理以及几何光学方面，然而水平显然很高。研究者有留学德国柏林大学的王淦昌博士、留学美国芝加哥大学的丁绪宝、加州理工学院的何增禄，还有大有前途的青年教师程开甲。1941年，程开甲在浙江大学毕业后留物理系任助教，李约瑟眼光独到，推荐他申请英国文化委员会的奖学金，次年赴英，成为爱丁堡大学玻恩(M. Born)的学生，后来领导中国核试验场建设，被称为"核司令"。数学研究所则由留日的几何学家苏步青博士主持，他与陈建功密切合作，在中国数学研究领域成就卓著。

浙江大学生物系遗传学家谈家桢教授
贵州湄潭，1944 年 10 月 24 日

　　午餐后，李约瑟与李大斐去农化系，毕铿去生物系。下午四点半，李约瑟到生物系，与教授们谈论生物化学问题，演讲《组织问题的历史概述》。李约瑟看到，生物系在贝时璋博士的领导下，一直在研究腔肠动物生殖作用的诱导现象和昆虫的内分泌等项目；谈家桢博士曾师从加州理工的摩尔根，他对瓢虫奇特的色斑遗传学研究已在美国学界引起颇多关注。

浙江大学生物系遗传学家谈家桢与其他研究人员

贵州湄潭，1944 年 10 月 24 日

　　拥有广阔场地的农学院也正在开展诸多研究。农业化学系的生物化学家罗登义已经发现，当地一种刺梨极富营养价值，维生素 C、P 的含量很高，据说李约瑟还将这种刺梨命名为"登义果"，并将他研究维生素 P 的论文推荐到美国杂志上发表。酿造组的白汉熙教授正在研究贵州著名的茅台酒所用的特殊酒曲。彭谦博士主持下的土壤学研究，则进行土壤的 pH 及土中微量元素如镍、锌等的研究。

浙江大学农业研究所的营养学家罗登义，展示一种刺梨样本，这种刺梨含有丰富的维生素 C

贵州湄潭，1944 年 10 月 24 日

浙江大学农业研究所的研究人员在试验田中使用显微镜

贵州湄潭，1944 年 10 月 24 日

27 日上午，李约瑟夫妇和毕铿参加了文庙举行的圆桌讨论会，毕铿、竺可桢、陈鸿逵、胡刚复、丁绪宝、王淦昌、谈家桢等与会，毕铿先后演讲了《形态学的分子基础》和《胶粒与聚合物》，讨论持续到中午。下午李约瑟一行游览了观音洞，在江西会馆参观了湄潭茶厂，顺便还瞻仰了吕洞宾像。值得一记的是，1939 年农林部中央农业实验所和中国茶叶公司在湄潭创建了中央实验茶场（1941 年改称中央农业实验所湄潭实验茶场），昆虫学家刘淦芝（哈佛大学博士）任场长。茶场与浙江大学合作开展茶叶和土壤研究，使湄潭一度成为中国现代茶叶科研和种植推广的中心之一[2]。

次日，李约瑟告别湄潭的学者和杜宗光院长，在竺可桢的陪同下返回遵义，入住社会服务处。曹天钦生病发烧已数天，郑晓沧为他寻找医生，李大斐陪同照料。李约瑟和毕铿则前往陆军军官翻译学院，学院设于文庙，在那里李约瑟可以用英语、法语和德语与他人愉快交谈。接着，李约瑟参观了浙大的历史系和地理系，认为尚可，对所藏地图和徐霞客三百周年纪念事宜较为留意。29 日，李约瑟一行作别竺可桢，前往桐梓。

同李约瑟一样，竺可桢校长也怀有对科学史的"情结"。竺可桢曾留学哈佛大学，聆听过科学史家乔治·萨顿（George Sarton）的课程。他长期关注中国古代未能产生（现代）科学的问题，并对天文学史有一定研究。竺可桢后来还为李约瑟搜购古籍，李约瑟在其 1954 年出版的《中国科学技术史》第 1 卷序言中写道："我们最慷慨的赞助人是著名的气象学家、长期担任浙江大学校长（现任中国科学院副院长）的竺可桢博士，在我将离开中国的时候，劝说许多朋友四处寻找各种版本，因此在我回到剑桥后不久，整箱整箱的书就运到了，其中包括一部《图书集成》（1726 年）。"

1. 陈方正. 继承与叛逆：现代科学为何出现于西方 [M]. 香港：中华书局，2021：13-14.
2. 湄潭县政协委员会. 茶的途程 [M]. 贵阳：贵州科技出版社，2008：32.

6 小 结

李约瑟在行程报告中，还对西南地区的经济、社会和政治状况作了一番评述，这些思考较为客观地反映了当时工业界和学术界所面临的困境。

首先是企业经营状况的急剧恶化，说明了抗战后期中国大后方经济濒临崩溃的局面。李约瑟访问的 20 多处企业，只有少数能够充分运行，一般只能维持 20%～30% 的生产，原因是买不起价格疯涨的原材料，而产品价格却被政府控制。即使一些兵工厂也开工不足，因为一些原材料，如光学玻璃、人造石墨等，都必须从国外购买。而由于现代设备无法进口，资源委员会的工厂效率很低，产量有限。只有少数企业获得美军的市场，如昆明的中国电力制钢厂，就向美军提供各类钢材，仍能全力生产，算是特例。

其次，经济恶化给学术界造成严重危机。生活开支如今已达到战前的 800 倍，大学教授薪水的购买力却只有战前的约 10%。因为生活花费增加，虽发放越来越多的津贴，但永远跟不上物价上涨。他们的食物，除了偶尔的情况，就只有米饭和蔬菜，因此不得不在外兼职，让妻子工作，卖书和衣物。科研机构的预算，简直"微不足道"，如中研院化学研究所，全部经费只够研究所支付燃料费用，为了维持只能做点"经营"活动，制造一些化学药剂售卖。

造成上述局面不乏政治的原因。李约瑟听说，压缩旧大学的经费是一项政策，教育部更喜欢建立新大学和中学，这样便可安插亲信。很明显，西南联大以思想自由而著称，只能容身于极为简陋的校舍，而许多政府支持的中学，却有华丽的建筑。

而关于科学与政治的关系，李约瑟认为，中国的科学界没有得到充分动员，这个观点是站得住脚的，此次旅行中也得到体现。他越来越清晰地看到，国民党当局害怕任何基于民众的战备活动；政府不接受由学者、科学家和技术人员领导的群众运动，却倾向依赖强征的装备低劣的壮丁。这种恐惧导致各个环节的组织混乱。

在昆明，李约瑟还有机会接触民主同盟的领导人。该组织于1941年秘密成立，国民党一直试图破坏。大后方的知识分子，特别是科学家和技术人员，更加确信政府需要做出深层的变革，才能赢得战争，才能在战后推行工业化。

1944年11月15日，李约瑟结束此行不久便回国述职，宣传中国战时的科研成就，同期孔祥熙被免去财政部长职务。

在李约瑟的影集里，还有两张永利化学工业公司车队运输的照片。1938年，天津永利化学工业公司西迁四川五通桥，为转运进口的机器设备，1940年永利在昆明设立运输部，从缅甸仰光经滇缅公路运送物资到四川，全长3000多公里。范旭东亲自赴美国买下200辆福特牌载重汽车，自办运输。然而，1942年5月，日军轰炸保山，滇缅路上80多辆永利的汽车被炸毁，公司的海外运输通道被全部切断。这是装载钢料的车从腊戍运抵昆明时的纪念照片。

永利化学工业公司运输钢料的卡车队

云南昆明，1942 年 8 月 22 日（此图为李约瑟访问该公司时获赠）

戰時的運輸

長蛇陣似的車隊滿載建造國防化工的器材從緬境臘戍東開全程不下三千公里中途要突破海拔二千六百公尺的天險要穿過滇川兩省無數的峻嶺崇山進抵瀘州或捨車登船湖江上駛轉入岷江或原車直放入岷江或原車直放本廠我們戰時運

民國三十一年八月廿二日
扵昆明城北黃土坡
本公司昆明車廠

工業公司
運輸部誌

永利化学工业公司运输钢料的卡车队

戰時的運輸

Part Seven

第七章 北方之旅

——华北院校、陇海铁路与炼丹术

李约瑟于 1944 年底回国述职，1945 年 4 月 21 日才返回昆明，次日即到重庆。据报载，他此次携带了 100 只用于科学研究的白鼠飞越驼峰航线，期间还为其供氧和喂食[1]。安顿之后，李约瑟立即撰写关于国际科学合作事业的第三个备忘录，总结他在中国的经验和看法。6 月中旬应邀赴莫斯科出席苏联科学院成立 220 周年庆典，他在会上散发备忘录，争取主要国家代表团的支持。

8 月 15 日，随着日本宣布无条件投降，第二次世界大战终于落下了帷幕。李约瑟对中国教育科研机构的考察也接近完成。大后方的几个教育科研中心，只有陕西匆匆路过，尚未深入探访。而且，战后中国的命运将会如何，延安的情况也让他向往。1943 年的西北之旅，因与台克满爵士同行，经四川到陕西，李约瑟从凤县双石铺直奔天水。本来计划回程再访问西安，却因卡车故障而滞留敦煌月余，不得不从兰州飞回重庆。

---

1. 尼德汉氏抵昆，携带白鼠飞跃驼峰 [N]. 中央日报，1945-4-23.

1945 年 8 月 25 日，李约瑟开始了北方之旅。也是先向西北到绵阳，然后折向东北，走川陕公路到宝鸡和西安，再向西抵达甘肃天水。当然，访问的 34 个机构中，只有 1 个在甘肃省，4 个在四川北部，其余均属陕西。

李约瑟此行的团队又有所扩大，除李大斐和曹天钦外，又增加了邱琼云女士。邱琼云是福建厦门人，1943 年毕业于成都华西大学生理学系，担任中英科学合作馆的图书馆员。她不久留学剑桥大学，师从李大斐攻读博士学位。四人团队还有额外的好处，就是可以分成两队，同时访问两个机构，从而能够在紧凑的时间里到访多个地方。

西南之旅的座驾留在了昆明，由毕铿和桑德斯使用。李约瑟乘坐英国军事代表团新调拨的一辆 1.5 吨福特卡车，这辆车动力更强劲，故障也较少，司机和机械师还是邝威和林美新。始料未及的是，此行最大的麻烦，却是来自天气，四川的雨季导致河流泛滥，冲毁了道路，也让李约瑟遭遇险境。

1 旅途概况

李约瑟一行 8 月 25 日离开重庆,选择与先前不同的道路,经过璧山、遂宁,到达三台,访问了那里的东北大学。然而,天气逐渐变得恶劣,在绵阳滞留了 10 天,直到 9 月 10 日才重新出发。绵阳是川陕公路的起点,李约瑟继续前往广元,加上了甘肃石油管理局的汽油,从宁强进入陕西。以汉中为中心,他们访问了城固的西北大学、古路坝的西北工学院。

接着李约瑟经双石铺、宝鸡到达西安,并在那里停留 9 天,主要访问了一些医学机构。10 月 3 日动身,沿着陇海线西行,在武功停留访问了西北农学院及其试验场,普集镇的秦岭林区管理局。然后以宝鸡为中心,访问了周围的工业区,包括工合和私营工厂。10 月 16 日离开宝鸡,在双石铺队伍分开,李约瑟和曹天钦进入甘肃,参观天水的土壤保护试验站。自 10 月 19 日开始返程,26 日晚上抵达成都。11 月 3 日出发前往内江,次日深夜返回重庆(实际已是 5 日凌晨 1 点)。

在李约瑟看来,此行的乐趣和到访机构的价值,丝毫不逊色于之前的旅程,足以和前面的四川、西北、东南、西南之旅并称"五大旅行"。

李约瑟北方之行日程表

日期	行程	自驾里程/公里
8 月 25 日	重庆—璧山	70
8 月 26 日	璧山—遂宁	161
8 月 28 日	遂宁—三台	110
8 月 30 日	三台—绵阳	64
9 月 10 日	绵阳—梓潼	60
9 月 11 日	梓潼—广元	162
9 月 13 日	广元—汉中	224
9 月 15 日	汉中—城固—汉中	45
9 月 16 日	汉中—古路坝—汉中	22
9 月 18 日	汉中—城固—汉中	67
9 月 19 日	汉中—庙台子	96
9 月 22 日	庙台子—宝鸡，22 日夜乘火车，次日晨到西安	165(铁路)
10 月 3 日	西安—武功	(铁路)
10 月 5 日	武功—宝鸡	(铁路)
10 月 10 日	宝鸡—周至	(铁路、马车)
10 月 11 日	周至—楼观台	(马车)
10 月 12 日	楼观台—马桥	(步行)
10 月 13 日	马桥—宝鸡	(马车、铁路)
10 月 16 日	宝鸡—双石铺	100
10 月 17 日	双石铺—天水	229
10 月 19 日	天水—双石铺	229
10 月 20 日	双石铺—庙台子	61
10 月 21 日	庙台子—褒城，参观汉中	113
10 月 22 日	褒城—广元	206
10 月 25 日	广元—梓潼	162
10 月 26 日	梓潼—成都	192
11 月 3 日	成都—内江	210
11 月 4 日	内江—重庆	225

2 璧山

8 月 25 日，李约瑟与前来送行的罗士培[1] 夫妇和汤佩松等人告别，还到崇敬中学捎上了社会教育学院的程锡康，启程离开重庆。出青木关，第一站是 70 公里外的璧山。李约瑟访问了这里的社会教育学院、唐山工程学院和江苏艺术学校，晚上留宿社会教育学院。

(1) 璧山社会教育学院

国立社会教育学院创办于 1941 年，这所独特的学院以研究社会教育学术，培养社会教育人才为宗旨，推广大众化教育。尤其抗战让政府认识到开展社会教育的迫切性，社会教育不仅普及识字教育，提高文化水平，而且训练民众，推行科学知识，改善日常生活[2]，从而有利于建设计划。

首任院长陈礼江 (1895—1984)，曾留学美国芝加哥大学，回国后担任江西教育厅厅长、教育部社会教育司司长等职，致力推动社会教育事业，受命直接负责筹备社会教育学院。他借用璧山男中、女中和职业学校的校舍，吸收因抗战停办的江苏教育学院和大夏大学两校社会教育学系的师生，1941 年秋正式开学上课。学院设有研究部，研究社会教育的理论和实施，负责人即程锡康（哥伦比亚大学博士）。学院设有四个学系：社会教育行政、社会事业行政、图书馆博物馆学、新闻学；三个专修科：电化教育、社会艺术教育、国语专修科；以及社会教育实验区等附属机构[3]。学生毕业后，可以到县市学院、民众教育机构就职，或担任图书馆、博物馆馆员，社会事务工作者等。

李约瑟中午参观时，该校设备寥寥无几（倒有四架钢琴），图书馆主要是中文图书杂志，尚有可称道之处。还建成了一个考古博物馆，收藏有铭文拓片、图文汉砖。李约瑟也得知，随着抗战胜利，学院拟迁往南京和苏州办学（即今苏州大学）。

1. 罗士培(Percy M. Roxby, 1880—1947)，英国地理学家，利物浦大学地理系教授。1945 年来华担任英国文化委员会驻华首席代表，并接任中英科学合作馆主任。1947 年病逝于南京。

2. 国立社会教育学院. 国立社会教育学院设立旨趣和研究实验 [M]. 国立社会教育学院，1947.

3. 国立社会教育学院院长室. 国立社会教育学院概况 [M]. 国立社会教育学院，1948.

（2）唐山工程学院

午餐后，李大斐因头痛，与邱琼云留在学院休息。李约瑟与曹天钦、程锡康前往 20 公里外的唐山工程学院参观。学院位于璧山丁家坳一处很小的农庄，临时搭建的校舍简陋无比。有三个系：土木工程（包括市政、建筑和公共卫生）、矿冶工程、铁道管理。共计大约 600 名学生。

唐山工程学院前身是创建于 1896 年的山海关北洋铁路官学堂，后迁唐山，1937 年称交通大学唐山工程学院，属于交通大学系统。全面抗战期间，先后迁湖南、贵州，1942 年学院改组为国立交通大学贵州分校，1945 年初再迁璧山。李约瑟特别注意到，唐山工程学院还深受英国的影响，因为京奉铁路是英国人修建的，开滦煤矿也为英国人所有。英国人也试图通过慷慨的支持而引导该学院发展，不仅赠送图书和杂志，还通过英国公司捐赠机器。

李约瑟了解到该校曲折的搬迁经历，1937 年 7 月，日军占领唐山工程学院的校园，学院师生被迫迁出，因此无法携带任何器材。图书馆只有约 5000 册书，是精挑细选出的十分之一。校址一迁再迁，许多老教授身体羸弱，不得不步行 300 公里到贵阳。在李约瑟看来，该校最值得注意的是拥有最稳定的教职人员队伍。教务主任兼土木工程教授伍镜湖，已任教 30 余年；英语教授李斐英（曾留学美国）也在唐山任教 29 年。这在中国非同寻常，表明了学校具有良好的管理和凝聚力（可能受益于与交通部的密切关系）。

让李约瑟更有切身体会的是途中遇到的唐山校友，如著名的桥梁专家茅以升、湘桂铁路局局长兼总工程师杜镇远、黔桂铁路工程局局长兼总工程师侯家源，以及多位公路工程师和铁路机车专家都出身于唐山工程学院。1944年东南之旅在湖南撤退之际，英国工程师小组奉命炸掉部分铁路桥梁，李约瑟通过一手信息获知这些桥梁出乎意料的坚固。

（3）艺术学校

李约瑟下午5点返回唐山工程学院，接上李大斐，和曹天钦一起又到璧山城南门外，那里有三个相关联的机构：江苏正则艺术专科学校、江苏正则女子职业学校、江苏正则中学。这些学校都由著名画家吕凤子（1886—1959）主持。

正则女子职业学校是吕凤子在江苏丹阳创办的，1937年迁到璧山，称私立江苏正则职业学校蜀校，主要讲授养蚕和刺绣。正则中学是其中学部，尤其强调艺术和工艺。

抗战期间，国立杭州艺术专科学校与国立北平艺术专科学校在内迁途中合并，称国立艺术专科学校[1]，1939年迁昆明。1940年吕凤子被任命为国立艺专校长，学校随之迁到璧山。1941年，该校再迁重庆沙坪坝的磐溪。同时吕凤子将职业学校的专科部扩大为正则艺术专科学校，于1942年被正式批准。该校是重庆近郊最著名的艺术学校，传统和西洋风格兼顾。李约瑟参观了一个有些昏暗的大厅，那里正在上写生课。画廊中展出了很多精美的国画和石膏雕塑。校内设有一座小型博物馆，藏有陶器和陶艺作品。正则艺专有约300名学生，其中女生占三分之一。学生宿舍六人一间，总体上学术风气浓厚。

1.　1945年抗战胜利后，国立杭州艺术专科学校、国立北平艺术专科学校分开办学，演变为现在的中国美术学院、中央美术学院。

3 从三台到广元

　　李约瑟 8 月 26 日离开璧山，经过铜梁、潼南，前往遂宁途中，下午 4 点开始下雨。李约瑟没有想到，连绵的阴雨会为旅途带来巨大的麻烦。到了遂宁，在程锡康的推荐下，晚上入住儒葆涪联合女子中学。该校原为基督教会开办的遂宁县私立涪江女子中学，抗战期间江西南昌的私立葆灵女子中学和九江儒励女子中学迁来遂宁，合称"遂宁县私立儒葆涪联合女子中学"。次日，大雨倾盆，校园淹水，道路湿滑，只得停留一天。

　　28 日离开遂宁，看到涪江已经泛滥。路经一片棉花种植区，接着是一片产盐区，即大英县卓筒井盐，李约瑟在日记中手绘了盐井图。包括一个取盐水的井车和一根由绳子固定的长竿。井车由三人操作，圆轮上有横竹条，缠绕的绳索上绑着几百个竹筒。

李约瑟手绘盐井图

（1）东北大学

路过射洪县太和镇和金华镇，李约瑟中午到达三台，内迁的东北大学就位于这里。东北大学1923年创办于沈阳，是当时一所全国闻名的高等学府。1931年的九一八事变，让东北大学成为抗战时第一所流亡大学，先是迁北平，再迁西安，1938年最终落脚川西北的三台，借用旧潼川府贡院和毗连的草堂寺等地作为校舍。草堂寺系杜甫草堂旧址，杜甫曾在此写下《闻官军收河南河北》等不朽诗篇。

当天下午，李约瑟就参观了东北大学，与教授们会面，还见到了校长臧启芳（1894—1961）。臧启芳是一位留美的经济学家，曾任天津市市长，后来投靠了国民党CC系，李约瑟认为他首先应被看作国民党的政客。第二天中午臧启芳在家中宴请李约瑟，接着就启程前往重庆。时值重庆教育部准备召开全国教育善后复员会议（9月20—26日），故李约瑟此行访问的许多教育机构，负责人都不在场。

根据教育部命令，工学院并入西北工学院（古路坝），至1944年，东北大学设有文、理、法商三个学院，十个学系。由于远离大城市，交通方便，许多学者疏散到这里。李约瑟认为，该校还是拥有不少著名学者，办学情况也颇有可圈可点之处。较为突出的是文学院。中国文学系主任为陆侃如，他与妻子冯沅君（哲学家冯友兰的妹妹）都曾留学法国。两人合作出版了《中国诗史》《中国文学史》等名著。受法国影响的学者还有教务长兼法学院教授李光忠。理学院下设数理学系、化学系和地理学系，院长李季伟也是留法勤工俭学的化学家，地理系主任杨曾威则是中英庚款留学生。还有一位丹麦籍的传教士麦迪森（Madisen）女士兼任外语教师，也与李约瑟会面。化学系主任李家光，在县城北郊建有化学实验室，8月29日上午李约瑟前往参观，在昏暗的竹子泥灰房屋里，里面的设备仅能用于日常教学。李家光甚至出版了一份小杂志《东北化学通讯》，在化学系同仁间传阅。李约瑟肯定了他作出的一番努力。

参观中，李约瑟发现位于校园中心的图书馆是其最大的亮点。东北大学利用草堂寺改建为图书馆，并将旧钟楼改造为新杜甫草堂，悬挂杜甫画像，让不少师生触景生情[1]。李约瑟看到，期刊室的摆设超过任何他曾访问过的中国大学；阅览室非常宽敞，书架充盈，大家都在勤奋学习，许多有更高声誉的大学可能都要羡慕不已。东北大学还注重东北地区的史地研究，出版两种期刊，《志林》登载文史政经领域的研究成果，已出 8 卷[2]；《东北集刊》[3]登载东北史地的研究成果，已出 7 卷。

经过几年发展，东北大学的学生已经达到 1000 余人，而且从 1941 年起招收硕士研究生。李约瑟看到，由于校长的倾向，学习经济和政治的学生人数分别达到 297 人和 263 人，而学习中文和法律的共有 211 人，理学只有 60 人。同时，东北大学学生的籍贯结构已经发生变化，东北流亡学生只占少数，却仍享受优待，以致引起派别对立。李约瑟也听到当地的传言，这里发生过多起学生罢课事件，通常是由于所谓的过于偏袒东北籍学生而引起。不过他仍坚信，该校在东北时期的办学水平肯定远高于此，将来复员后也会有较大的提升。

1.　张在军. 东北大学往事，1931—1949[M]. 北京：九州出版社，2018：162.

2.　《志林》于 1940 年 1 月由国立东北大学创刊于四川省三台县，至 1945 年 6 月停刊，共编辑出版 9 期。

3.　《东北集刊》，系国立东北大学东北史地经济研究室发表专题研究之集合期刊。1941年 6 月，《东北集刊》第 1 期出版发行；1945 年 12 月，《东北集刊》第 8 期出版发行。

（2）公路遇险与抗战胜利

休息了一个下午，李约瑟遇到公谊救护队（FAU）的欧文·杰克逊（Owen Jackson），他从绵阳返回，经过渡口，得知前方道路尚可通行。尽管当晚已开始下雨，李约瑟还是不愿意枯等一天，30日上午决定出发，冒雨前往绵阳。

此段路况虽然比遂宁要好，但在距离绵阳13公里处，一座石桥的桥基已被雨水泡软，卡车的一个轮子陷了进去，只得到附近一处农舍避雨。农舍主人周太太非常热情，为他们煮了玉米棒子。修路工人很快来到，工头黄金华从报纸上认识了李约瑟，不肯接受任何报酬，说这是"应该"（义务）的。下午4点卡车继续出发，沿着涨水的涪江走了3公里，绵阳城已经在望。然而洪水汹涌，桥梁无法通过，也没有渡船。李约瑟最终找到一处防空疏散用房（属于一家银行）。主人宋太太为他们安排了舒适的房间和物品，并准备了晚餐。

然而，当晚继续电闪雷鸣，倾盆大雨，让人无法入睡。31日早上出门查看，发现水已经涨到路面，卡车也已无法开到较高的地段，因路基已经冲毁，随时有垮塌的可能。李约瑟没想到雨会持续这么长时间，以致完全被困在了这个地方。早餐时，所有人都在打包准备撤离，在一些民工的帮助下，李约瑟等人携带部分行李后撤到两公里外的一所中学——四川省立绵阳中学（今绵阳南山中学）。

这所中学颇值得一记。该校原为英国基督教会创办的"华英小学"(1908)和"华英男中"（1916），1928年由当地政府收归国有。李约瑟得知，过去五年中，政府对其经费投入非常有限，尽管现在有数百名寄宿的男生，但校内建筑大多失修，卫生条件也很差，花园更是完全破败，亭子草木丛生，几乎废弃。最令人惊讶的是这里还有一些英式墙手球球场，已被荒草覆盖，宛如失落文明留下的遗迹。李约瑟找到负责人，被安排入住宽敞通风的阁楼，连排的窗户，凉风习习，感觉比凯斯学院的长休息室还要大。

李大斐和邱琼云准备食物，李约瑟和曹天钦则返回洪水中的卡车，雇佣一些苦力将其他行李搬回来。李约瑟在水边等待之际，一阵轰鸣传来，前晚住过的房屋和龙王庙都被洪水冲塌。洪水已经淹没了整个路面，好在卡车所在路段地势稍高，尚为安全。邝威和林美新留在卡车上，李约瑟告知他们如果路段不稳便可以放弃车辆。

回到住处，外面仍然狂风大作，下午到晚上一直在下雨。总而言之，李约瑟碰到了前所未有的麻烦，所有人都认为卡车会被冲走。9月1日早上，太阳终于升起，李约瑟与曹天钦出门查看情况。洪水消退了很多，现在已经远离了城墙，几乎退回本来的河床。曹天钦继续前行，发现卡车仍在。邝威和林美新昨晚不得不撤离，当时水已经淹到车内一英尺，他们使用充气的内胎，游泳离开卡车，还在一个内胎上运走了打字机。

傍晚，放下心来的李约瑟和李大斐一起外出散步，他们来到了附近的十贤堂和南山南塔，遥望西康边界，金黄的落日余晖洒满了起伏的山脉，风景绝美，他们不禁歌唱起来。第二天李约瑟和曹天钦渡河进入绵阳城内，得知一个重大号外，日本正式投降了，在美国战列舰"密苏里号"上签了投降书。大家已在讨论关于胜利庆典的事情。

惊魂之余，李约瑟想到了路易·艾黎，遂模仿其风格赋诗一首，此诗收入了《科学前哨》：

赠路易·艾黎诗
（效其诗体）

前往长安道上，行行渐近剑门；
八月将尽时分，忽遇大雨倾盆。
我们来到浩荡的涪江边沼泽草原；
越过了一个深坑，又遇到塌陷的沟渠，
只好在茅舍里过夜，等待渡江。
到天明，江水陡涨，洪流泛滥，

冲走了两岸屋舍，砰啪作响，

正如宋代的火药，爆炸轰鸣。

我们赶快退到高地躲避，

可是沟渠继续塌陷，汽车无法回行。

我们只好坐等江水降落，听天由命。

就这样，我们（几个希腊人）羁留在涪江之滨。

在一个学校的阁楼上，暂时栖身；

晾开了我们的衣服，手表，和书本。

洪水的高峰已经和汽车相平，

路上只看见露出水面的电线和桥顶。

就这样，我们（像古代的罗马人）在这里被困。

但是，我们心中仔细体味，

觉得，这光景倒也颇为动人。

七尺高的白茅，迎风招展，

远看起来，就像剑戟森森；

又像旌旗飘扬，在迎接汉代的敌人。

但走向前去，挨着身子，却又柔和可亲，

好像汉武帝的李夫人，步履轻盈，罗袖无声；

凭借李少君的仙术，霎时复生，泪眼盈盈。

　　此时的交通情况不容乐观，一个当地老人说，自从光绪十六年(1890)以
来从未见过如此大的洪水。公路局助理局长王弼卿（唐山工程学院毕业）告知
通往各个方向的交通都中断了。成都、遂宁都发了洪水，运车的渡口尚未开通。

李约瑟决定设法搬到城内居住，以便得到消息。经过联系郑铁侠牧师，9月4日李约瑟一行搬到了主教教堂的大院，同时得知至少需要一周时间向北的川陕公路才能通行。

日本投降也让李约瑟思考战后中国如何发展科学事业的问题。李约瑟想起1943年夏天会见蒋介石时，蒋介石曾委托李约瑟在完成战时任务离开中国前，为他准备一份关于中国科学技术现状和前景的报告。正好借滞留绵阳的时间，从6日到8日，李约瑟奋笔疾书，完成了一篇题为《中国科学与技术的现状和前景》[1]的鸿篇大作。报告中李约瑟就"增加政府对科学支持""提高中国科学声望""国际科学关系"等九个重大问题陈述了自己的意见。曹天钦断言该报告是"一份杰作"。其间，李大斐、曹天钦和邱琼云等则前往原英国圣公会学校私立育德中学[2]参观。那里有许多生物学的藏品，包括一架骨骼标本，以及一些物理和化学仪器，图书馆也非常好。学校有200名学生，而且三分之一是女生。

完成报告后，李约瑟接到了参加9月9日胜利日庆祝会的邀请。这一天，侵华日军投降仪式在南京举行，各地召开庆祝活动。绵阳先是中午在大礼堂召开庆祝会，李约瑟、美军代表和地方军政官员坐上主席台，县专员、美军车队队长和李约瑟发表演讲。下午观看了中美篮球友谊赛，晚上整个城市举行提灯游行，包括法官在内的所有官员、民兵和佩戴各校标志的学生，都打着各种各样的灯笼，非常壮观。还有十人的舞龙队、彩绘卡车、戏装和乐队等。众人狂欢，令人印象深刻。

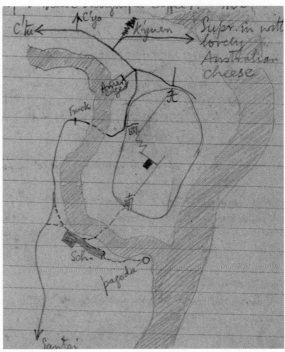

李约瑟绘制的洪水情况：安昌河（左）与涪江（右）交汇处，A 为渡口；B 为龙王庙，驻有士兵；C 为银行房屋；D 为路边房屋，卡车停放处；E 为涵洞沉降；F 为石桥，31 日被水漫过；G 为商店，31 日撤离；箭头为洪水上涨方向

李约瑟绘制的地形图。今绵阳南山中学，塔为南山南塔

1. 李约瑟. 中国科学与技术的现状和前景 [J]. 付邦红，译. 科学文化评论，2008(05)：5-29.
2. 私立育德中学(1925—1953)，1925 年，华英男中被当时的四川省政府收回，改为省立绵阳中学。1928 年，华英男中从南山迁回城内斌升街原址，与留在原址的华英女中合并，改名为私立绵阳育德初级中学，这是绵阳境内最早实行男女合校读书的学校之一。

（3）广元工厂

次日（9月10日），卡车的发电机修好了，李约瑟收拾行装启程。绵阳是川陕公路的起点，但道路桥梁多处损毁，一路上困难重重。经过梓潼、剑阁、昭化，11日晚抵达广元。广元是川北重镇，与甘肃、陕西交界。李约瑟入住富保廉小姐（Miss Pauline Foote）主持的中国内地会。雨已停歇，房间很舒适，并且第一次没有蚊子侵扰。富保廉小姐有着传奇般的经历，作为一位女传教士，她曾身处河南游击区，穿过日军封锁线来到广元。在广元停留的一天里，李约瑟前往大华纱厂、陇海铁路机械厂、雍兴公司酒精厂参观，李大斐和曹天钦访问了棉纱厂、军火厂。

始建于1935年的大华纱厂是西安最早的现代纺织企业，作为空袭疏散计划的一部分，在广元设厂。山西的棉花运到广元纺纱，再到成都织布。机器大多是日本产的，纱锭数量约为1.6万个。但发电厂设备主要来自英国，全部位于山坡上的半天然山洞中。工厂的设施齐全，有铸造厂、锻造厂、机械工厂、电焊工场等。电焊工场还帮李约瑟修好了卡车零件。工厂有一个检测实验室，测试纱线的拉力强度。李子和领导下的工程师团队高效得力，但迫切需要技术资料书籍。李约瑟也注意到，工人中大多数人是河南逃亡来的难民，待遇条件较差。

因宝鸡遭受严重空袭，陇海铁路机械厂也疏散到广元。该机构相对规模较小，但仍能发挥机械工厂的功能，并与宝鸡通过一个小型卡车队保持联系。厂长是留法工程师张清河，厂内井井有条。李约瑟看到他们使用的许多机器，包括车床、钻机和刨床等，都是自制的。

李约瑟下午参观的雍兴动力酒精厂为雍兴公司的分厂，雍兴公司成立于1940年，总公司位于甘肃天水，以棉毛纺织业为主，其他各厂均属辅助性质。为解决运输原材料的汽车燃料问题，故设动力酒精厂。厂长为孙镜清，曹天钦以前曾和他在双石铺的陕西省实验室中共事。该厂运营良好。发酵的混合糖化物，当地用小麦而不是大麦制作麦芽，原材料玉米通过水路从陕西边境的宁强运来。产能约为每月 7000 加仑，但由于财务原因，经常达不到这个产量。

  阎锡山的一座军火厂就在内地会对面的庙里，外面可以听见响亮的汽笛，但所有的机器都很老旧。也许只能生产有限的轻武器弹药，供给保安团使用。

4 陕西汉中

9月13日，李约瑟离开广元，翻越七盘关，进入陕西宁强。宁强原称宁羌县，1942年元旦改名。李约瑟在日记中特别注明，是宁"强"而不是"羌"。在这里大家吃了一顿丰盛的午餐，以庆祝李约瑟和李大斐结婚21周年。李约瑟喝了白干，邱琼云和曹天钦送来红纸包装的饼干。下午，经褒城抵达汉中，入住中国内地会。

抗战以来，平津高校和科研机构的西迁，充实了陕西、甘肃等地的教育文化力量。尤其是1937年以国立北平大学、北平师范大学以及北洋工学院为主体组建了国立西安临时大学，1938年又迁往城固，改称西北联合大学，进而改组为5所独立的国立大学，即国立西北大学（城固）、国立西北医学院（汉中）、联大工学院与焦作工学院合组的国立西北工学院（古路坝）、联大农学院与西北农学院合组的国立西北农学院（武功）、联大教育学院改称国立西北师范学院（兰州）。其中前三所学校均在汉中附近。在当地学者的帮助下，李约瑟随即制订了以汉中为中心的参观计划。

（1）国立西北医学院及附属医院

西北医学院为原北平大学医学院，前身是成立于1912年10月26日的国立北京医学专门学校。医学院独立设置后，与附设医院一起从西安迁到汉中文家庙。1944年年初，国立西北医学院发生学潮，为平息学潮，医学院院长徐佐夏、教务长李宝田及附设医院院长赵清华等一批教授离职离院。5月，教育部聘请著名生理学家侯宗濂任国立西北医学院院长，侯宗濂将附设医院迁到汉中汉台，邀请知名的内科专家陈阅明担任医院院长。

9 月 14 日上午，李约瑟最先访问了西北医学院附属医院。在那里会见了院长陈阅明、皮肤学家张纬武和热情的化学家王云明。李约瑟看到，医院运营良好，有 35 张病床，6 张产床，以及不错的手术室，每天门诊接待 100 名患者。医院利用收入，新建了一座造价 500 万元的病房。医疗和外科人员工作较为高效。

下午李约瑟借了一辆吉普车，和陈阅明、王云明一起沿小路前行 5 公里，到文家庙参观医学院。医学院院长侯宗濂已前往光复的日占区域，视察那里的医学院校。医学院有约 300 名学生，包括六年制的学生，其中 200 名学习基础医学。所有的课程此前都是日语或德语教学，现在改为汉语。

在基础医学实验室，有充满热情的化学家王云明、富有才干的生物化学家汪功立、心灵手巧的解剖学家马仲魁等人，职员中还包括几名女医生和女教授。李约瑟也了解到，教务长兼耳鼻喉科教授杨其昌不幸在轰炸中罹难。实验室尽管整洁卫生，但极度缺乏仪器设备。组织学系只有三台显微镜，房屋也狭窄，拥挤不堪，战时实际无法开展研究工作。由于乡村迷信，获取解剖用的人体极为困难，已过中年的马仲魁还必须自己操刀解剖，让学生围观学习。唯一尝试开展研究工作的是细菌学家褚仲如，他发现了一种用实验手段产生自动噬红细胞作用的方法。但要蓄养任何实验室动物都花费惊人，对他来说是一个难以克服的困难。

李约瑟最看重的是曾经留学伦敦大学医学院的李佩琳，两年前二人曾在兰州相识，富有个性的他，很难入乡随俗，如今更加心怀不满。在同医学院师生的接触中，李约瑟也敏锐地意识到"总是有些地方不对劲"，如经常会有学生罢课和骚乱。实际上，在汉中艰苦办学八年，为了医学院能够复员回北平，师生已经展开了斗争。最终教育部以建设西北为重，1946 年 8 月下令西北医学院与国立西北大学合并，迁往西安。

李约瑟在汉中还拜访了意大利籍罗马天主教祁济众主教 (Civelli，一个老朋友)，祁济众主教是一个思想活跃的人，正在认真阅读《这个化学时代》(*This Chemical Age*)，对政治也非常感兴趣。谈起古路坝 (西北工学院) 的工程师，祁济众抱怨说，他们与那里的德国神父 (战时关押) 闹矛盾，还偷过他的葡萄！

(2) 国立西北大学

位于城固的西北大学是原西北联合大学的主体部分，包括文学院、法学院和理学院。虽然与西南联大有些差距，但给李约瑟的印象要比东北大学好得多，"可以称为二流大学中的佼佼者"。9 月 15 日，在李佩琳的陪同下，李约瑟沿汉江下行 31 公里到城固。

校本部及文、理两学院坐落于整洁秀丽的清代考院里，庭院内有四株巨大的樟树。校长刘季洪已到重庆开会，由教务长杜元载 (芝加哥大学教育学硕士) 出面接待。李约瑟会见了这里的教师，并对他们留下极好的印象。理学院院长是富有才干的赵进义，他是留学法国的天文学家和数学家，中央研究院特约研究员。生物学系的主任是毕业于美国威斯康星大学的植物病理学家刘汝强。化学系主任是德高望重的张贻侗，早年留学英国伦敦大学，曾师从诺贝尔化学奖得主拉姆赛 (W. Ramsay)。物理学系主任是岳劼恒，曾在法国索邦大学工作过很长时间。还有心理学和哲学教授高文源，曾在密歇根大学学习，李约瑟称其为"真正的专家"[1]。

李约瑟参观了新建的物理系、化学系、生物系、地质地理系和图书馆。物理系仪器齐全，许多零件来自美国空军。物理系和化学系都收到公谊救护队从昆明托运来的大量仪器和玻璃制品。李约瑟还专门提到，地质地理系教授兼主任、著名地理学家殷祖英是全能人才，曾在英国伦敦大学攻研地理学，工作涉及地质学、地理学、矿物学和气象学。尽管访问期间与殷祖英未曾见面，但看到系里充满活力的年轻助理人员，以及从附近山区采集的丰富的矿物标本，不难感受到他的影响力。图书馆和阅览室尽管有些小，但质量较高，图书大多是中文书。期刊室维护得不错，得到了充分的使用。

李约瑟向西北大学赠送了图书和杂志，并利用下午茶的时间作了北方之旅的首场演讲，介绍中英合作馆的工作。第二天李约瑟又从汉中来到城固，带来更多的图书。然后步行出发，前往古路坝。9月18日下午，李约瑟再一次来到城固，赠送书刊，并在烛光中演讲《科学与民主》，听众有200余人，令李约瑟感到非常温馨难忘。

1. 尹晓冬，姚远. 1945 年李约瑟博士访问西北大学初探 [J]. 西北大学学报（自然科学版）. 2013，43(04)：670-676.

（3）西北工学院

古路坝位于城固县南 12 公里，清末意大利主教在此修建了一座天主教大教堂，建筑群包括青砖木结构楼房五百余间，风格中西合璧、雕梁画栋，十分壮观。辛亥革命之后，传教士纷纷回国，此地一度用作司令部，战时还曾关押过一些德国神父。全面抗战初期，西北联合大学工学院入驻办学，1938 年，北洋工学院、北平大学工学院、东北大学工学院和私立焦作工学院合组为西北工学院，以古路坝教堂为校址。李约瑟了解到，"古路坝"可能是古代商路，也可能与古代木匠鲁班有关，当地传说他只用一天就建好了附近的一座寺庙，至今被奉为木匠祖师。

然而，古路坝尽管建筑精美，却由于交通不便，需从城固向南走一天的山路才能到达，被戏称为战时大后方"文化三坝"中的地狱（古路坝是地狱，沙坪坝是人间，华西坝是天堂）。李约瑟也知道这种说法，认为这主要是指古路坝与世隔绝，而不是指学院的水平。他还毫不犹豫地评价其为除唐山工程学院之外最好的工程教学机构。

西北工学院教务长潘承孝已于两天前来汉中与李约瑟商定访问计划。9月16日中午，在潘承孝、杜元载的陪同下，李约瑟和李大斐、曹天钦、邱琼云一起出发前往城固，还给两位女士安排了滑竿。沿着山谷小路前行，过汉江渡口，在穆爷庙、板凳崖停下来休息喝茶，翻山越岭之后，晚上7点终于来到一座教堂建筑。李约瑟向师生赠送了几包图书期刊，大家兴高采烈。晚餐非常热闹，学生们簇拥在周围。晚餐后，李约瑟在明亮的月光下散步，经过教堂，远眺云雾缭绕的群山，身边萤火虫飞舞。他还与一位曾同年去过敦煌的教授谈论敦煌和道教。

次日天气晴好，上午李约瑟露天向全体师生演讲《原子内部能量及其利用》，由航空系主任张国藩翻译。午餐后参观了所有的博物馆和实验室。下午4点李大斐在图书馆向化学系学生报告《肌肉收缩的机制》，曹天钦翻译。接着李约瑟拜访了几位德国牧师，晚上7点又和不同的教员用晚餐。

李约瑟见到了约35位教员，他们的高超技术素养和卓越才智令人印象深刻。李约瑟列举了几位杰出人才。校长潘承孝(1897—2003)毕业于唐山工程学院，曾留学美国康奈尔大学。学校还有几位麻省理工培养的教师。电机系主任余谦六，是一位杰出的汉学家和物理学家。赵玉振(今声)是港口工程专家，希望通过李约瑟了解英国在这方面的实践经验。航空工程教授张国藩，曾在伦敦皇家学院学习。纺织系主任是任尚武(理卿)，毕业于美国马萨诸塞州罗威尔纺织学院。水利工程系教授彭荣阁也值得一提。化学工程方面有徐日新(造纸技术)、康辛元(工业物理化学)和刘凤铎(发酵工业)。

西北工学院当时有9个系，包括土木、矿冶、机械、电机、化工、纺织、水利、航空、工业管理等。李约瑟对每个系都看得非常仔细。图书馆和阅览室设在一座雕梁画栋的小教堂中，使用两侧廊道放置各种期刊。图书收藏虽不多，但质量很高。有很多国际救济署的石版影印的教科书，英国工程杂志也翻印得不错。

在古路坝有约1200名学生，230名教授和讲师，战时约有1200名学生毕业，其中150名已经前往美国，10名前往英国。学生中有25名女生，多数就读纺织系和化工系。一年级的准备课程，在20公里外的七星寺讲授。参观完毕后，李约瑟在报告中写道：要考虑到与世隔绝的条件（李约瑟是抗战以来首批到访的西方人），西北工学院就是他在中国看到的最好的工学院。

9月18日一早，李约瑟告别潘承孝和教职员，踏上归程。不料翻越第一道山脊时就开始下雨，很快电闪雷鸣，道路泥泞不堪，难以落脚。李约瑟让两个苦力在左右两侧扶着前行，并让人回西北大学报信，开卡车到主路来接。李约瑟对这些苦力评价很高，认为他们非常礼貌、开朗，说着豪放的方言，做事毫不拖拉。

（4）庙台子

9月19日，李约瑟离开汉中，翻越峡谷，穿过石门隧道。途经武关河时，看到一座新的铁架桥，李约瑟和邝威还下车握手，合影留念。可惜此行的照片大多没有保存下来。在留坝县北紫柏山下的庙台子，有一处依山而建的著名道观留侯祠（张良庙）。主持该庙的马含真善于经营，曾创办留侯铁厂。1941年在庙内组建国际旅行社，供中外游客居住。接着又利用庙产兴办私立留侯中小学。心仪道教的李约瑟决定在此歇脚，而且停留了两天。

9月20日正值中秋节，李约瑟看到道士在庙内院子中搭起祭月台，非常精致。桌台上放置红色的"太极神位"牌，几杯酒，香烛，几盘水果和月饼，院外是群山和森林。李约瑟写道："我本人将永不会忘记参加道教的中秋节庆，将节日祭品献给月神。"

由于李约瑟身感不适，次日没有出发，上午与马含真道长讨论了道教及其组织形式，马含真还拿出几本《道藏》给李约瑟翻阅。"我怀着感激的心情回忆那一次和马含真住持（鹤真监院）所作有价值的交谈。我至今仍保存着在笔记本上抄下的那一座庙宇中'月白风清、高士炼丹'的题词。"

晚上，李约瑟和李大斐等参观了铁厂的铸造工艺。该厂生产的生铁器具远销附近省份。曹天钦后来回忆道：道士们不炼丹，却是能用山中的褐铁矿石和树枝炼出灰口铁的巧匠[1]。

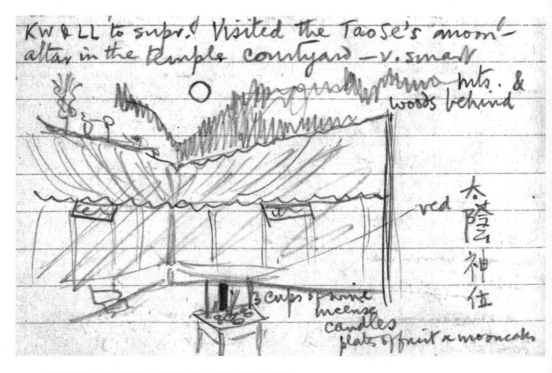

李约瑟日记中手绘留侯庙中祭月的情形，院外是群山和森林

1.　曹天钦 . 从抱朴子到马王堆 [A]//. 李国豪，等 . 中国科技探索 [C]. 上海：上海
　　古籍出版社，1986：85-95.

5　西安

9 月 22 日，李约瑟终于离开庙台子，经凤县前往宝鸡。路过双石铺时，李约瑟看到艾黎曾经住过的窑洞。小城和以前一样漂亮，每处房屋前面都有几盆花，显示出西北地区的风格。宝鸡站是陇海线的主要车站，李约瑟、李大斐和邱琼云购买了夜晚快车的卧铺，正值李大斐的生日，大家一起吃了花生甜饼和茶。曹天钦、邝威和林美新则乘卡车前往西安。

清晨的西安，月亮西垂，城墙和高塔勾勒出漫长的天际线，仿佛是印度和埃及的城市，虽然进入了现代，却依旧空旷。抗战期间，地形复杂的陕西成为日寇难以逾越的屏障，西安作为北方仅存的大城市，涌入了大量内迁的工厂、学校和流亡难民，也成为日军轰炸的重点，直至 1944 年底才停止。特别是工业企业，如大华纱厂屡遭轰炸，几乎全部被毁，一些大学和中小学被迫疏散到外县。为应对轰炸，1943 年美国空军陈纳德的飞虎队进驻西安。抗战胜利日（9 月 3 日），西安各界还举行了欢送美国空军回国的庆祝活动。

到西安的前几天，李约瑟可能身体尚未完全恢复，较少安排参观活动，23 日上午先去了广仁医院，在那里遇到马载坤。马载坤毕业于齐鲁大学医学院，曾在成都从事外科工作，也是邱琼云的老朋友。他积极靠拢共产党地下组织，因前往延安未果，1945 年来到西安广仁医院。1948 年被聘为西北大学附属医院的代理院长，拒绝执行国民党败退时的迁校命令。

接着，李约瑟前往南门附近，拜访了英美联合总部，与美国军事代表团人员交谈。第二天李约瑟又单独过来长谈，一方面想了解战后北方的形势，更重要的是要讨论此行是否值得去一趟延安。美方的建议是最好得到重庆的允许，以免有损外交官的身份。于是，李约瑟向重庆发送了一个电报。延安之行没有下文，显然李约瑟的申请并没有得到重庆方面的许可。下午，李约瑟又拜访了陕西省医院的张酉华院长，无疑仍是问诊。

西安附近山上的六角塔
陕西西安，1945 年 9 月 23 日—10 月 3 日

　　西安是一座政治文化古都，名胜古迹和工艺品也吸引着李约瑟等人的注意力。在接下来两天的休息时间里，李约瑟等人逛古玩店购物，参观文庙、碑林和清真寺。逛书店的收获不大，看到《格致古微》标签，却找不到书。但其他方面收获颇丰，如在碑林购买了拓片，在古玩店购买了唐代瓶子、两块铜镜和四个歌舞俑。

1964 年李约瑟重游西安，在诗中回忆起初次访问的情景：

壮丽的殿堂周围荆棘遍地，茅草丛生；

就像绿色林海中漂浮着一叶孤舟。

屋顶上斗拱坠落；平台上楼座倾圮。

浊臭弥漫玷污了圣洁的芳馨。

矗立的古代石碑，就像周围待耕的荒土上

生长出来一片茂密的森林。

老子说得好："师之所处，荆棘生焉。"

我在一家穷铺子里买了几片景教碑的拓本，

又喝了一杯酒，怀念着昔日古长安的光荣。[1]

9 月 30 日，李约瑟专门前往汉代古城遗址参观。那里已是一片农田，满目荒凉，在西安城门入口处还看到一只狐狸。路上已开始下雨，泥泞不堪，卡车无法前行，李约瑟和曹天钦只好下车。走到未央宫的旧址高台上，捡起两块铺路砖，李约瑟说，感觉就像在参观剑桥郡的罗马兵营。这场雨中访古，让李约瑟浑身湿透，晚餐时特意喝了一些白干，李大斐则得了伤风感冒，卧床休息。

不过，李约瑟不喜欢西安的城市气氛。街上充满了抱怨的声音；他好几次看到美国士兵挤在激动的人群中间，缓慢而悲伤地喝着威士忌，一大群中国人则挤在人行道上看着他们喝酒。也许是因为战争结束了，人们失去了奋斗的动力。

1. 李约瑟. 四海之内 [M]. 劳陇，译. 北京：三联书店，1987：110.

（1）中央军医学校第一分校

李约瑟在西安的考察是从两所医学院校开始的。9 月 26 日，一天一夜的雨后，李约瑟和美国军事代表团的马库斯中校（Lt. Col. Marcus）一起，前往中央军医学校第一分校，先参观临床医学部，接着去教学医院。

1944 年西南之旅途经贵州安顺时，李约瑟曾到访过中央军医学校的总校。西安分校原为创办于 1935 年的广东军医学校，由张建和于少卿（德国图宾根大学博士）共同筹建。1937 年 2 月改为中央军医学校第一分校，不久与南迁的中央军医学校合并。广州沦陷后，总校继续迁往广西，又将云南陆军军医学校改为第二分校 (1939)[1]。李约瑟到访安顺时，张建和于少卿已分别担任了总校的教育长和教务处长。

1944 年，中央军医学校在西安设立第一分校。从人员上看与原来的广州分校似乎并无联系。分校校长滕书同少将是山东荣成人，午餐时的山东酒还让李约瑟大皱眉头。

基础医学实验室本来占据了城外一处相当好的场地，但由于美国空军的到来，机场扩建，他们不得不搬到城内，挤进城里的一座大院。地方虽然不小，但房屋不多，而且没有供电，因此细菌实验室的离心机就成了摆设。物理学教授罗琼豪不得不用手摇发电机来进行课堂实验。细菌实验室似乎缺少关键设备，如高压灭菌器等。解剖系还有一些不错的模型，但生物系几乎一无所有。

教职人员有 45 人。正规的五年制班有 225 名学生，两年制短期班有 150 名学生，一年制班有 120 名学生，还有半年制的药剂师班。五年制的普通医学生，要同意毕业后到军队服役一段时间。两年制班是一些未经医学训练的医务管理人员，有些已到校尉级别，并领导着师级的野战医院。一年制班主要是中学毕业生，培养中士护士。李约瑟注意到，学校基础医学部分非常薄弱，但临床部分，在充满活力的外科主任张同和中校（北平协和医学院博士）的领导下还算出色。午餐后，李约瑟向学生演讲《生物化学、形态学与癌症问题》，曹天钦担任翻译。

附属医院则占据了一座清代的军火库，是辛亥革命时西安革命军攻占的第一座建筑。地方宽敞，房屋状况不错，胜过基础医学实验室的条件。医院有两个较好的实验室，以及两位教授。一位是李赋京教授，留德的寄生虫学家，负责病理学实验室，该实验室水平明显较高。另一位是负责生理学部门的朱相尧教授，掌握着大量的仪器，如色度计和波动曲线记录仪等。

医院有 150 个病床，每天完成 200 台手术。在张同和及其助手的努力下，外科部似乎非常出色，充满活力。医院不是普通意义上的军医院，而是由军医学校运行的面向普通民众的医院。有一个 X 射线部，只进行 X 射线透视。图书馆比较老旧，但很实用，大多是德语书籍。临床诊断的实验室也不错。

1.　张震 . 中央军医学校研究 (1902—1949) [D]. 长沙：湖南师范大学，2020：56.

（2）陕西省省立医学专科学校及省立医院

9 月 27 日，天气阴沉，李约瑟在张迺华的陪同下，访问了陕西省省立医学专科学校及其附属医院，还有省立医院。三个机构的负责人均为张迺华，他是著名耳鼻喉科专家，1936 年在德国慕尼黑大学医学院获得博士学位。

省立医专成立于 1938 年，有两百多名学生，主要培养护士、药剂师和助产士。李约瑟看到教室干净整洁，有许多女生，大家在课堂上认真记笔记，部分课程使用德语。教学设备极为缺乏，但教员们想方设法，每间教室都张贴了许多自制的精美挂图，学生们则到省立医院或疫苗工厂的实验室实习。图书馆藏书寥寥，只有几套中文杂志。李大斐为学生演讲《现今关于肌肉收缩的一些观点》。

陕西省省立医院是西安最大的医院，每天有三四百台手术，四年级的学生可以到此观摩。医院拥有一台大型的 X 射线设备，药房办有一个生产注射用安瓿瓶的小工厂。临床实验室也还不错，李约瑟看到了黑热病寄生虫的幻灯片。

和其他高校一样，省立医专的前途也尚未确定，李约瑟听闻西北大学将搬到西安，医专拟成为该校的医学院。西安解放前夕，张廼华拒绝了国民党当局将医专及附属医院迁往四川的指令，1949 年该校并入西北医学院。

张廼华 (1903—1993)

（3）陕西省卫生研究所和华西化学制药厂(西安，陕西)

9 月 28 日，在省立医专前任校长张善钧的陪同下，李约瑟参观了位于兴善寺的省卫生研究所和疫苗工厂。兴善寺始建于唐代，位于西安城南部，旧长安城内。访问途中，李约瑟路过了大雁塔和小雁塔，他把这些地点都绘制在日记中。

陕西是唯一拥有自办疫苗工厂的省份，因为 1932 年西安曾发生过一场严重的霍乱传染病，三年后成立了省卫生局，以防范疫情复发。研究所的实验室临时设于大兴善寺。主任郝耀承是留日专家，副主任赵树董刚刚从兰州的西北防疫处借调而来。1944 年该研究所的疫苗工厂生产了大约 6 万剂天花疫苗，大约 22.5 万剂霍乱疫苗，以及少量的伤寒、杆菌痢疾和狂犬病血清等疫苗。

研究所装备相当齐全，充分利用了当地的设施，如用煤炭加热的恒温箱等。设有一个临床实验室，装备良好（除了没有供电），为城里的医院完成了许多诊断检验。还有一个化学实验室，李约瑟到访时，正在奋力开展尿中吗

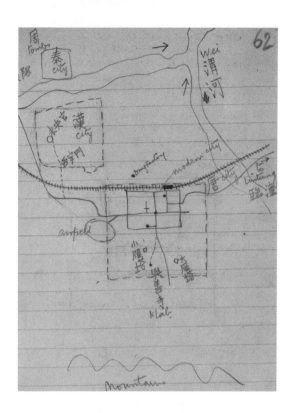

李约瑟日记（9月29日）中绘制的汉代古城地图，
标出了参观地点：周代陵墓，咸阳，秦代古城，
汉代古城，未央宫，西安门，药厂（drug factory），
机场，现代市区（modern city），唐代古城，渭河，
小雁塔，大雁塔，兴善寺和实验室

啡的检测研究，尿取自警方抓获的鸦片吸食者，每个月需检测150例。提取过程相当冗长，最终只是定性地进行颜色检验。阴性结果也不能充分说明事实，因为如果样本送到实验室太迟，生物碱会被破坏。毒物学的司法分析也在该实验室进行。实验动物的房舍状况不是太好，豚鼠在半地下的房间里。总体而言，李约瑟感觉印象不错。

接着，李约瑟和曹天钦出了北门，参观了华西化学制药厂（即下图中的drug factory，李约瑟在报告中记作"陕西省医疗用品厂"）。该厂隶属于省政府，是当时西安最大的化学制药厂家（西北化学制药厂的机器已大部分迁往兰州）。

负责人王学容是一位能干的工业化学家。在王学容的带领下，李约瑟参观了库房、图书馆和生产车间。该厂仅开办了数年，却能生产上百种产品，包括弱蛋白银（用于消毒）、薄荷醇油、松节油、乳酸钙、肝提取物、蓖麻油等，总体质量非常高。所有的生产车间都装配了生产精油的蒸馏炉。过滤车间里，使用成排的罐子作为蒸发器，像烧炕一样加热。该厂充分利用陕西的中草药资源，因地制宜地附设一处占地开阔的药用植物园，栽培了很多药用植物，蚊香就是用其中一种菊叶制取的。纱厂的废棉花被用来制造纱布和棉绒，以及各类其他物品。参观结束后，李约瑟还收到了赠送的蚊香、脱脂棉和纱布样品。

（4）陇海铁路西安机车修理厂

10月1日，李约瑟准备结束西安的访问，乘陇海线西行。他前往美军总部，获赠50加仑汽油，然后到火车站购票，拜访了陇海铁路的机车总工程师杨先乾，安排好次日的参观。10月2日，李约瑟和曹天钦访问了陇海铁路机车修理厂（李大斐与邱琼云去了尊德女校并作演讲《妇女的过去、现在与未来》）。修理厂包括西安和宝鸡两个部分，分别由杨先乾和陆廷俊负责。

杨先乾毕业于交通大学，曾任教于武汉大学和北洋工学院，并到英国访问一年。杨先乾还兼任北洋工学院西安分校的校长，该校在西安有几座小房子，六七名教授，100名学生。工作集中于土木、机械和铁路工程，主要为陇海线培养职员。

在杨先乾的带领下，李约瑟参观了西安的机车厂。该铁路最初是用法比贷款建造的，因此大多使用比利时和阿尔萨斯的设备，但也有大量英国制造的设备，如来自卡莱尔的38吨六轮台车救援起重机。还有许多设备都是战时从东部省份的其他铁路上疏散而来的。

李约瑟对陇海铁路的运营非常满意，有6节非常舒适的全钢铂尔曼卧铺车厢，而且在某方面超过了南方的铁路，如配备了精美干净的餐车。10月3日一早，李约瑟登上了一等包厢，8点出发，穿过渭河，在咸阳稍作停留，12点抵达武功。

(5) 陕甘宁边区与延安大学

　　还应提到的是陕甘宁边区的科学研究。李约瑟在西安虽然没能得到前往延安的许可，但对边区政府的科教文化事业极为感兴趣。1944 年 7 月，他曾与赴重庆谈判的林伯渠有过接触，林伯渠时任陕甘宁边区主席，曾转交李约瑟一些照片。在《科学前哨》中，李约瑟还专门收入了爱泼斯坦的《陕甘宁边区的科研与教育》[1] 一文。爱泼斯坦 1944 年前往陕甘宁边区采访 5 个月，他认为边区虽然在社会和经济方面的环境相对落后，却是中国大后方唯一实行战时生产总动员（工农业及与之相关的培训和研究）的地区。边区政府十分重视发展生产以及在全区推广科学方法，培训同研究紧密结合，教学与实践也紧密结合。我们可以通过李约瑟存留的照片，领略边区科学与教育的风采。

　　延安大学成立于 1941 年，是中国共产党创办的第一所综合性大学，在中共中央和陕甘宁边区政府的领导下，服务革命战争和边区建设。此前，中

窑洞里的延安大学

延安大学的学生在窑洞外学习几何

国共产党领导的抗日根据地创办的高等院校大多集中在延安，主要为干部短期培训性质。1941年，陕北公学、泽东青干校、中国女子大学等合并成立延安大学，标志着延安的高等学校迈向正规化和专门化，接着先后并入鲁迅艺术文学院、自然科学院、行政学院等。经过整风和大生产运动，1944年新改组的延安大学确立了教学、科研、生产实践互相结合的体制，设有行政学院、鲁迅文艺学院、自然科学院和一个医学系。其中自然科学院包括机械工程、化学工程、农业三系。到1944年6月，全校有教职员工575人，学员1302人。

自然科学院的前身延安自然科学研究院成立于1940年，筹建时还得到艾黎捐赠的1万美元。徐特立担任院长期间，设立物理（后改为机械工程）、化学（后改为化工）、生物（后改为农业）和地矿（后合并到化工）四个系，分别由阎霈霖、李苏、乐天宇、张朝俊担任系主任[2]。爱泼斯坦在文中主要介绍了自然科学院的农业系[3]、化学工程系、机械工程系，以及独立的医学系。

延安大学化学系学生在上课

延安大学化学系的一名学生正在操作
仅有的一架分析天平

化工系主任李苏毕业于金陵大学，曾在四川泸州第 23 兵工厂从事过毒气和防化学战的研究工作。该系有一个工业实验室，配有相当完备的各种试剂，但数量不多，只有一架精密的分析天平。他们自制硫酸、硝酸，研制出黄色炸药。还先后考察了延长、延川、安塞等地区的矿产资源，改进采盐技术，奠定了边区化学工业的基础。

化工系还承担过研制玻璃的任务。当地缺少硼砂，林华老师刻苦钻研，制造出针管、痘苗管，以及部分化学玻璃器皿，进而创建了边区第一个玻璃厂。

延安大学学生在制造玻璃器皿

延安大学化学系学生在做化学实验

机械工程系主要从事冶金、机械和设备制造等专业的教学。在机械实习工厂，同学们轮流参加工作，生产过铜扣、医用镊子和天平砝码等产品。机械工程系和化工系还联合建造炼铁小高炉，因地制宜，经过多次试验终于生产出用于手榴弹的灰生铁。

农业系则完成了本地区的植物调查，特别是对南泥湾的考察，为开展大生产提供了翔实的技术资料。通过调查研究，一方面探索病虫害的防治，一方面试验栽培药用植物、棉花和甜菜等经济作物。爱泼斯坦写道，这里的科学家抱怨说，全系只有一架好的显微镜，急需的资料包括美国农业部的报告、药用植物种子等。

1 | 2
3 | 4

1. 延安大学机械工程系的学生在学习测量   2. 延安大学农业系学生在观察植物标本

3. 延安大学机械工程系的学生在操作车床   4. 延安大学农业系学生通过显微镜学习胚胎学

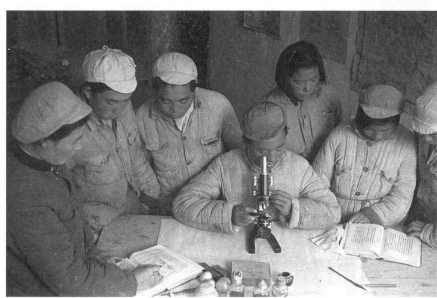

医学系业务相对独立，设有医生班、司药班、助产班、护士班、中医班、兽医班。学生自制教学图表、解剖模型，但缺少教科书、显微镜和实验室用品。附属医院有 70 张病床。

关于政府部门的科研工作，爱泼斯坦主要列举了八路军制药厂、边区政府工业部等。他强调，生产、发明，以及用应急方法和材料解决封锁造成的问题，在边区已经成为一种群众运动。科学工作者中也有人被选为"劳动英雄"——那是边区至高无上的荣誉称号。

1. 爱泼斯坦，生于波兰，长期在中国生活，担任记者，1944 年随中外记者团访问延安和晋西北。此文发表于 1945 年 1 月《援华会会刊》。

2. 《延安大学史》编委会. 延安大学史 [M]. 北京：人民出版社，2008：109.

3. 爱泼斯坦文中称"农业系主任为前浙江大学教授"不确，曾经担任浙江大学教师的是陈康白，留学德国的有机化工博士，他时任自然科学院副院长，1953 年担任中国科学院秘书长。

6　从武功到宝鸡

　　武功位于西安和宝鸡之间，地处关中平原腹地，便捷的陇海铁路让这里成为战时科研机构汇聚的中心之一，尤其是农业领域，以西北农学院和北平研究院植物学研究所武功分所为代表。宝鸡位于陇海铁路的西端，是连接西北与西南的工业重镇。除河南大学等高校外，还有雍兴事业公司和申新纱厂等企业，作为中国工合运动的发源地和西北总部，宝鸡以及双石铺无疑引起了李约瑟的极大兴趣。

(1) 西北农学院及武功科研机构

　　武功实际上有五个科研教学机构：西北农学院及其附属中小学，国立武功水工试验所，北平研究院植物学研究所武功分所，农业部西北农业试验站（西北农业推广繁殖站），以及农业部动物育种与改良（马）站。这些机构以西北农学院为核心，保持着合作与联系。10月3日中午，李约瑟一行乘火车抵达武功，乘坐西北农学院的骡车，住到了位于山坡的招待所。农学院则占据着一座高达七层的现代塔楼建筑，大约有600名学生。

　　农学院在陇海铁路之北的黄土塬上，遥望渭河河谷和秦岭山脉。中国内地最高的太白山（海拔3767米）清晰可见，沟壑中仍有白雪痕迹。向西数英里外，是著名的隋文帝陵墓；而学校向东更远的地方，分布着一系列周代王陵。农学院附属的广袤农场，从断崖一直到渭河，延伸很长距离。土地很肥沃，密密麻麻地栽种着乔木和灌木。

　　农学院院长暂由河南大学校长田培林兼任，此次未能谋面，其职务由爱荷华大学毕业的训导长路葆清代理。留学爱丁堡大学的王栋，以及菌物学家

李约瑟、李大斐与路葆清（中）、王云章（右二）、王栋（右一）
武功，1945 年 10 月 3 日

王云章和夫人王（汤）汉芬也参与接待。当天下午，李约瑟仔细参观了所有的系和图书馆。李约瑟认为，此处可能是大后方最大的农学院，作为农业研究中心，也只有广西沙塘能与之媲美。

　　水利工程系与水工试验所联合开办，拥有中国最好的专业图书馆和许多有趣的模型，无疑属于一流水平。武功水工试验所实际属于中央水工试验所（后称中央水利实验处）的分支，主任是被誉为中国现代水利工程学科之父的沙玉清。在渭惠渠[1]总干渠附近，建有一排长约数百米的实验室用房，内有沙子及其他材料做的试验河床，拥有各种类型的设备，以确定最佳形状大小的水闸和溢洪道等。材料强度工场有一些仪器，可以测定不同种类土壤和沙子的抗剪应力系数，以及压缩系数等，研究人员已经出版了一系列的研究公报。李约瑟认为该研究机构设施精良，值得全力支持。

　　同样良好和活跃的是园艺系，出版了一系列的公报。园艺农场辟有较好的温室、果园，主要专注于该省苹果和桃子的改良。尽管栽种了 50 多种苹果，但都是中国和美国的品种，没有英国品种。在花卉栽培方面，李约瑟看到了漂亮的大丽花和百合花。

植物病理学系有多位充满热情的科学家。金树章照看着存放在铁箱中的大量植物标本;曾留学意大利的周尧正在编纂一部《中国昆虫图录》;北平研究院植物学研究所武功分所的负责人王云章,也与该系保持联系。

1936 年,北平研究院为在战前疏散,曾将植物学研究所的大部分人员、资料和标本迁往武功。战时北平研究院总部迁昆明,1944 年植物学研究所再从武功迁昆明。植物学所与西北农学院合作成立了西北植物调查所,由留法学者王云章主持,人员有夏纬瑛、王振华和钟补求等。该所占据了农学院建筑的第四层,有五六名助手,继续努力编纂《中国北部植物图志》。王云章是高等真菌方面的专家,有大量的收藏。李约瑟访问的时候,调查所正在研究卫矛科植物(桃叶卫矛),但条件艰苦,衣不御寒,也缺乏基本的设备,连一台好用的打字机都没有,标本瓶也不够用。

农学院的林学系也比较出色,由王正领导,几名教授均留学德国。其中白荫元为秦岭林业管理处的负责人。畜牧系的王栋是一名杰出的科学家,但这个系几乎没有任何设备,因此在谷物饲料方面的研究受到严重阻碍。兽医系由寄生虫学家安耕九主持,与铁路沿线的李赋京(中央军医学校)有合作。经济昆虫学系的吴达璋正在对步甲害虫进行全面研究。

第二天上午,李约瑟向全体师生做《东西方的科学与农业》的演讲,由王栋翻译;李大斐也向部分学生作《酶作用研究的最新进展》的演讲,曹天钦担任翻译。

农学院的教务长王绶兼任西北农业推广繁殖站主任。午餐后,李约瑟访问了该站。王绶是植物育种专家,曾留学美国康奈尔大学,他带领几名助手,开展广泛的作物改良工作,包括小麦、棉花、高粱、豆类、马铃薯和玉米。李约瑟看到站内外一切都井井有条。该站已受到美国国务院专家的关注,洛德米尔克(Walter C. Lowdermilk)[2] 和迪克斯特拉都曾在此驻留。李约瑟接着又前往水工试验所和园艺农场。

10 月 5 日,李约瑟告别了武功的教授,继续乘火车前往宝鸡。

1. 从 20 世纪 30 年代开始，在著名的水利专家李仪祉先生主持下，关中地区首先兴建中国最早的新式农田灌溉工程泾惠、洛惠、渭惠三渠。渭惠渠自陕西省宝鸡眉县常兴镇魏家堡村引渭水，灌溉眉县、扶风、武功、兴平、咸阳诸县。
2. 1942 年，美国国务院向中国派遣技术专家，至 1946 年共派遣 30 名。9 月，洛德米尔克来华，是第一位到达中国的技术专家，任农业部土壤保护署署长助理。他曾前往西北考察，7 个月行程 3000 余公里，主要针对遭受严重侵蚀的黄土地，探索整治的可能性。参见徐佳硕士论文《美国对华文化关系项目（1942—1946）》。

（2）中国工合西北联合会

宝鸡是中国工合运动的西北中心，李约瑟抵达宝鸡，入住西北联合会的招待所，西北联合会主任孟受曾是中共党员，他亲自到西门迎接李约瑟。当晚和工合的六位领导人共进晚餐，除孟受曾外，还有医药干事唐文和博士，秘书李家鋆、王石还，司库马昌海，经理张明淇，还有一位临时从公谊会调来的澳门葡萄牙人埃德蒙得·马丁 - 马奎斯（Edmundo Martinho-Marques）。次日，李约瑟对城内和附近的合作社做了深入的探访。

在国际友人路易·艾黎、埃德加·斯诺等人的协助下，1938 年由国共两党和民主人士在武汉发起成立了中国工业合作协会，旨在组织失业工人，建立工业生产合作社，支援军需和民用。路易·艾黎首先协助武汉的三个大型纺织厂和数十个小型企业将设备搬迁到西安和宝鸡，在宝鸡成立工合第一个合作社[1]。次年设于宝鸡的工合西北办事处是全国第一个地区办事机构，艾黎还在凤县双石铺成立钨铁社、机器社等。到 1941 年，宝鸡组建的合作社达100 多个，为抗日战争做出了重要贡献。

从 1939 年起，路易·艾黎亲自领导宝鸡凤县双石铺工合达 6 年，1940 年创办双石铺培黎学校，为中国培养技术人才。李约瑟 1943 年的西北之旅，就曾参观该校，并促成了学校的西迁。1944 年因日军攻陷河南，艾黎与乔治·何克一起将学校迁往甘肃山丹。1945 年 7 月何克不幸去世，艾黎挑起了管理学校的重担。

抗战后期的工合运动陷入低潮，尤其是战后面临更为严峻的环境，李约瑟到访时，宝鸡还有38个合作社。10月6日，在孟受曾和马奎斯的陪同下，李约瑟访问了一个帆布合作社，一个羊皮箱包合作社，两个制鞋合作社，一个毛笔合作社，一个农具合作社，两个机器合作社，以及医院和库房。许多合作社利用窑洞作为厂房，平均规模大约有十名社员，其中一位担任主席，还有更多的学徒和短工，不分享利润。李约瑟与孟受曾讨论后认为，毫无疑问，它们的规模实在太小。例如，如果四家机器社都合并起来，他们才算真正拥有一定的实力，然而他们都有各自的历史和家族背景，以及地方差异，使得他们都不愿意把力量合并到一处。

李约瑟注意到，随着战后交通恢复，这些合作社面临着来自大企业的严峻竞争。宝鸡城南的益门镇曾有过许多合作社，但现在都已清算。造纸合作社和面粉合作社，都无法与申新厂竞争，军用毛毯厂因战争结束而废弃，机械合作社只好迁往更偏僻的甘肃天水。李约瑟看到，所有设备都是用水车作动力。孟受曾认为，除了受限于资本不足外，更重要的原因是战时这些合作社的上马较少考虑经济效益问题。它们的解体和重新布局，也为和平时期规划工业体系奠定了基础。晚上，在联合会的会议厅，李约瑟报告了《科学技术与中国工合》，孤儿院的孩子们还表演了很多歌曲。

1. 况鹰. 路易·艾黎在中国抗战中的历史贡献 [A]// 王勇. 世界的工合，陕西的双石铺：中国工合运动在宝鸡凤县 [C]. 凤县：中国凤县县委，2015.

（3）河南大学

河南大学前身为1912年在开封创办的河南留学欧美预备学校，1927年改建为国立第五中山大学，1930年更名为省立河南大学，设文、理、法、农、医学院。全面抗战开始后，河南大学文、理、法学院迁信阳鸡公山，农、医学院迁镇平，畜牧系并入西北农学院。1939 年向豫西转移，文、理、农学院进驻潭头，医学院进驻嵩县。1944 年，日军发动豫西战役，5 月占领嵩县，河南大学紧急撤离，迁往淅川县紫荆关。在这次袭击中，医学院的所有图书和设备、理学院的图书都损失殆尽。许多教授被关押，七名学生和两名讲师惨遭杀害。随着日军继续向西推进，1945 年 5 月河南大学再迁到宝鸡底店镇。师生在距宝鸡以东十余公里的卧龙寺车站下车，铁路以北有武城寺和石羊庙，以南有姬家殿兵营，被充作校舍[1]。校本部和图书馆设于武城寺，文、理两院设在石羊庙，农、医两院设在姬家殿，学生有 1200 余人。

学校 6 月 1 日恢复上课，然而经过此番颠沛流离，训导长赵新吾罹病去世，张广舆也因操劳辞职，由田培林（1893—1975，德国柏林大学博士）继任校长。因西北农学院常常发生校产管理问题，他曾兼任该院院长两个月。12 月，全校师生终于登上了复员的火车。

河南大学对李约瑟的到访极为重视。实际上，李约瑟在西安时，"河南大学的孙和杨教授"（理学院院长孙祥正和杨清堂）就曾多次与他会面。此次学校指定化学系主任李俊甫（相杰）、王鸣岐、樊映川接待李约瑟。10 月 7 日，在李俊甫和王鸣岐的陪同下，李约瑟乘铁路路工的手摇车出发，经十里铺、卧虎寺抵达卧龙寺车站，沿支线北行至武城寺。武城寺是一座旧道观，坐落在黄土陡壁上，可以俯瞰支流汧河（今千河）从北面流入渭河。然后李约瑟和曹天钦步行来到校本部石羊庙，庙内有一些精美的绘画，完全是唐代风格，但很难确定它们的创作年代。广场四周贴满了欢迎的标语，隆重的欢迎仪式之后，李约瑟向席地而坐的全体师生演讲了《科学与民主》。

李约瑟了解到，经过颠沛流离的多次迁校，各学院所有的设备几乎损失殆尽。化学家李俊甫教授丢失了所有的论文，王鸣岐教授丢失了所有的关于河南植物害虫的手稿，那是他们数年的心血。教授和学生有的住在附近的农舍里，还有许多人住在窑洞中。他们对即将到来的冬天极为担心，因为陕西和甘肃的冬天极为严寒，而他们又没有过冬的衣物。

然而河南大学仍拥有一支令人印象深刻的学者队伍。负责接待的代理校长郝象吾，是一位非常有才智的遗传学家。王鸣岐是杰出的生物病理学家。李俊甫和杨清堂是两位出色的化学家。才华横溢的数学家樊映川，是函数论方面的专家。经济学家王子豫（曾留学维也纳），文史学家嵇文甫，都显然是一流的学者。

河南大学硕果仅存的是占据武城寺五个大殿的中文图书馆，李约瑟下午参观时称其为"真正的宝藏"。正是在这里，他与道教"传奇式"结缘。李约瑟看到"成捆的书籍堆放在古老的神像脚下，就像刚由汗流浃背的搬运工从扁担上卸下来似的"。当他发现成箱的《道藏》时如获至宝。陪同的李俊甫研究过中国的炼丹术，向他介绍了《道藏》中包含大量公元4世纪以来的炼金术著作，二人特别讨论了魏伯阳的《周易参同契》。这些资料无疑坚定了李约瑟写作《中国科学技术史》的决心，他在序言中专门提道："李俊甫对我所作的这番介绍，是我终身不能忘记的。"

李约瑟徜徉于图书馆期间，李大斐向化学系和生物系的师生作了一场关于酶的讲座。黄昏返回宝鸡，与河南大学教授们共进晚餐。次日李大斐和邱琼云、马奎斯又前往河南大学，作了《肌肉的功能》和《科学女性》的演讲，邱琼云担任翻译。

---

1. 陈宁宁. 抗战烽火中的河南大学 [M]. 郑州：河南大学出版社，2015：238-239.

（4）陇海铁路宝鸡机车修理厂

10月8日兵分两路，李约瑟和曹天钦则前往陇海铁路宝鸡机车修理厂，这是陇海线上最大的修理厂。负责人是毕业于唐山工程学院的陆廷俊工程师，李约瑟认为，他虽然从未出过国，却更了不起，因为能让这条孤立于北方的铁路在过去五年中保持运行，"简直是奇迹"。李约瑟看到一台老旧的格拉斯哥造机车，提供稳定的动力。同时使用一些小型的蒸汽锤，将废旧的轮轴锻造成螺栓。

为了应对封锁和物资短缺，陆廷俊只得因陋就简，却仍面临三个根本性的难题：煤炭含硫量太高，以致铜制炉膛被从内部侵蚀，并且腐蚀锅炉管，只好不断用国产的钢板代替铜板，手头的工具却捉襟见肘；水硬度极高，没有软化工厂，以致炉膛的固定螺栓逐渐被侵蚀，只能更频繁地检修，以及时更换受侵蚀的螺栓；唯一可用的润滑油是一种植物混合油，这种油在汽缸里结成拳头大小的含碳硬块，只能不断清洁。修理厂还开辟出一个博物馆，展览这些问题带来的后果。

然而，这些代用物品，往往有可怕的缺陷。螺栓只能用旧铁链上的钢材费力锻造，用坏的零件焊上金属，再加工成原来的大小。即使这样，几个月前在宝鸡也因螺栓问题发生过一次严重的爆炸。

这次参观给李约瑟留下很深的印象，认为这是他在中国所见最值得尊敬的工程工作。

下午李约瑟与曹天钦到金台观拜访了宝鸡专署的官员，专员向周至县长打电话告知李约瑟的访问行程。道观高踞山坡之上，可以俯瞰宝鸡全市，供奉着武当派祖师张三丰。李约瑟从道观山门放眼眺望，景致美不胜收，整个秦岭山脉的轮廓被午后的太阳勾勒出来。在黄土高原的边缘，可以看到跨越渭河河谷的铁路和通往双石铺的公路。

（5）宝天铁路工程局

10月9日，李约瑟和曹天钦前往宝天铁路工程处参观。它位于陇海铁路向西到甘肃省天水的延长部分，由于陇山阻隔，天水与陕西间通行只能绕行翻越秦岭。因此这段直线全长155公里的铁路实为大西北交通网最关键的要害路段，尤其西南对外通道中断后，联通西北的战略意义更为重大。1942年

1月交通部成立宝天铁路工程局，由凌鸿勋负责。然而在抗战后期物资条件极为困难的情况下，开挖这条穿越无人山区的铁路，工程难度可想而知。

李约瑟知道这条铁路的重要价值，这里也成为战时培养铁路工程师的学校。他到访时铁路已经修好了80公里，但真正通车的距离只有20公里。他与钟仰骐、齐成基两位工程师乘坐手摇车，经过林家村到顾庄外，来到塌毁的19A号隧道。最近的雨季期间，滑坡对路基造成了严重的损坏，还有一条隧道垮塌。由于铁路没有配备公路管理局的推土机，堆积物需要很长的时间才能清理完。由于没有水泥加固，多处路基还出现了下沉现象。中午，李约瑟在顾庄与铁路工程师们共进午餐。

李约瑟看到，铁路本可以在峡谷中多次横过渭河，从而避免开掘隧道。由于缺乏桥梁钢材，不得不在全线开掘122个隧道，每条平均一公里，中国尽管多山，但这个数字还是创了中国铁路的纪录。所有的石方开挖都是用工程师自己配制的黑火药完成的，工程局从河南获得了1200吨天然硝酸盐。为了适应铁路的结构走向，也必须设计一些桥梁。桥梁钢材只有靠废品回收，有一座七孔的桥梁，每一孔都不等长，以迁就现有的建桥材料。钢轨也是通过搜集沦陷区拆卸的钢轨拼凑而成。而且由于有大量的隧道，这条路上无法像西安宝鸡段那样使用含硫的煤炭。

为了跑赢日益加剧的通货膨胀，工程局不得不征用民工。11月12日，宝天铁路终于接轨，1946年元旦举行通车典礼。据说车头上挂有横幅，上书"筚路蓝缕"四个大字。李约瑟得知消息，在报告中加注"这是目前到西藏和中亚的最近的一个车站"。

(6) 黄河流域水利工程专科学校

从工程局返回途中，李约瑟遇见黄河流域水利工程专科学校的刘德润(1907—1994)校长，遂决定访问该校。他们沿小径穿过一条黄土隧道来到一个名为赵家坡的村庄，学校就设在村里的古庙内。该校是当时全国唯一的水利工程专门高校，隶属教育部而非黄河委员会。

该校1929年建于开封，1942年更名为"国立黄河流域水利工程专科学校"，聘刘德润为校长。刘德润获美国爱荷华大学博士学位，曾任西北工学院水利系主任。抗战期间，黄河水专先迁河南镇平，又迁宝鸡，在宝天铁路福临堡车站附近的赵家坡借用民房办学。

李约瑟了解到，学校原有充足的勘测仪器，设有材料强度检测实验室、物理和化学实验室，但目前所有的设备均已丢失。教职人员显然都是富有才干的水利工程师，学生也聪明能干。学生高中毕业入学，先接受三年的大学培养，然后转向工程师、测绘员、灌溉监督员等专门训练，服务于全国。目前有360名学生，一些人已经30多岁，也有女生。该校还设有附属职业学校，在4公里外，有320名学生。他们初中毕业入学，培养目标是成为工头、草图绘制员、测绘员和实习工程师。李约瑟认为，这是一所值得合作馆全力支持的学校，在那里他做了《自然动力资源与人类社会》的演讲。

(7) 申新纱厂

离开黄河水专，李约瑟抵达宝鸡车站，在那里会合了李大斐、邱琼云和马奎斯。他们三人参观了申新纱厂。该厂位于宝鸡以东的十里铺，是一处大型的综合企业。

申新纱厂原系武汉申新四厂，1938年迁到宝鸡，较为完整地携带了所有能带走的装备。极有才干的李统劼工程师担任经理，李大斐等在他的带领下参观。发电厂既为工厂供电，也为宝鸡市供电。锅炉和茂伟公司(Metropolitan - Vickers)的发电机安放在一个巨大的建筑中，上有几英尺的混凝土防护，可以防御近距离炸弹的损害。机器工厂非常宽敞，拥有150多种大型器械，主要是自制。锻造有一个大型的电气动锤。铸造车间可以铸造重达3吨的物件。

纺纱厂有3万纱锭，雇佣的主要是河南的流亡儿童，李大斐对他们的工作条件不太满意。为防空袭，他们大多数都是在山坡的隧道里照看纱锭，空气沉闷。所有车间的工作时间都过长。厂内有400张织布机，许多是机器厂制造的。

此外，申新纱厂积极参与工业合作事业。面粉厂享有盛誉，每天约产1000袋，工人的条件似乎要好得多。造纸厂生产能力也很强大，使用废旧棉花制造各种高档纸张，机器全部由机器厂制造。还有一座医院，配备5名医生、100张病床。

(8) 楼观台

10月10日，李约瑟开始了周至之行。周至（当时称盩屋）位于宝鸡和西安中间，因此仍乘坐火车到普集镇（今武功县境内），农林部秦岭林业管理处主任、森林专家白荫元前来迎接。同行的还有森林警察和周至县长派来的警察，赶了三辆骡车，向南渡过渭河，走了约18公里，晚上抵达周至县城。李约瑟找到天主教堂，在那里与高正一主教、左玉韬县长和白荫元畅谈。

李约瑟此行的主要目的，也许是位于城东南十五公里，终南山北麓的道教圣地楼观台，传说为老子讲授《道德经》之处。次日一早李约瑟便在白荫元的陪同下，涉水通过黑河，抵达楼观台。监院曾永寿，名鹤东，法号摹佛。李约瑟形容他是一位"神态庄严、超凡脱俗的老人，有着一副可爱的面容，长长的灰胡须，一身纯蓝的长袍"。

简单午餐后，众人登山参观老子祠。老子祠遮蔽在绿林中，保存完好，林中有很多大石碑，上有唐代的题字。庭院进门甬道的两侧，分别立有4块10英尺高的石碑，上面刻有《道德经》的全文，书法特别漂亮，成于宋代（11世纪）。李约瑟很激动地读到"天地不仁"。祠内只供有老子像，一切井然有序，还有一口明代大钟。

李约瑟接着又登上炼丹楼，实际上这里仅存一座单扇门的砖砌神坛，使用的红砖也较为独特。大家讨论为什么这座塔造在这样高的地方。李约瑟认为，如果假定它或者附近的一个建筑物在唐代真是用来做炼丹试验的话，那么其目的无疑也是为了同时观测天象，譬如："现在火星进入第十四宫，你可以加进硫磺了！"但曹天钦认为，楼观台属于丘处机开创的龙门派，修炼的是内丹，因此炼丹楼是修真养性的地方，不是化学实验室。

下山后，李约瑟一边品茶，一边与曾永寿监院讨论哲学。曾永寿说："世人都以为现在其他事物都正在前进，而我们道家是在向后退，但是事实上正相反。"他还送给李约瑟一套《道德经》碑的拓本，以及一部用本庙所藏木雕版印刷的王弼注《道德经》，时代并不很远，在光绪三年。晚上用餐和住宿都在观内，李约瑟虽然很累，但极为兴奋。

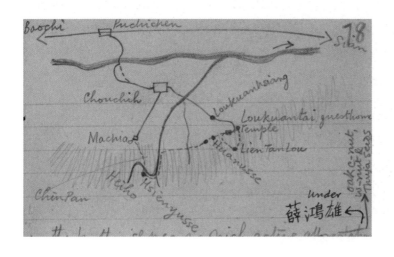

1. 李约瑟绘制的周至地图：宝鸡，普集镇，西安，周至，楼观乡，
   楼观台招待所，炼丹楼，化女（泉）寺，仙游寺，黑河，马召，金盘

	2 3
1	4

2、3. 楼观台   4. 从楼观台眺望
   陕西周至，1945年10月11日   陕西周至，1945年10月11日

老子祠
陕西周至，1945 年 10 月 11 日

第二天，李约瑟告别曾永寿，并捐款 1 万元用于弘道。然后在楼观乡乡长薛知义的带领下，继续寻访老子的遗迹。顺着秦岭的山麓向西行，不久来到化女泉寺，据说老子在那里曾变为妇人。接着经过一座唐代古塔，再辗转进入一丛小橡树林，里面有乾隆时代的石碑，上题"老子墓"几个字。李约瑟的寻访道教之旅，至此可谓圆满。

（9）秦岭林业管理处

　　从老子墓沿黑河河谷北上，进入一道峡谷，来到一座名叫仙游寺的古寺，这里属于秦岭林业管理处的办公场所，周围是苗圃用地，大约栽培了25种树木，有橡树、胡桃树、臭椿、银杏等。李约瑟等人在仙游寺享用了烤馒头和本地的核桃。管理处处所则设于周至县马召乡，就在山脚下。那里的博物馆收藏有各种树木的截面，还有各类昆虫、森林病例、高级真菌，以及大量的关于各种树木形态和生长情况的图表。白荫元是留德专家，说一口流利的英语，还兼任西北农业学院的森林学教授。

　　广袤的秦岭林区一直延伸到甘肃南部。该管理处（属于农林部）的职能是采取措施，防止各类病虫害以及乱砍滥伐。管理处招募了一些得力的人员和森林警察，并给予专门的森林学培训。管理处总部成员包括10名大学生和8名专门培训的助手。他们在森林茂密处开辟出防火线，提醒各私人林场主照看树木。在所有适宜（种植）的山脚植树造林，同时维护一个育苗场，向灌溉系统、公路和铁路部门提供树苗，用于路基和堤防。李约瑟认为，白荫元所

仙游寺塔
陕西周至，1945年10月12日

领导的事业"非常伟大"。当然，和多数科研机构一样，管理处也遇到资金不足的困难。

　　李约瑟晚上睡在白荫元的办公室中，修好了骡车，次日返回周至县城。高主教和左县长再度接待，李约瑟向县城的中学生作了《古今东西方的交流》的演讲。成群的男女学生身着童子军式制服，英姿飒爽。午宴后，县长派车送他们到普集镇，李约瑟一行乘火车午夜返回宝鸡。在宝鸡停留两日，其间河南大学李俊甫来访，两人继续深谈道教。

左玉韬县长赠送的照片，后排左起张司铎、高正一、李约瑟、李大斐、左玉韬、邱琼云、参议会议长何焕然，前排坐者正中为白荫元

陕西周至，1945 年 10 月 13 日

7 天水及返程

10月16日，李约瑟离开宝鸡。前往天水需绕道而行，先向西南经双石铺、徽县，再向北到天水。早上在雍兴机器厂短暂停留，乘卡车翻过秦岭关隘。晴空下，漫山遍野的灌木丛已经红透，仔细辨认是一种漆树，眼前的景色让李约瑟想起去年秋天在湄潭和遵义之间的旅途。下午2点抵达凤县双石铺。

（1）双石铺

双石铺战前原是一个小镇，但随着抗战的进展，由于它位居川陕甘公路交通中点，连接四川的道路在此分叉，分别通往西安和兰州，因此成为西北交通的重镇。同时秦岭山脉煤、铁等矿藏资源丰富，工合西北区办事处便在双石铺组织了钨铁社、机器社、造纸社和耐火砖社，之后又设立了一个驻双采矿办事处。这里环山抱水，风景秀丽，被人们誉为"工合的天堂"。

李约瑟来到一处饭馆用午餐，那是他两年前西北之行时第一次遇到路易·艾黎的地方。李约瑟和李大斐前往察看了艾黎住过的窑洞，已经破败，令人唏嘘不已。好在这里的事业似乎更加繁荣，在机械工程师果沈初的带领下，李约瑟访问了这里的工合机器社。模具之间，关帝庙的众神仍在。由于正确的领导，加上水力充足，机器社的产量达到很高的水平。

双石铺机器社是钨铁社与复东社合并而成的，造机器所需的车床、刨床、洗床、钻床、案子、虎钳等应有尽有。李约瑟注意到，车间里常用的大型机器超过20台，最早的两台是英国产的车床。1939年9月，埃德加·斯诺到双石铺参观了机器社后说："由它自己的水电厂所发动的这个机器厂，是中国工业合作协会在'重'工业方面的第一个尝试。"

机器社生产的成品有梳机、纺毛机、纺纱机、织布机、铁工工具、平轮大车、人力车等 10 余种，在社会上享有很高信誉。路易·艾黎在《关于工合生产技术的几点意见》中指出："比较满意的事，是双石铺和成都仿制小型纺毛机的设计，这种设计将予甘肃和蒙藏边疆产毛区域的人民以莫大的希望……"机器社为汉中的纺织合作社仿造了两套完整的高氏(Ghosh)纺纱设备，各包括 36 台机器。而原始设备已经运往甘肃的山丹，供培黎学校使用。李约瑟认为，应为该厂尽可能提供技术图书和杂志，以及一些精密仪表。

（2）天水城

10 月 17 日，李约瑟离开双石铺，沿着曾经走过的道路，经石佛寺、徽县、江洛镇、娘娘坝，下午五点半抵达天水，入住中国旅行社。天水城区由伏羲城、西关、大城、东关、小城组成，沿着宽阔的耤河（渭河支流）北岸成一线，耤河向东 20 公里汇入渭河。次日，李约瑟首先前往南门外的水土保持实验区参观，下午在实验站技正张绍钫的陪同下，到伏羲城参观伏羲庙。

伏羲城据说是伏羲出生地。伏羲庙大门前有三座牌坊，东为"继天立极"牌坊，西为"开物成务"牌坊，中横"开天明道"牌坊，李约瑟认为"开物成务"可比"天工开物"。庙内有唐代古槐和柏树。主庙大殿蓝色牌匾上写"一画开天"，并配有满文，里面还有"象天法地"等牌匾。

李约瑟惊喜地看到，此处已被用作陆军医疗管理局下属的一家纺织厂，安排了几百名伤残士兵工作。在主管副官赵连海的带领下，李约瑟参观了井然有序的工厂。令他意外的是，厂内居然还设有康乐室、音乐器材室等，伙食不错，路面和地面都极为干净。也许唯一遗憾的是这样的机构太少。返回时李约瑟给李大斐购买了一件天水漆器——分层的糖果盒，他大概想起了楼观台曾永寿所使用的那一件。

伏羲庙，被用作伤残军人的纺织厂

甘肃天水，1945 年 10 月 18 日

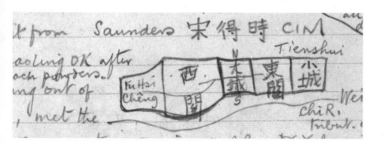

李约瑟日记中的兰州城区图

伏羲庙，被用作伤残军人的纺织厂
甘肃天水，1945 年 10 月 18 日

（3）水土保持实验区

天水位于黄土高原的核心地带，水土流失是中国急需解决的最根本问题之一，1942年8月，农林部在天水成立水土保持实验区，聘傅焕光为主任，并在平凉、兰州设立了工作站。实验区得到美国国务院专家的特别援助，如罗德民（Walter Clay Lowdermilk，美国水土保持局副局长）[1]和寿哈特（Donald V. Shuhart）[2]，前者实际上多年前就选择此地。李约瑟访问时，傅焕光已前往美国，由代理主任叶培中带领参观，李约瑟认为叶培中虽话语不多，但能力一流。

山脚以南的整片地方都属于实验区，面积达130多平方千米，包括沙滩、沙堆、坡地、溪沟等各种不同地形，先后进行过一些颇有成效的试验工作。实验区总部和育苗场就在南门外，紧靠耤河。李约瑟又渡河参观了另一个育苗场。在稍微偏东的汉将军李广墓一带，是一处南高北低的黄土塬，实验站租用了1500亩民地作为实验场地。育苗场有几乎所有能够固土和防流失的植物与灌木，包括葛藤——后来推广到澳大利亚和埃及；多种草类，如冰草，是华莱士副总统访华时捐赠给实验站的。

实验区工作主要分五个方面：1. 保土植物的试验与繁殖；2. 坡田保土蓄水试验；3. 气象部分，配有中国大后方唯一的雨量计；4. 实验区部分，实验农、林、牧土地的合法、合理利用；5. 森林与植树部分。李约瑟看到，图书馆很小，许多是两年前通过中英科学合作馆订购的书籍。该站急迫地想与英联邦的类似机构联系，获得种子。李约瑟知道，这里也有大量他从未见过的植物。

实验区拥有技正5人，技士3人。李约瑟对实验区评价极高，认为该机构做出了他在中国所见最优秀的一些工作。"即使该实验区的经费增长一千倍，对中国也是一个划算的投资。"

1.　1922至1927年，罗德民在中国考察，担任金陵大学农学院的教授。在此期间，他到山西、陕西、山东、安徽等地进行调查，主要调查森林植被与土壤侵蚀的关系。40年代，他作为农林部聘用顾问，也来过中国。

2.　1944年还有一位援华专家寿哈特。他介绍了美国的水土保持知识，提到盖草肥田的方法。寿哈特来华之后，多次考察中国的南方地区如广州、贵州、云南等地，发现珠江流域的土地基本开垦殆尽，而且表土瘠薄。他认为严重水土侵蚀在中国普遍存在。

1、2. 实验区的工作人员在挖土
　　甘肃天水，1945 年 10 月 18 日

3. 曹天钦和实验区的工作人员，叶培中
　（左一）、张绍钫（左二？），远处为古瞭望楼
　　甘肃天水，1945 年 10 月 18 日

4. 李大斐等观察实验区的雨量计
　　甘肃天水，1945 年 10 月 18 日

5. 一位妇女在观察人工灌溉设施
　　甘肃天水，1945 年 10 月 18 日

6. 实验区的各种土壤与植被
　　甘肃天水，1945 年 10 月 18 日

| 1 | 2 | 4 |
| 3 | | 5 | 6 |

1. 李大斐、曹天钦与实验区的工作人员，叶培中（左二）、张绍钫（前排左三？）

　　甘肃天水，1945 年 10 月 18 日

2. 天水水土保持实验区的纪念碑

　　甘肃天水，1945 年 10 月 18 日

3. 曹天钦在水土保持实验区的一个黄土洞前

　　甘肃天水，1945 年 10 月 18 日

1
―――――
2　3

（4）成都拜别

李约瑟仅在天水停留一天，就踏上了返程的道路。19日出发抵达双石铺，20日再路过庙台子，停留过夜，李约瑟与李大斐登上留侯亭，观赏"成功不居""英雄神仙"等石刻，明亮的月光下，景色宜人。然后经褒城、广元、梓潼，10月26日晚上抵达成都华西坝，见到了罗忠恕、罗士培等期盼已久的老友。

第二天李约瑟在这里见到了侯助存。在李约瑟北方之行的同时，中英科学合作馆的毕铿博士、萨恩德博士和侯助存再次前往西南，访问了贵阳、安顺、昆明和大理。李约瑟了解到昆明之行已顺利完成，也了解到了昆明一带的战斗情况。

李大斐（前右一）与罗忠恕（后左一）、罗士培夫妇（前左一、后左二）、郭有守（后右一）

成都，1945年10月27日—11月3日

李约瑟在成都的8天时间里，主要完成了四件事情。一是补充罗士培关于英国文化委员会对中国政策的报告，他用两天的时间与罗士培讨论并宣读。二是与华西大学郭本道教授谈论道家哲学，曹天钦在回忆录中写道："我更不会忘记在成都华西坝的钟楼上，李约瑟一连三天躲起来，同郭本道教授讨论道家的炼丹。"[1]三是购书。此次北方之行，图书方面的收获不大，倒也省去了很多行李的麻烦，在成都，李约瑟连续外出购书，买到唐代段成式的《酉阳杂俎》，大型地图集，《列子》和《荀子》，顾颉刚的《古史辨》，还有柯如泽的汉译著作。参观二仙寺时，还询问能否购买《道藏》。

当然，这是李约瑟第三次到成都，也是他准备离华前最后一次到访，最重要的还是与成都老友相聚。

李约瑟两次参加东西学社的聚餐，其中一次演讲了《苏联的科学》。他访问成都工合事务所，举行中英科学合作馆援助委员会会议。10月31日，大家在明湖春晚宴，开心的李约瑟还把座位安排画到日记中，称自己冷得发抖。

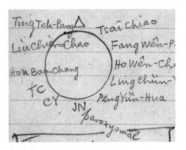

明湖春晚宴的圆桌，顺时针：李约瑟、邱琼云、曹天钦、侯宝璋、刘健超（？）、丁德榜（？）、李大斐、蔡翘、方文培、何文俊、林春猷、彭荣华

四川科学教育界对李约瑟此次来访极为重视，11月1日，联合国在伦敦举行第一次教育文化会议，准备组建教育文化合作组织。李约瑟极力主张将"科学"加入拟成立的教育文化机构中，成都高校的教授们联名发电，支持李约瑟的提议。就在同一天，教育厅厅长郭有守邀集四川的张大千等38位书画名家，绘制册页《锦水零纨》相赠。他在亲笔书写的序言中称：

成都学者赠送李约瑟、李大斐伉俪"科学泉源"刺绣，前排左二为李方训。
刺绣上署名者为张孝礼、刘兰恩、卞柏年、林兆倧、蔡翘、罗忠恕、方文
培、曾省、李方训、孙明经、何文俊、侯宝璋、刘承钊、李珩、彭荣华、
陈纳逊、吴大任

成都，1945 年 10 月 27 日—11 月 3 日

　　今日为联合国在伦敦举行第一次教育文化会议，商讨组设国际教育文化
合作机构。约瑟博士曾发表《科学与国际科学合作在战后世界组织机构之地位》，
洋洋数万言，卓见远识，理想超越目前会议。无论结果如何，必距吾人理想甚
远，更须吾人倍加努力。兹值约瑟博士贤伉俪明日东下，临别不胜依依……

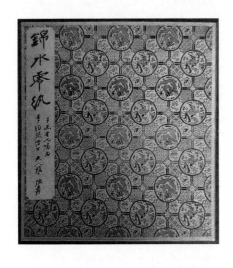

《锦水零纨》册页

在李约瑟的努力下，推动国际科学合作已经成为共同的事业。

11月3日，李约瑟告别何文俊、郭有守等友人，满载着图书和情谊，离开了成都。卡车穿越连绵的群山，李约瑟感叹道，经过了三年，"这些山都显得秀气了"。

内江住宿一夜，李约瑟于11月4日深夜抵达重庆，凌晨1点到合作馆。李约瑟感慨回家就好，他发现萨恩德已经回国，毕铿还在那里。然而，受聘担任营养学顾问的鲁桂珍还没有从美国赶到，这还是让李约瑟长叹了几口气。

好消息接连到来，11月6日，联合国教育科学文化组织在伦敦成立，"科学"部分加入了该组织并体现在名称中，简称教科文组织(UNESCO)。11月20日，成都石室中学与英国文化委员会双方议定，由学校将图书室所藏《道藏》经1120卷捐赠英国剑桥大学，再由英国文化委员会让剑桥大学回赠中学物理仪器一套，《大英百科全书》一部[2]。

1. 曹天钦. 从抱朴子到马王堆 [A]// 李国豪，等. 中国科技史探索 [C]. 上海：上海古籍出版社，1986: 85-95.

2. 1946年2月6日，李约瑟给石室中学回函，称收到由 G. 亨德利先生带到重庆的全套《道藏》。查有梁. 李约瑟与四川石室中学 [J]. 中华文化论坛，1996(01):108-109.

8 小结

李约瑟的北方之行，是其战时来华的最后一次长途旅行。他沿川陕公路和陇海线访问了许多著名的北方高校，看到战后工业企业和工合运动的困难处境，了解到陕甘宁边区的科学状况和北方的政治局势。

李约瑟此行访问了东北大学、西北大学、河南大学、西北农学院等著名北方高校，唐山工程学院、西北工学院等给他留下了深刻印象。沿着陇海铁路，李约瑟前往西安和宝鸡的机车修理厂，以及宝天铁路工程局。还有很多具有区域色彩的机构，如黄河流域水利工程学校、秦岭林业管理处、天水水土保持实验区等。

更有趣的是，在庙台子、楼观台和河南大学，李约瑟有机会深入实地考察道教文化的源流，探讨道家思想和其科技内涵，坚定了写作《中国科学技术史》的决心。他与中国学者心心相印，共同为推动国际科学合作而努力。可以说，北方之行的广度和深度都超出了此前的几次旅行。

李约瑟对战后川陕地区的经济和政治军事状况进行了全面的总结：中国工业合作组织遭受重创。由于战后通货紧缩，物价持续下跌，即使是经济最为活跃的企业也只能达到 20% 的产能。而著名的大华纱厂，也被迫关闭。

战后的治安问题进一步恶化。鸦片管理失控，种植者形成了武装力量；土匪横行，前往林业管理处需要森林警卫的保护。李约瑟看到，许多装满弹药的卡车正在向西安方向进发，引起了他对内战的担忧。报告的最后，李约瑟不无叹息地写道：对日本胜利日已经过去很长时间了，作为帮助中国科学家和技术专家的最后一次长途旅行，这些情景对我来说是一个相当悲情的结尾。

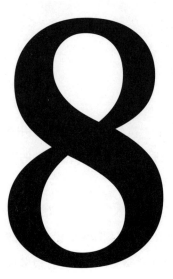

Part Eight

第八章

故都巡游

——上海、北平与南京

李约瑟最牵挂的鲁桂珍，终于在 1945 年 11 月 17 日抵达了重庆。在鲁桂珍眼中，李约瑟已经脱胎换骨，似乎变了一个人："十年功夫里，他变得更老成、更耐心得多，不像过去那样老是急急匆匆，也不像过去那样固执己见，刚愎自用。他常对我说，战时中国交通缓慢，正好悠然欣赏一路的风景，仿佛他一生第一次得以享受一位英国诗人所说的'伫立闲眺'的福分……在这情况下，他有充分的时间去思考。"

然而，1946 年 2 月底一封来自朱利安·赫胥黎的信，让他的此次中国之行画上了句号。原来李约瑟一直呼吁的创建国际科学合作机构，将"科学"加入"联合国教育文化组织"的提议终于实现，朱利安·赫胥黎担任了联合国教科文组织的总干事，而李约瑟则成为创建其自然科学部门的最佳人选。李约瑟决定接受邀请，尽快返回英国。

乘坐美国陆军运输部 (USATC) 的飞机，1946 年 3 月 7 日，李约瑟和鲁桂珍先从重庆到上海，参观了中央研究院、雷士德医学研究所等机构。14 日李约瑟独自乘飞机到北平，由于天气原因，直到 29 日才返回上海。接着 3 月 31 日至 4 月 4 日乘坐火车到访南京，与鲁桂珍及其家人团聚。鲁桂珍和李约瑟一起再到上海，两人相互告别，4 月 6 日，李约瑟乘坐英国皇家空军的飞机从上海前往香港。鲁桂珍则留在南京，继续参与中英科学合作馆的事务。

上海、北平和南京是战前中国真正的科学教育文化中心，且各机关正处于复员的关键时期，李约瑟看到了战争和日伪造成的破坏、留守人员的坚持，以及复员重建的困难。因此，这一个月的密集行程，尽管机构的照片不多，但"东部之行"足以为李约瑟的在华之旅添上浓墨重彩的一笔。

1 送别"雪中送炭"的朋友

也许在李约瑟作出回国决定之前，已经在筹划另一次旅行，即前往战前的教育文化中心北平、南京与上海。竺可桢 2 月 22 日从遵义到重庆，次日便到中英科学合作馆拜访李约瑟，得知其有 3 月初赴北平的计划。而到 26 日，李约瑟便在国民外交协会设宴向朋友告别，邀请的人员既有竺可桢、李济、翁文灏、梅贻琦、汪敬熙、傅斯年等中国科学家，也有美国、英国、荷兰使馆的朋友，以及在华认识的博尔顿（M. G. Bolton，地质学家）等人，曹天钦、胡乾善、鲁桂珍等也一起参加[1]。这么多人共聚一堂，也可见行程安排的匆忙。

第二天，中央研究院安排晚宴欢送李约瑟，李四光、吴有训、竺可桢、赵忠尧、翁文灏、汪敬熙、李济和傅斯年等出席。时任中央研究院心理研究所所长兼代理总干事的汪敬熙，历史语言研究所所长兼北京大学代理校长傅斯年分别致送别词。

汪敬熙说，这三年里，李约瑟在交通困难的情形之下，遍游中国，自西北的敦煌到东南的福州。中国的学术和工业机构他看得极多。他十分了解我们的优势和不足，他很坦白地告诉了我们这一切……我们对于这两位朋友（李约瑟与李大斐）的离别，感到十分凄楚。我们觉得我们与他们像是一家人，不愿意他们走。在困难时候，"雪中送炭"的友人，是最使人想念的朋友。

值得一记的是，后来李约瑟 1948 年卸任联合国教科文组织科学部主任，他推荐汪敬熙继续担任这一职务。

傅斯年在送别词中说，李约瑟是一个大国皇家学会的会员，被派到中国来的主要目的是进行科学的交换以及增进与中国科学机构的友谊，在我们的苦战中给我们鼓起更大的勇气，这是李约瑟博士访问中国的特质，而且也是未来科学合作的开始。傅斯年特别提道："最可宝贵的是又了解我们又同情我们的人，尤其是他们的同情是由了解而来的。"

汪敬熙和傅斯年的这两篇送别词，刊登于 3 月 7 日的《大公报》，这是中国学界对李约瑟在华三年工作的肯定，也是对中英两国友谊的期望。

得知李约瑟即将回国的消息，远在昆明的 38 名科学家和学者由清华大学校长梅贻琦领衔，撰写了纪念长卷并签名留念：

……先生及夫人学问精湛，著作丰富，待人以诚，接物以礼，非仅于生物学上有深邃之研究，且对于中华之文化及科学史亦感兴趣。今以使命已达，万里言旋，仝人等瞻仰风仪于兹三稔，切磋学艺，获益良多。今将远别，不胜怅然，聊赠数言，用申敬忱，并祝中英科学界之合作与时俱进，中英两民族间之友谊如水长流。

此时，国内各教育科研机构的复员工作正在陆续展开，利用这紧张而混乱的最后时光，他和鲁桂珍开启了此次来华的最后一次旅行——东部之行，先后到访上海、北平和南京，然后经香港回国。虽然各地学术机关大多满目疮痍，但李约瑟此行结识了多位推动中国科技史国际化的学者，对他着手中国科技史研究意义重大。

1. 竺可桢. 竺可桢全集 (10)[M]. 上海：上海科技教育出版社，2006：54.

2   上海

　　上海是近代中国的经济和文化中心，战前拥有交通大学、同济大学等 30 余所大学，中央研究院的大多数研究所都设于此，北平研究院的镭学研究所和药物研究所也于 1936 年迁到这里。1937 年 8 月日军进攻上海，许多高校内迁，但不少高校和科研机构仍困守租界。太平洋战争爆发后，上海租界被占领，暨南大学、上海美专等高校内迁，筹建了东南联合大学。

　　李约瑟在上海参观了中华医学会医史博物馆，馆长王吉民 (1889—1972) 曾和李涛等人于 1937 年共同创立了中华医史学会并担任会长。王吉民对中国医学史的研究和弘扬做出了重大贡献。早在 1932 年，王吉民与伍连德合作出版了英文著作《中国医史》(*History of Chinese Medicine*)，写作过程中收集了大量医史文物。经过王吉民的不懈努力，医史博物馆于 1938 年 7 月在上海慈溪路成立，陈列品包括中医用具、制药工具、中医古籍、名医手笔等 400 余件，还附设医史文献资料室。1949 年王吉民当选国际科学史研究院通讯院士。

　　李约瑟还拜访了任鸿隽、陈衡哲夫妇，他们于年初从重庆返回上海，中国科学社和中基会等机构也一同复员。1945 年 7 月 1 日任鸿隽在中国科学工作者协会成立大会上担任主席，并当选为协会理事。

（1）上海中央研究院

　　成立于 1928 年的中央研究院虽然总办事处设在南京，但半数研究所都设在上海：物理、化学和工程三研究所，地质研究所，社会科学研究所的经济组和社会组，以及筹备中的数学研究所 (1947 年成立)。1945 年 9 月，中央研究院接收了日伪的上海自然科学研究所[1]，以及北平的人文科学研究所和近代科学图书馆。

原自然科学研究所占地开阔，下设地质、动物、植物、寄生虫学、化学和物理学等分部。李约瑟得知，中央研究院计划将所有研究所暂驻此地，直到各研究所分别重建后撤离，这些建筑都留给林可胜筹建的实验医学研究所。访问期间，化学研究所所长吴学周和物理研究所所长丁西林正忙于接收造册物品，制定分配方案。

研究所的主体建筑围成了两个院子，建造讲究，设备精良，唯一的不足之处是实验室空间太小。此时日伪的统治灰飞烟灭，日本科学家被迅速关押，丢弃了所有的设备和图书。整座建筑面积约有普通剑桥大楼（生化楼、解剖楼）的五六倍。

研究所的总图书馆和各部门图书馆都非常好，不仅没有局限于日文文献，而且有大量的历史和社会学资料，后者将送往陶孟和与傅斯年的研究所。此外还有不少经济学和哲学的书籍。

在大量缴获的设备中，较为贵重的是一些光谱仪，显然是战时通过德国潜艇运到上海的。研究所的所有出版物都保留了下来，但一些日本地质学家销毁了许多笔记。

与该座大楼形成鲜明对照的是先前中央研究院物理、化学和工程三研究所的建筑，位于兆丰花园对面白利南路的理工实验馆。这座建筑曾被用于傀儡市长的办公室，如今已只剩外壳，所有仪器设备荡然无存。原来的纺织技术实验室破坏最为严重，被日本人用作马厩，至今刺鼻难闻。原来的钢铁冶炼实验室也是设备尽失，而且堆满了各种垃圾。少量物理仪器存放于震旦大学，如今归还回来，等到研究所从昆明和北碚复员后，才能进一步充实设备。

1.　上海自然科学研究所成立于 1931 年，地址是法租界祁齐路 320 号（今岳阳路 320 号）。中央研究院认为，这些机构原本就是日本退还庚子赔款所办的教育文化事业，主权属于中国。见国立中央研究院. 国立中央研究院概况 [M]. 国立中央研究院，1948：3.

（2）雷士德医学研究所

雷士德医学研究所是一个西方人在华创办的独立医学研究机构。英国人亨利·雷士德 (Henry Lester, 1840—1926) 曾为上海房产巨商和公共租界工部局董事，去世后留下巨额遗产。根据遗嘱，1930 年前后该项基金在上海资助成立雷士德医学研究所、雷士德工学院和职业学校，为中国培养了大批高级专业技术人才 [1]。尤其雷士德医学研究所在赫伯特·欧尔 (Herbert G. Earle) 教授的领导下，很快成为仅次于北京协和医院的生物化学研究中心。鲁桂珍在前往剑桥求学之前，即在雷士德医学研究所工作多年。

雷士德医学研究所大楼位于爱文义路 (Avenue Road)，李约瑟参观时，保存的状况还不错。所有的家具都完好无损，虽然日本人偷走了一些仪器，但他们也添置了一些，特别是细菌学方面的仪器。研究所中有保存完好的中药博物馆、图书馆，以前设有细菌学、病理学、寄生虫学、生理学和药学等部门，培养了一些中国最好的生物学家，如汤飞凡、蔡翘等。

然而，该研究所也已奄奄一息，没有足够的资金用于设施维护、聘用员工和开展研究。"如果有了资金，明天就可以运转起来。"但英国人基于租界直接掌控研究所的制度设计，如今肯定难以为继。李约瑟认为："当务之急是不能让这个研究所倒下。"他期望在新的有力领导下，雷士德医学研究所能够继续成为中英科学合作的重要机构。

---

1. 李彦昌. 科学慈善、医学研究与帝国网络：上海雷氏医学研究院的创办过程 [J]. 自然科学史研究，2022，41(03)：273-288.

(3) 军医署国防医学院

1944 年，林可胜被任命为军医署署长，他将各军事医学院校及战时卫生人员训练所改组为国防医学院，设在上海江湾。沦陷期间这里是日本军队在原市医院基础上扩建的军医部，可以容纳超过 8000 名患者。此处建筑全部被军医署接收。林可胜担任了国防医学院首任院长，同时筹建中央研究院医学研究所。

李约瑟在林可胜的陪同下参观了筹建中的国防医学院。当时里面仍有 2000 名日本病患和 700 名日本护士，他们将很快被遣送回国。此处占地数百万平方米，有宽敞的洗衣房和厨房，计划除了常规的军医培训外，还设立护士学校和技工学校。李约瑟认为，如果能够获得足够的设备和训练有素的教师，该医学院很快就能成为世界上最大最好的医学院之一，完全可以与伦敦和列宁格勒的医学院相媲美。

已经开始工作的人员有生化学家李冠华博士、营养学专家万昕、放射学家荣独山等，一座蒸馏水厂也已建好。基于此，李约瑟建议伦敦方面可以撤回英国文化委员会与皇家外科医学院联合派遣的医疗队。

(4) 食品药物实验室

该实验室位于市政府大楼（汉口路 233 号）内，当时由马彼得博士（原雷士德医学研究所人员）掌管。设备用于日常的食品和药物分析，没有遭到战争的破坏，但规模只够应付原来的租界一带，要服务整个大上海就显得不足。

李约瑟在这里了解到国民党接管上海市政府带来的一些弊端。官僚主义日益浓厚，所有人的薪资都降低了，而秘书类人员安插过多。实验室以前有 6 名化学家和 1 名秘书，如今却有 9 名化学家和 5 名秘书。一名工作了 15 年的分析师因为薪资过低而不得不离去，另一名工作 22 年的化学家也萌生去意。而且令人难以置信的是，所有市政府雇员都必须写日记，记录自己的政治思想。

（5）**同济大学与震旦大学**

李约瑟并没有到访同济大学（中德联合）和震旦大学，他只是听说同济大学的吴淞校区校舍遭到轰炸，已经全部损毁。教育部正在寻觅临时校址，让该校从李庄和宜宾迁回。

震旦大学是罗马天主教背景的著名私立高校，附属有震旦博物馆，战时都没有遭到太大的破坏。

3　北平

　　李约瑟从重庆乘飞机来到了"富有传奇意味"的故都北平。在那里，他不仅得到张子高、曾昭抡和李乔苹等学界人士的热情欢迎，还买到了《太平御览》等许多不可或缺的珍本。

　　在北平，李约瑟拜访了多位科学家和科学史研究者，为中国科技史研究搜寻资料。最重要的一位是李乔苹（1895—1981）。他1926年毕业于北京工业大学，学习应用化学。曾担任北平市度量衡检定所所长，并在北平大学工学院等多所学校任教。全面抗战期间，李乔苹闭门闲居，仅在私立中国大学化学系担任教授，发愤编著一部中国化学史。他用三年时间，以顽强的毅力和锲而不舍的精神在北平图书馆翻阅大量古籍，发掘出丰富的中国古代化工遗产，并进行研究考订。1940年2月上海商务印书馆（长沙）出版了《中国化学史》，全书15万字，介绍了中国古代炼丹术和各种化学工艺的发展沿革，以及各种物品的化工生产方式和生产过程等。它是我国第一部比较全面、系统地反映中国古代化学成就的著作，受到国内外学术界的高度重视。

　　李约瑟在曾昭抡的陪同下登门拜访。李乔苹已经完成了《中国化学史》一书的增订和英译，准备定名为《中国化学之肇始及其工业的应用》(The Dawn of Chemistry in China and Its Industrial Application) 在美国出版。李约瑟见到该书如获至宝，提议将书名改为《中国古代之化学工艺》(The Chemical Arts of Old China)，建议在英国出版，并提出代为介绍出版家。1948年11月，该书最终仍在美国出版，但李乔苹采纳了李约瑟的书名，并由胡适题写中文名。为方便懂中文的外国读者理解文义，该书对中国技术的术语和名称均用中文加以注释，这无疑大大促进了李约瑟的相关工作，他在化学卷中多次引用该书成果。

　　此次拜访大有收获，李约瑟邀请李乔苹于北京东兴楼饭馆畅饮。得知李约瑟想要中国的罗盘针，李乔苹以重价从古玩商店购得一件赠送给他。[1] 李乔苹还向李约瑟介绍了曾在中国大学任教的好友张子高，他也是一位化学史家，战前任清华大学教务长，开设过"化学史"课程，此时已重回清华任教，正参与清华大学校产接收委员会的工作。他们一起讨论了化学史和科学史的编写问题。

1.　赵慧芝. 著名化学史家李乔苹及其成就 [J]. 中国科技史料, 1991(01): 13-24.

（1）北京大学

北京大学位于故宫博物院附近的马神庙，由于抗战时期日伪政府接管了北大校园并继续办学，这座中国最顶尖的学府没有遭受太多的破坏。实际上，伪北京大学还新建了医学院。李约瑟参观了大学的图书馆，这里保存有珍贵的宋版书，虽然自 1937 年以来就没有购买新的西文图书，但图书总量有所扩充。

李约瑟参观了位于景山东街的北京大学理学院，这里是京师大学堂故地，"两扇朱门，光亮耀眼，古色古香中，另有一番堂皇气概"。陪同的吴素萱还在生物实验室的楼门前留影。

李约瑟看到，尽管老式的长椅破旧不堪，但实验室非常宽敞，有大量的设备可用，库存也得到妥善保管。地质学系有一座现代化的大楼，仍在使用。

有机化学的高年级学生已经在曾昭抡和萨本铁的带领下开始工作。不幸的是，生物学博物馆的大部分标本都散失了。他认为，从总体上看，北大的理科建筑数量约有剑桥大学的 1/4 到 1/2，法学院、历史学院等也基本保持良好状况。

吴素萱现已是北京大学生物系教授。1930 年从中央大学生物系毕业后，她曾在北京大学生物系做过短期助教。1937 年赴美国密歇根大学研究院专修细胞学，1941 年获博士学位后回国，任教于西南联大生物学系。李约瑟在生物学系做过学术报告，并赠送了一批生物学书刊及幻灯片。随着西南联大结束，她被聘为北京大学教授。1945 年 11 月底，化学系主任曾昭抡抵达北平，接收北京大学理学院，吴素萱也得以较早返回北平。他们还接着游览了近在咫尺的景山公园。昆明和北平的交往，加深了两人的友谊，在李约瑟帮助下，1947—1948 年，吴素萱受英国文化委员会的邀请，以特约教授的身份前往英国牛津大学和爱丁堡大学讲学，继续与李约瑟的学术合作。

伪北大医学院设于 1942 年，坐落在西什库教堂（北堂）北方，是一片粉色灰泥的平房，日本人希望以此取代美国人的协和医学院（协和医学院关闭后，一些师生转来）。1946 年，复员的北京大学正式成立医学院，解剖学家兼细胞学家马文昭担任院长。医学院有 680 名学生，包括药剂学、牙科和护理等专业，李约瑟认为这应该是中国最大的医学院。解剖学和组织学方面的设备较为精良，而病理学和生理学则缺乏设备。

北大医学院不远便是西什库天主教堂，内有著名的北堂书库，保存有部分金尼阁第二次来华时带来的外文书籍，对研究西学东渐具有重要的史料价值。李约瑟前去寻访利玛窦口译、徐光启笔录的欧几里得《几何原本》。此外，古观象台等地也留下了李约瑟的足迹。

1	2

1. 吴素萱站在北京大学生物实验室门口
   北平马神庙，1946 年 3 月 14—29 日

2. 吴素萱在景山公园
   北平，1946 年 3 月

（2）清华大学

清华大学位列战前北平三大高校，却是受损最严重的。该校位于北平西北郊区，战时被用作日本人的军医院，而且仍未完全腾空。李约瑟在法学院院长陈岱孙博士的陪同下参观，陈岱孙 1945 年 11 月先期回到北平组织复校工作。

李约瑟参观时北平刚下过一场 30 年来最大的 3 月雪，树木繁茂的清华校园格外静谧明亮。他用一句话来概括学校的情形：房屋虽在，却徒有其表，除了地板和窗户，里面什么都没剩下。好在生物学、化学和物理学系的建筑都很宽敞，与剑桥大学的实验室相当。图书馆损失较为严重，只找回 30% 的图书。

然而，这里的师资力量相当雄厚，生物学方面有戴芳澜、沈同、李继侗和汤佩松，化学方面有张子高和萨本铁，物理学方面有吴有训和饶毓泰等。李约瑟认为，尽管复员工作可能要至少两年，但由于得到庚款基金的支持，还是快于教育部的其他高校。

（3）燕京大学

燕京大学校园毗邻清华大学，建筑中西合璧，被看作是中国最顶尖的教会大学。太平洋战争爆发次日，燕京大学被迫关闭（战时在成都复校）。李约瑟看到，燕京大学受到的破坏要远小于清华，因为这里没有驻军，而是被日本的"华北开发株式会社"用作实验部门，日本投降后，留下了很多科技设备，这些将用来赔偿大学的损失。

实验室的大部分家具和图书都保存完好，但物理系的机械工场破坏严重，生物学博物馆的标本散失殆尽。生物学方面情况最差，只剩下 2 台显微镜和 1 架切片机。图书总计丢失了约 15%，主要是一些丛书和县志。哈佛—燕京研究所未受破坏，战前设立的一座考古博物馆也得以幸存。

在陆志韦校长的主持下，重建工作正在有条不紊地开展，木工、管子工和电工都已忙碌起来了。

（4）农林部农业试验站

这个地方让来访的李约瑟眼前一亮，认为是此行的一个惊喜。试验站位于北平城西北方，占地 600 英亩，有一座宽敞的大楼，试验站由沈宗瀚领导的中央农业试验所（战时内迁北碚）完整接管，堪称中国最大的科学机构。

尽管日占时期没有多少投入，仪器设备显著不足，但都还比较新，这里还找到 400 多台显微镜（3 台德国产）。图书馆虽然没有多少欧美书籍，但有丰富的特别是关于华北地区的县志。

来自北碚中央农业试验所的 9 名成员已经到达，然而面对如此空旷的大楼，自然感到人手不足。由于缺少足够的农业生物学家，一些日本科学家留了下来。李约瑟此行首次见到日本的科学家，包括 4 位博士：加藤博士，蒙古地区害虫专家；近藤博士，蚜虫和经济昆虫学家；畑井博士，昆虫生理学家；大枝博士，农业水利工程专家。此外还有 36 名日本田间农学家，他们住在专门的地方，发挥专家作用，但不会担任职务。

这也印证了李约瑟的呼吁，即如果西方国家不尽快向中国援助派遣技术专家，中国就会因地制宜聘用日本人。李约瑟认为，在这种特殊时刻，留用日本科学家是必要的，因为所有的昆虫标本和植物记载都使用的日文。与日本科学家联系的是朱凤美博士，这位杰出的植物病理学家能够读写流利的日语。就在李约瑟访问期间，他很高兴地看到来自犹他州农业试验站的皮特曼教授（Prof. Pitman）抵达了燕京大学，准备就在北平地区发展甜菜工业进行调查研究。沈宗瀚博士也非常期望英国洛桑试验站尽快派遣技术专家。

部门的几个图书室中，农业和土壤化学方面的图书比较充实。水利工程实验室有大型的设备，大枝博士将水利工程与土壤科学研究结合起来。

（5）国立北平图书馆

北平图书馆由京师图书馆（1909 年创办）和中华教育文化基金会创办的北京图书馆（1926 年）合并而成，并于 1931 年在北海西侧落成文津新馆，为中国最大的现代化图书馆。全面抗战期间，图书馆负责人袁同礼率部分人员南迁，并将部分珍贵古籍运往美国保存，留守人员则担负起保卫财产的任务。1944 年袁同礼考察英美，参加了 1945 年在美国旧金山召开的联合国第一次会议，9 月返回北平，主持北平图书馆的工作。李约瑟到访期间，没有见到袁同礼，而由顾子刚出面接待。

日本占领北平期间，起初并未干涉图书馆的事务，太平洋战争爆发后，日本人将其纳入伪教育部管辖，抢走了 29 箱国民党和共产党的政治书籍，禁止公众阅读近年报纸，顾子刚也一度入狱。日本人出于长期占领北平的美梦，没有打算将馆中藏书运往别处，馆员也保持稳定。李约瑟参观了地库的珍宝，这里有大量的藏、蒙、满文图书，有从热河行宫搬来的《四库全书》，还有约 100 卷《永乐大典》。这里还收藏有世界上最多的宋版书。图书馆保存有首任馆长梁启超的办公桌和藏书，以及大量的碑拓。

（6）北平研究院

北平研究院分布于东皇城根的理化楼、城西北的天然博物院（今动物园），以及中南海怀仁堂等地，然而这些地方一时还难于接管。

东皇城根的理化楼原有物理学、化学、镭学等研究所，战时一直被日军占用，如今一片狼藉，研究院的代表不得不花时间将一些仪器另觅地方存放。

李约瑟参观时，恢复工作还没有展开，也许是因为从昆明复员尚需时日。

天然博物院中的动物学、植物学研究所的房屋仍被中国军队占据，李约瑟未能前往，但听说除了搬到昆明和武功的图书和设备，图书、标本和动植物园里的一切都已荡然无存。

总办事处和史学研究所原在中南海怀仁堂，也被某总部机关使用，好在对方答应尽快迁出。地质研究所（即地质调查所）则损失不大。

总体情况是，北平研究院的复员和重建缺乏人力和资金。考古学家苏秉琦试图在理化楼安排所址，他和有机化学家杨光弼在占领期间都低调行事。中法大学校长李麟玉则为缺钱缺人完成复员工作而焦头烂额。

（7）北京协和医学院

协和医学院是美国洛克菲勒基金会在华兴建的培养高层次医学人才的机构，战后医学院的行政事务由国民党、共产党和美国三方面接管。李约瑟很奇怪地看到，尽管设施齐全，医学院却任由实验室和医院的仪器蒙尘，空无一人，基金会也因无所作为而饱受指责。李约瑟遇到的吴宪等人，都在日占时期保持低调，如今急切地盼望开展研究工作。唯一开放的部门是图书馆，在医学史家李涛教授的带领下，李约瑟参观了协和医学院的图书馆。

李涛 1925 年毕业于北京医科专门学校（北京大学医学部前身），曾在协和医学院负责收集历代中医书籍，包括不少珍本、善本。他同时开设医学史课程，1937 年中华医史学会在上海成立，决议由李涛承担教材编撰工作。1940 年出版了《医学史纲》，为我国第一部中西医结合的医学史教科书。作者希望在追述近代医学演化历程的同时，表达医学无国别或民族之分。1942 年协和医学院被日军占领，李涛不得不开办一家私人医院。北京大学正式成立医学院后，他创建了医史学科，成为国内医学院中第一个正式的医学史教学研究机构[1]。

1952年李约瑟再次来华，他们又一起参观了这个图书馆。但1958年李约瑟访华时，李涛罹患脑血栓，不能再陪同参观，李约瑟和鲁桂珍专程到他家中探望。

1.　张大庆. 中国医学人文学科的早期发展：协和中文部 [J]. 北京大学学报（哲学社会科学版），2011, 48(06): 124-129.

(8) 中国大学

中国大学是一所由孙中山倡议创办的私立大学 (1913)，校址设在郑王府，与南开相比，它更重视政治学科而较少技术学科。全面抗战前校长王正廷出任驻美大使 (1936)，由何其巩 [1] 继任校长。北平沦陷后，中国大学受国民政府令，继续留在北平办学，始终坚持独立。一批坚持民族气节，不与日伪合作的教师应聘到校任教，如燕京大学的张东荪、协和医学院的裴文中等，肩负起在敌占区培养青年人才的重任。李约瑟到访时，学生已达到 2000 人。

李约瑟看到，这里房屋虽然华丽，但大多年久失修。实验室非常有限，物理、化学和生物学的设备都不齐全，显然只能满足基本的教学任务，而无法开展科研。图书馆的藏书数量甚至不如内迁的一些大学。由于学校的经费主要来自学费，随着其他大学的复员，一批教师离去，学校的未来正面临严峻考验 (1949 年初中国大学停办)。

1.　何其巩 (1889—1955)，安徽桐城人，曾追随冯玉祥担任文书。1928—1929 年担任北平市长，1927—1946 年任中国大学董事会主任，1936—1947 年担任中国大学校长。

(9) 中法大学与辅仁大学

中法大学创办于 1920 年，是受法国退还庚子赔款基金资助的私立大学。与上海的罗马天主教背景的震旦大学不同，该校主张教育与宗教分离，因此中国学生能够接触伏尔泰和狄德罗的思想。抗战期间特别是法国沦陷后，基金冻结，学校陷入停滞状态。流亡昆明的中法大学只有几座简陋的木房，代表着学校的延续。

校长李麟玉兼任北平研究院化学研究所的所长，他告诉李约瑟，该校的一些研究，特别是汉学（成立了一个专门研究所）研究，占领时期一直没有中断，学校的图书馆实际上也保存完好。实验室受损不大，但设备很少。大学以前在城外有三处农林试验场，其中有一处遭到严重破坏。当时仍有 400 名学生。

成立于 1925 年的辅仁大学则具有罗马天主教背景，外籍教师主要来自德国和奥地利。战时该校因国际关系原因，仍坚持办学，不受日本控制，许多外校教授加入。李约瑟看到，该校特别整洁精致，井井有条，图书馆设施良好，几乎没有受到战争影响。著名的汉学期刊《华裔学志》(Monumenta Serica) 继续出版。李约瑟还参观了心理学系和哲学系的图书馆，注意到没有精神分析方面的图书（因宗教审查）。

辅仁大学有单独的女子学院，女生可以参加男生的课程，但也有专门的系科，如家政系等。

4 南京

1946 年 3 月的南京，国民政府尚未正式还都。李约瑟到访此处，主要有两个目的，一是与先期到达南京的鲁桂珍会合，二是为英国文化委员会办事处寻觅办公场所。

（1）家庭团聚

鲁桂珍 1939 年到美国，先后在加利福尼亚大学和纽约的哥伦比亚大学医学中心从事研究工作。日本投降后，李约瑟邀请她担任中英科学合作馆的营养学顾问，她辗转英国和印度回国，于 1945 年 11 月抵达重庆。次年 2 月，鲁桂珍被聘为金陵女子文理学院的营养学教授，思乡心切的她直接从上海回到南京老家，而没有陪同李约瑟前往北平。

鲁桂珍的父亲鲁茂庭（字仕国）是个颇有学问的中药商。鲁家原籍湖北蕲州，在鲁桂珍眼中，著名的药圣李时珍就应该是父亲那般白髯飘飘的模样。鲁茂庭在南京经营华商大药房，并盖起 3 栋小洋楼（太平南路 253 号、251 号）。鲁桂珍是家中长女，她还有两个弟弟，鲁葆源和鲁葆德。让鲁桂珍痛心的是，二弟鲁葆德和母亲陈秀英于近两年先后去世。

鲁桂珍的父亲鲁茂庭
江苏南京，1946 年 3 月 31 日—4 月 6 日

李约瑟抵达南京，便到鲁桂珍家落脚。因为他在北平被偷走一条裤子，导致身上穿的裤子无法换洗。李约瑟在鲁家住了十多天，同鲁茂庭讨论中国传统医药，对他益发钦佩和尊重。《中国科学技术史》第一卷出版，李约瑟在扉页题赠："谨以本卷敬献南京药商鲁仕国"：

To

LU SHIHKUO

Merchant–Apothecary in the City of Nanking

this first volume

is respectfully and affectionately

dedicated

闲暇时间，李约瑟和鲁茂庭全家一起游览南京名胜玄武湖，照片中鲁桂珍的弟媳潘学卿带着两个孩子，她帮李约瑟缝补衣服，做的红烧肉更让李约瑟赞不绝口。

李约瑟和鲁茂庭
江苏南京，1946 年 3 月 31 日—4 月 6 日

玄武湖景色　江苏南京，1946 年 3 月 31 日—4 月 6 日

鲁桂珍的一张全家福，父亲鲁茂庭，弟媳潘学卿，侄子（鲁梅生）和侄女

江苏南京，1946 年 3 月 31 日—4 月 6 日

潘学卿和一对儿女

江苏南京，1946 年 3 月 31 日—4 月 6 日

（2）**中央研究院**

中央研究院总办事处设在南京鸡笼山（又名钦天山）上，北有著名的鸡鸣寺，毗邻中央大学。1931 年建成地质研究所大楼，1936 年建成历史语言研究所大楼。还有社会学研究所与总办事处，以及山顶的气象研究所。稍远处是生物研究所，以及心理研究所。一些研究所将迁往上海，场地将宽裕一些。动物研究所所长王家楫负责南京的各研究所安置。

由于南京沦陷后一些学术机关得到保护，总体而言受损不大。李约瑟参观了地质研究所大楼和历史语言研究所大楼，许多研究工作仍在继续开展。他很庆幸地看到中央研究院的出版物都完好无损，西方国家的图书馆无疑需要这些资料。

山顶的气象研究所已开始重建，但该所的图书馆损失较大，好在很多图书马上从北碚迁回。李约瑟说，这是他见过的最好的气象研究机构。

较远的是紫金山天文台，李约瑟和王家楫一同前往参观。总体上没有遭到太大的破坏。虽然有些凌乱，但经维修后便可正常使用。这里还有几架从北平运来的明代天文仪器，在战火中得以幸存。回程中看到地磁实验室，里面已经空无一物。

（3）**中央大学**

中央大学校园围绕大礼堂而建，带有少许苏联风格。日军占领期间被用作军医院，但相比清华大学，建筑状况要好一些。礼堂的桌椅仍在，家具还留存不少，地板、墙皮有些脱落，维修工作已在进行。

中央大学内迁沙坪坝后，约有 50% 的科学仪器和 30% 的书籍没能运走，均遗失殆尽。物理、化学、生物、医学和牙科大楼都有很好的教室，但已年久失修。机械工厂已经废弃，制气机也丢失了。中央锅炉房被水淹过，尚不知能否重新启用。体育馆则被当成了厨房。稍有弥补的是，日本人在校园里建了很多砖木房，有些可以用作学生的宿舍。

（4）金陵大学与金陵女子大学

两校都由美国教会创办，校园建筑中西合璧，美轮美奂。金陵大学正式创校于 1910 年，金陵女子大学开办于 1915 年（1930 年更名为金陵女子文理学院），开中国女子高等教育先河。南京陷落时，两校位于"安全区"，随即于 1938 年初迁到成都。

李约瑟看到，金陵大学的建筑基本没有遭到破坏，因为沦陷期间这里被用作伪中央大学的校舍。各实验室都能正常运转，只是设备老化，缺乏新式仪器。图书馆丢失了约 10% 的图书，而且卡片目录被毁坏。这里藏有 3 万册外文书和 7 万册中文书，特别是收藏了大量的方志。金陵大学现有 1000 名学生，其中有 150 名女生。

而金陵女子大学的情况要糟糕一些。李约瑟在校园中立刻感受到建筑的精美和舒适，但日本人拆走了暖气，弄脏了墙壁，而且毁坏了很多家具。在理科楼内，90% 的仪器不知所终，图书损失近半。

金陵女子大学原本有 200 名学生，但如今在成都就有超过 400 名。它效仿美国的史密斯学院，授予纽约城市大学的学位，其理科教育水平要远超平均水平，却无法利用现有条件开展一些研究工作。

(5) 中央地质调查所

　　1935 年，地质调查所从北平迁到南京，位于市区东部，城墙以内，有三四座现代建筑，主楼建于 1935 年，为一幢具有德式风格的红色三层楼房。幸运的是，这里的状况总体不错，只是土壤科学实验室和燃料技术实验室被中国空军占据，尚未撤离。

　　在这里，李约瑟惊奇地发现，日本人费尽心机地从南京数十个图书馆中搬运图书，塞满了地质调查所的主楼，似乎要建立中央科学图书馆。抢掠的图书来自总统府图书馆、行政院图书馆、中央大学图书馆和中央研究院图书馆等，还有一些来自私人手中。图书达 150 万册，其中一个大房间堆满了方志。在中央研究院主持下，这些图书正在进行分类，根据原来的标识归还各处。当然也有人认为再次分散有些可惜。李约瑟还注意到，不知出于什么原因，日本人将非常珍贵的清代初期的手绘地图从北京图书馆运到了南京地质调查所，好在即将完璧归赵。

(6) 卫生署和中央卫生实验处

　　1932 年，国民政府卫生部改为内政部卫生署，接着在南京黄埔路兴建了一座卫生实验大楼，成立中央卫生（设施）实验处，两个机构在同一座楼上办公，实为一套人马。中央防疫处总部，以及中央医院都在附近。全面抗战期间，中央卫生实验处迁到重庆歌乐山，重组为中央卫生实验院；中央医院也辗转迁到歌乐山；防疫处迁昆明，还在兰州设立西北防疫处。抗战胜利后，中央医院在原址恢复，院长为姚克方。卫生署作为非机要部门，复员工作较为迟缓，李约瑟到访时，还有许多人仍留在歌乐山。李约瑟详细了解了卫生署的组织，它下设四个部门，总部则有四个处。

卫生署总部四处：医政处，管理政府医院、医疗人员注册，处长方颐积；保健处，管理公共卫生接种及其他站点；防疫处，管理疫苗生产厂和野战单位等，处长汤飞凡；总务处。

四个部门：第一个部门包括政府医院的运营；第二个部门为中央卫生实验处，从事医学研究，负责人朱章赓；第三个部门为防疫处，运行昆明、兰州和北平的疫苗工厂；第四个部门为新设的中央生物化学制药实验处，负责人杨永年。

这些部门均设在卫生实验大楼一带，最前面是卫生实验处的报告厅和教学实验室，然后是卫生实验大楼，部分用于卫生署的办公室，部分用于卫生实验处的营养学部门和公共卫生部门。再往后右侧是先前日本人的瘟疫研究室，现已用作仓库。接着是卫生实验处的细菌研究室。最后是研究人员和学生的宿舍。建筑总体状况良好，然而许多仪器和家具损坏，维修需要很多经费。

5 从上海到香港

　　4月4日，李约瑟和鲁桂珍返回上海，就在6日启程香港的间隙，李约瑟陪同鲁桂珍探访了好友程英美一家。程英美是鲁桂珍在上海圣约翰大学医学院任讲师期间结识的学生，两人一见如故，成为密友。程英美住在兴国路，与中英科学合作馆的建筑师曹慈凯住所相邻，后来通过程英美，李约瑟与曹慈凯恢复了联系。

　　李约瑟在香港停留时间很短，报告的落款日期是4月8日，两天时间内，李约瑟到访了香港大学和玛丽女王医院，陪同者是他在歌乐山遇见过的产科

鲁桂珍和程英美母女　上海，1946年3月31日—4月6日

医生王国栋，如今已是当地的执行官员。

香港大学是李约瑟此行遇到的破坏最为严重的机构，多处只剩下残垣断壁。物理、化学和生物等系科位于一座俯瞰港湾的现代大楼，如今已被洗劫一空，只剩下墙壁、水泥地面和屋顶，家具、地板都已不见，更不用说科学仪器，另一座生理学—解剖学—病理学大楼也是如此。受损情况甚至超过北平的清华大学和上海的中央研究院。李约瑟看到，这些系的空间都比较小，只有剑桥的 1/2 到 1/3。他参观了解了生理学系主任赖廉士（Lindsay Ride，后任香港大学校长）为病理博物馆收集的生理人类学资料。

毗邻的工程学院受损稍轻，玻璃窗户和地板还在，但设备无存，正被用作海军的仓库。外科楼也只能看见窗户上的玻璃。大礼堂已经没有了房顶，但作为象征，一些学生仍过来举行毕业典礼。

出乎意料的是，大学的图书馆被完整保留下来（可能因被日军用作疗养院），尤其是还存有汉口俱乐部收集的外文图书。图书馆馆长陈君葆一直坚守岗位，还为转移南京中央图书馆的古籍做出了贡献。

玛丽女王医院位于城市东部一个角落里，只受到零星的损失，起初被日本人用作医院，后来成为仓库。

医院建成于 1937 年，设备比北平协和医院还要先进。放射科拥有亚洲（至少东亚）唯一的 X 光深度治疗仪，可以治疗盆腔癌。该机器暂时停用，因为日本人抽走了所有的油。李约瑟对此感到不解，难道用于炒菜？很可能日本人并不知道该机器的用途。

医院现有 395 名普通病患和 200 名海军病患，但很快就将完全转为民用，并在教学设施齐备后成为教学医院。

程英美和她的丈夫、女儿在家中
上海，1946 年 3 月 31 日—4 月 6 日

6 小结

根据受战争影响的程度，李约瑟用一个表格总结了他参观的这些机构的状况：

加强	基本未受影响	受损	严重破坏	毁灭
中央研究院，上海	食品药物实验室，上海	雷士德医学研究所，上海	中央研究院，上海	同济大学，上海
军医署，上海	震旦大学，上海	燕京大学，北平	清华大学，北平	香港大学，香港
北京大学，北平	北平图书馆，北平	协和医学院，北平	北平研究院，北平	
农业试验站，北平	中国大学，北平	中法大学，北平	中央研究院，南京	
	辅仁大学，北平	中央研究院，南京		
	金陵大学，南京	中央大学，南京		
	玛丽女王医院，香港	金陵女大，南京		
		中央地质调查所，南京		
		中央卫生实验处，南京		
注：有些机构出现两次，是针对不同部分而言。				

李约瑟分析说，总体而言，大多数机构都遭受了不同程度的损失，但情况比预料的要好，这主要是因为原子弹的爆炸使得反攻时没有经历激烈的城市攻坚战。重建需要充足的资金和稳定的政局，李约瑟对此表示担忧，并支持对中国的科学、文化和教育机构进行慷慨援助。

李约瑟踏上了返回英国的航程。辗转用了三个星期，终于抵达伦敦的诺索尔特 (Northolt) 机场。一位老朋友前来迎接，正是 4 年前推荐他去中国的柯如泽。就在几个月前，李约瑟、柯如泽和赫胥黎一道，将科学纳入联合国教科文组织，他们立刻投入对新机构的畅想中。

中英科学合作馆在李约瑟离开后，与文化委员会办事处合并，由罗士培接任馆长职务。1944 年，利物浦大学的罗士培出任英国文化委员会驻中国代表，他是著名的地理学家，此前曾三度来华，关注中国地理研究，为中国培养了涂长望、林超等一批地理学人才。1945 年 5 月，罗士培夫妇抵达重庆。文化委员会办事处联系全国主要大学与教育机构，分配英国书籍和杂志等资料，并设立奖学金供中国学生及教授赴英学习。经李约瑟在南京多方联络，文化委员会办事处暂定迁至北极阁附近中央研究院历史语言研究所，该所复员后，办事处又迁到国际联欢社。1946 年该馆改称"英国文化委员会科学组"，迁往上海，直到 1952 年 9 月关闭。

Part Nine

第九章
科学技术
——历史、现在与未来

1944年冬，李约瑟返回英国述职期间，为英国读者编写了一本图文并茂的《中国之科学》，他在前言中写道：

你将看到中国新旧科学的典型对照。你将看到中国科学家以何等的才智和精力解决迫在眉睫的困难，有效支援了盟军的作战。战争一旦结束，中国的科学一定能成长为一支对中国乃至对整个世界都举足轻重的力量（a force of major significance）。英国公众特别是英国科学家有必要知道，即便是现在，哪怕困难重重，在满目疮痍的中国，这支力量也焕发出磅礴的生机。[1]

李约瑟关注的战时中国科学的力量，既包括科研机构和大学，政府设立的研究部门，更包括直接服务抗战的实用科研组织资源委员会和兵工署，以及防疫和医学机构。这些机构和组织大多经历了内迁，重新布局，并扎根大后方，除了坚持教学和科研之外，还以顽强的毅力服务于抗战和生产。

　　李约瑟战时受命来华的首要任务，是了解处于封锁和艰苦条件下的中国科学事业，并提供急需的物质和道义上的帮助。一方面恢复纯粹科学的国际交流，一方面提升与抗战有关的应用科学研究。尽管他心仪中国古代科技史，但并没有找地方潜心于自己的研究，因为他感到"道义和物质援助的需要太迫切了，不允许这样做"。于是，他以战时首都重庆为中心，先后作六次长途旅行，基本涵盖了当时中国的主要学术教育中心和重要科研机构。如果今天的科学史家想派遣一名情报人员回到战时，观察中国的科学状况，恐怕很难找到比李约瑟更合适的人选。无论是他会见科学家的名单，还是访问理科实验室、兵工厂、矿山等地，都迥乎不同于至今流行的专注人文领域学者和思想的民国学术史取向。

1.　Needham, J. Chinese Science [M]. London: Pilot Press Ltd., 1945:16.

1 李约瑟对我国战时科技力量情报的调查

作为英国外交部和文化委员会选定的赴华代表，李约瑟负有文化（科技）宣传和调查情报的任务。1946年2月，李约瑟离华前夕，系统总结了几年来中英科学合作馆的工作。首先便是建立官方的联系，中英科学合作馆发挥了两国科学技术交流的桥梁作用。英国方面，通过英国文化委员会、中英科学合作馆与英国生产部、供应部等建立了联系，后者还专门设立中国办公室。中国方面，中英合作馆与教育部、经济部、兵工署、军医署，以及中央研究院等机关都建立了正式的联系和私人的友谊。而要全面了解实际情况，就必须深入实地探访。乘坐一辆卡车，李约瑟和同事们用三年的时间，奔波10个省份，完成了25000公里的公路行程，共计访问了296个机构（不计东部之旅）。

历次旅行的时机和意图显然都经过周密的设计。如东南之行就在湘桂战役进行期间，许多机构被迫再度内迁；而西南之行正值中国内地军队和远征军反攻滇缅之际；抗战结束时的北方之行，李约瑟不无接触延安方面之意；东方之行则看到复员初期的上海、北平和南京，反映了他对中国战后命运的思考。当然，这些旅行也就较少考虑季节的影响，如西南之行已近冬季，归途中多人感冒病倒，而北方之行适逢四川雨季，卡车被淹，困守绵阳数天。

李约瑟认识到科学在中国的抗战和建设中的关键作用，而且主张纯粹科学与应用科学并重，因此他能够突破机构和行业的界限，较为全面深入地考察涉及科学的方方面面。其中即包括李约瑟为见到的每个科学家"登记造册"，用卡片记录下中英文名字和关键信息。英国文化委员会科学部下设一般科学、工程、医药、农业，这些领域均在李约瑟收集情报的范围之内。

（1）交通基础建设

交通是作战和经济活动的生命线，不仅反映出相关的工程、机械等技术水平，也在一定程度上决定着各类机构的战时布局。李约瑟亲自乘坐卡车出行，途经交通干道，并在有铁路的区域尽量选择乘坐铁路，无疑有考察交通基础建设的意图。如西北之行日记的封皮背面，即写有"甘肃路纪念""公事路行"等字样，每篇旅行报告的开头便详细列出里程和路况。西北之行，李约瑟对川陕甘公路有了深刻的理解；东南之行，则乘坐黔桂铁路和湘桂铁路，还不惜冒险穿越衡阳铁路桥；西南之行，则沿着滇缅公路西行至保山；北方之行，紧密围绕陇海铁路，还对正在施工的宝天铁路充满兴趣。李约瑟记录下公路管理部门、铁路机车部门的工作和面临的困难，对相关的工程院校格外留意。

（2）基础科学

基础科学代表着国家科学研究的实力，且与教育紧密相关，但在战时颠沛流离和与世隔绝的条件下，基础科学的生存状况最不容乐观。李约瑟来华初期，首先探访中央研究院、北平研究院等国立科研机构，以及西南联大、武汉大学和重庆、成都的高校。每到一处，他都要参观图书馆和实验室，了解科学家的研究工作。李约瑟了解到许多科学家转向了应用研究，但仍有不少科学家依旧坚持，希望基础科学的传统不致中断。他提供的科学仪器和图书资料，也主要是面向这些机构。

（3）重工业

重工业是现代国防力量的基础，李约瑟以盟国外交人员的身份，通过兵工署和资源委员会，探访了大量的兵工厂和厂矿企业。李约瑟对甘肃的油田、江西大庾的钨矿、广西八步的锡矿，以及各类化工厂、机器厂、电子厂等均有详细的记述，西南之行更是进入多家兵工厂。这些兵工厂和企业的负责人大多是具有留学背景的科学家，与李约瑟能够进行深入的交流。虽然出于保密原因，这些访问一般没有留下照片，但相关情报均以秘密报告的形式递交英方。

（4）轻工业

轻工业关乎民生经济，也是持久抗战的保障。李约瑟考察的轻工业主要是以中国工业合作协会为代表的组织，无论是四川之行的成都、西北之行的双石铺和兰州、东南之行的赣县、北方之行的宝鸡，李约瑟都会见了组织的负责人，详细了解具体的合作社状况，甚至帮助培黎学校寻觅新址。工合组织受到政府的压制，抗战胜利后严重通货膨胀，以及战时经济解体让许多合作社面临经营困难和布局调整，这些都引起了李约瑟的注意。

（5）医药系统

现代医疗体系的建立也是国家现代化的重要标志。除了留意高校的医学院系，李约瑟通过与卫生署以及军政部军医署的联系，参观了中央防疫处、中央卫生实验院、西北防疫处等。尤其西南之行，李约瑟不仅到访战时卫生人员训练所、中央军医学校、昆明血库，还深入前线察看远征军的野战医院。

（6）农业科研机构

以中央农业试验所为代表，中国设有各级农业试验站，如东南之行参观的福建省农学院和农事试验场、广西农事试验场，北方之行参观的秦岭林业管理处、天水水土保持实验区、西北农学院等。水利设施方面，李约瑟参观了都江堰、成都的中央水工实验室、武功水工试验所，以及黄河流域水利工程专科学校等。

2 李约瑟和科学合作馆的主要工作和贡献

李约瑟在合作馆的年度报告中，曾有过系统总结。首先最为直观的，是提供急需的科学物资。这些物资包括科技图书、期刊、缩微胶卷和科学仪器。许多散布到穷乡僻壤的大学和机构，几乎丢失了全部的藏书，李约瑟赠送的6775 册图书无异于雪中送炭。1944 年 2 月 15 日的《大公报》曾这样描写工作中的李约瑟："记者往访时，渠方忙于检查外文书籍，手执毛笔，以中文亲书收件人姓名地址，书法虽非银钩铁划，以一来华犹未经年之英人而克臻此，殊使中国访客为之讶异。盖书画事乃躬亲理之，其服务精神令人感佩。"因运输困难，167 种英国科技、医学杂志以缩微胶卷的形式输送到中国，这些胶卷被分发到 100 个配备阅读器的中心。而在空中运输航线建立后，合作馆可以定期收到 188 种杂志，这些杂志由专人分发给各个科研机构。大后方的实验室普遍极为缺乏仪器和化学试剂，科学合作馆为他们提供紧急科学器材供应服务，收到并办理了 333 份订单，对于维持科研活动作出了巨大的贡献。

第二，是向西方介绍中国的科研工作状况，以及推荐科研成果在西方发表，输出中国的科学文献。李约瑟在《自然》杂志上发表系列文章，介绍每次旅行看到的不同地区的科学技术概况，中华自然科学社的《科学通讯》，中央研究院和北平研究院的集刊，都被送到英国和美国散发或转载。而最有意义的一项工作是直接推荐研究论文向国外著名刊物投稿。克服普通邮寄的困难，合作馆向西方输送了 139 篇手稿，接受率达到 86%。

第三是向中国的科学技术机构提供咨询。李约瑟不仅是中央研究院和北平研究院的通信研究员，还担任了教育部和经济部资源委员会的顾问，军医署的咨询专员。萨恩德被任命为中央大学的客座教授和卫生署的顾问，毕铿担任贵州陆军军医学校的客座教授。在重庆，李约瑟、李大斐、毕铿和萨恩德等人至少做过 100 次演讲，而在旅行途中，共计做过 123 次科学讲座。

最后，许多中国学者通过英国文化委员会提供的名额，得以前往英国进修和工作。这些对我国恢复对外科技交流，培养人才，发挥了关键作用。

3　对中国传统科学文明的追寻

在每次旅行中，李约瑟还注意搜购古籍，探访传统中国的科学印迹，常常触碰到中国文化的深层内容。如西北之行在敦煌对佛教的参悟，东南之行对朱熹的留意，北方之行更有对道教圣地的探访和对道教典籍的讨论。

李约瑟首先对中国历史和科学思想格外留意，《中国科学技术史》前两卷随处可见他当时发现的资料。如在历史概述中引用敦煌的壁画，1943 年的西北之行，因卡车故障他在那里滞留长达一月。他把朱熹誉为中国历史上成就最高的综合思想家，相当于西方的阿奎那和斯宾塞。1944 年东南之行在福建建阳访问时，看到麻沙镇一座牌楼上书"南闽阙里"，朱熹曾流放于此，印行自己的著作（这里也成为古代的出版中心）。1945 年的中秋节，北方之行途经留坝县的著名道观留侯祠，与道长讨论道教："我怀着感激的心情回忆那一次和马含真住持（鹤真监院）所作有价值的交谈。"路过成都时，他与华西大学郭本道教授谈论道家哲学，曹天钦在回忆文章中写道："我更不会忘记在成都华西坝的钟楼上，李约瑟一连三天躲起来，同郭本道教授讨论道家的内丹。"

战争阻碍了中国科学家的科研工作，反过来也激发了他们从中国古代文献中挖掘科学成就的热情。1943 年李约瑟刚到昆明，访问北平研究院时得知钱临照在《墨经》中发现了不少和现代科学知识相通的记载，李约瑟在 SCC 致谢中第一个感谢的科学家便是他："钱临照博士对《墨经》（公元前 4 世纪）中的物理学原理所作的阐释使我惊叹不已。"接下来的四川之行，李约瑟来到李庄的中央研究院历史语言研究所，"一天晚上，谈话话题转向了中国火药的历史，于是傅斯年亲手为我们从 1044 年的《武经总要》中，抄录出了有关火药成分的最早刻本上的一些段落"。1944 年的西南之行访问贵州湄潭的浙江大学，李约瑟在文庙大殿演讲《中西科学史之比较》，引发了热烈的思考，竺可桢、郑晓沧、胡明复、钱宝琮等均发表意见，正是这些思考和讨论，让李约瑟于次日下午列出了撰写《中国科学与文明》的明确计划。

李约瑟 1946 年离开中国前到访北平，集中拜访了多位科学家和科学史研究者，为中国科技史研究搜寻资料。李乔苹和他的《中国化学史》就是其中突出的一例。李约瑟接触到中国学者所做的这些前期工作，无疑让他认识到，他要播种的地方不是荒原，而是沃土。"在整个这段工作期间，我有机会遇到他们中的许多人。有些人当然对他们自己文化中的科学技术史和医学史感兴趣，所以，我能得到无可比拟的指导。"[1] 此后李约瑟每过几年就会到访一次中国，与中国科学史界的同仁进行学术交流，源源不断地获取考古研究成果的最新信息，以丰富完善自己的著作。

正如后来的李约瑟研究所继任所长何丙郁先生讲："我们不可误认李老为中国科技史的先驱者。本世纪 20、30 年代，一些中国老前辈在这方面已有相当的贡献。例如，数学史有李俨和钱宝琮……"但是，这一切的研究成果，并没有唤起国际学术界对中国科技史的注意。相反，李约瑟的《中国科学技术史》引起全世界的注意，博得高度的评价。"中国科技史因而开始获得世界学术界的公认。这才是李老对学术和中国人民的大贡献。"[2]

1. 李约瑟 .《李约瑟文集》中文本序言 [A]// 潘吉星 . 李约瑟文集 [C]. 沈阳 : 辽宁科学技术出版社 , 1986.

2. 何丙郁 . 如何正视李约瑟博士的中国科技史研究 [J]. 西北大学学报 (自然科学版), 1996(02):93-98.

4 国际科学合作事业的开创

从 20 世纪开始,科学越来越成为一项国际化的事业。第一次世界大战后,各类国际科学联合会纷纷成立,1931 年在此基础上成立了国际科学联合会理事会 (ICSU)。它依靠科学界的自发力量进行组织,因此二战期间,由于各国科学家研究工作的转向,以及跨国交流的不便,许多国际科学联合会实际停止了活动。而在政府支持下,英美、英法等国建立了科学交流的机制,1941 年英国科学促进会召开的"科学与社会秩序"会议,倡导组织反法西斯国家的科学联盟。同时,英国文化委员会组建科学委员会,进而设立科学部,负责向其他国家推荐科学书籍和期刊,派遣科学家海外讲学,介绍英国科学进展,成立办公室与苏联和中国进行科学交换。李约瑟的中英科学合作馆适应新的形势,不断摸索创新,成为战时国际科学合作的典范。李约瑟不无自豪地表示:"此次大战最主要的产物却是完全另外一种国际科学上有组织的联络,这就是所谓的科学合作馆。"[1]

早在赴华前夕,李约瑟访美时便有在联合国框架下开展国际科学合作的想法。来华伊始,李约瑟在昆明做的第一场学术报告便是《战争与和平时期的国际科学合作》,并在许多场合反复重申。李约瑟设想,在联合国善后救济总署下面成立一个科学合作组织,"将作为一种工具,把一切必要的信息从西方输送到东方,建立和维持一切必要的科学和技术联系"。

李约瑟长期关注国际科学联系,在中国的特殊经历加深了他的观点。他开始越来越重视科学、教育和文化的相互关联。随着思想和经历的增长,他将想法写成一系列的关于国际科学合作的备忘录。

第一个备忘录写于 1944 年 7 月东南之行结束后,但注明起草于 1944 年春。4 月 10 日他曾在遵义的浙江大学演讲《和平和战争中的国际科学合作》,经过一年多来的实践,李约瑟无疑更加确信"战后必须达到一种更高层次的国际科学合作"。"我们多数人希望看到的是一种国际科学合作机构，各国的代表要具有外交官的地位（或是相当于从前国联官员的任何地位），并在通信及运输方面充分享受政府提供的便利，但他们必须从双方政府及大学实验室选拔，以避免商业方面的干扰。这种国际机构的中间目的，是把最先进的应用科学和理论科学从高度工业化的西方国家介绍到工业化程度较低的东方国家。"

李约瑟接着介绍了中英科学合作馆的经验，明确提出，国际科学合作机构若要成功，主要应当在联合国同意于战后设立的世界机构之下获得保障。"毫无疑问，盟国中的'四强'将会发挥核心作用"。最后给出了具体的建议：应当由联合国设立，职能是促进全面科学合作和收集情报，在所有国家或地区设常驻代表团，应当有永久性的总部。

1944 年 12 月，李约瑟返回英国述职期间，撰写了第二个备忘录《战后国际科学合作组织的一些措施》，继续呼吁建立国际科学合作机构 (ISCS)，它应当兼具和平和战时科学合作组织的优点："科学世界在和平时期自发地形成的组织形式，以及战争压力下许多国家采取的组织方式，我们今天所需要的是从根本上尝试着将两种方法结合起来。"

1945 年初，李约瑟到达华盛顿，了解到美国国务院顾问葛孚发博士 (Grayson N. Kefauver) 曾写过一本备忘录，阐述拟议中的联合国教育文化组织的工作。该组织源于二战期间在伦敦召开的盟国教育部长会议，最初的计划是设立一个专为教育文化的机制 (UNECO)，但是许多国家的科学家都主张应将科学包含进来，否则战后的重建工作就无法进行。李约瑟得知后立即致信英国科学促进会"社会与国际联系"分会主席理查德·格雷戈里爵士 (Sir Richard Gregory)，建议利用 UNECO 实现国际科学合作机构的功能，认为只需要满足两个条件即可：名称中加入"科学"；将应用科学和纯科学一起写入组织章程。他还修改具体条款加入科学的内容。格雷戈里爵士立即与参会的英国代表团联系，准备在 4 月的教育部长会议上通过，虽没有完全实现目标，但推动了一些具体条款的修改。

在这种情况下，1945 年 3 月，李约瑟起草了第三份备忘录《科学以及国际科学合作在战后世界组织中之地位》[2]。李约瑟针对葛孚发博士关于 UNECO 的 24 条目标，提出了融合 ISCS 功能的 13 条修改意见。该备忘录在纽约和伦敦被广为散发，得到了同盟国教育部长会议科学委员会的全盘接受。罗忠恕、郭有守及成都教会五校的教授也向旧金山会议致函，支持成立科学国际合作组织。然而，美国方面还是希望成立一个纯粹的教育组织，而多数美国科学家则希望有一个单独的国际科学组织。

1945 年 6 月，李约瑟前往苏联参加苏联科学院成立 220 周年会议，他随身携带了多本备忘录，向各国代表团散发。1945 年 11 月，UNECO 筹备会议将在伦敦召开，为响应此次会议，朱利安·赫胥黎、柯如泽、贝尔纳和李约瑟一起在《自然》杂志上发表文章，阐述科学的国际合作，李约瑟的文章即重申了备忘录的内容。

而随着原子弹的爆炸，科学在人类事务中的重要性大大提升，各方对科学的态度也在发生变化。会议期间，旅英科学家协会通过盟国教育部长会议最先提出了 UNESCO 的方案，最终美国代表团同意了这个修正案，并得到其他代表团的支持。11 月 6 日会议最终决定,新的组织名称为联合国教科文组织。1946 年 2 月，"科学在 UNESCO 中的地位"会议召开，朱利安·赫胥黎担任主席。开幕式上，他提到自己受命担任 UNESCO 筹备委员会秘书。而在旅英科学家学会讨论中，赫胥黎提出 UNESCO 的五方面工作，其中第三条，就是贯彻李约瑟在备忘录中的提案：在地球这块面包上均匀地涂抹科学的黄油，并在全世界推广他在中国的工作。他给李约瑟写信，邀请他出任教科文组织的总干事助理，负责自然科学部 (Division of Natural Science) 的工作。

因此，李约瑟不得不结束中英科学合作馆的工作，返回伦敦，此后为联合国服务。李约瑟邀请了包括鲁桂珍在内的一批来自不同国家的科学家共同组建该部门。不久教科文组织迁到巴黎，11 月 19 日，第 1 届联合国教科文组织大会在巴黎大学开幕，中国的李书华、竺可桢、赵元任、汪德昭、钱三强等 21 人参加。李约瑟开始推广他的中英科学合作馆模式，会上决议设立多处科学合作馆，并命秘书处"自距离科学工业中心辽远地域为始，于 1947 年先成立四处，即东亚（中国）、南亚（印度）、中东及拉丁美洲四区"。

然而，李约瑟的左派背景，以及与苏联和中国的特殊联系，引起了美国人的怀疑，杜鲁门政府以"共党渗透"为名，退出联合国教科文组织。1948 年 4 月，李约瑟决定辞职，带走一张同事签名的橡木办公桌回到剑桥。

就在这张书桌上，李约瑟开始写作那部他酝酿已久的巨著。5 月 18 日，李约瑟向剑桥大学出版社寄出了《中国的科学与文明》选题建议。鲁桂珍说："李约瑟的一生可以明显地分成两个半生，但是要确定转变的准确时间，并不容易。最现成的界线可以划在 1948 年，那是李约瑟在中国工作了三年多，又在巴黎任了两年联合国教科文组织的首任总干事助理之后，回到剑桥那一年。"从此，李约瑟以非凡的使命感，开启了新的生命篇章。

李约瑟是中国战时科学的调查者和援助者，是国际未来科学的构想者和擘画者，也是传统科学的发现者和解说者。虽身份迥异，宗旨却始终如一，那就是鲁桂珍所说的，"从 1937 年起，他要解决的明显课题，就是如何沟通东方与西方、中国与欧洲"。科学的过去、现在和未来，就以这种有趣的方式交汇于一身。

与二十世纪同龄，阐扬中国科技史，雪中送炭真朋友；

求中英美苏共识，促成联合教科文，百川归海称仙人。

1. 联教组织科学合作馆. 科学联络 [M]. 联教组织科学合作馆，1948：15.
2. 李约瑟. 科学以及国际科学合作在战后世界组织中之地位 [J]. 科学文化评论，2018,15(01):21-54.

参考文献

1 李约瑟档案

[1]Catalogue of the papers and correspondence of Joseph Needham CH FRS (1900-1995). Cambridge University Library. no. 54/3/95.

[2]Supplementary catalogue of the papers and correspondence of Joseph Needham CH, FRS (1900-1995). Cambridge University Library. no. 81/2/99.

[3]Needham, J. & Needham, D. Chinese Papers, 1942—1946. Cambridge: Needham Research Institute.

2 李约瑟著作及相关研究图书

[1]Needham, J. & Needham, D. (eds). Science Outpost: Papers of the Sino-British Science Co-operation Office (British Council Scientific Office in China) 1942—1946[M]. London: The Pilot Press Ltd., 1948.

[2]Needham, J. Chinese Science[M]. London: Pilot Press Ltd., 1945.

[3]Needham, J. The Grand Titration: Science and Society in East and West[M]. London: Gorge Allen & Unwin Ltd., 1969.

[4]Petitjean, P. Finding a footing: the sciences within the United Nations system[A]// Petitjean, P. et al (eds.). Sixty Years of Science at UNESCO 1945 - 2005[C]. Paris: UNESCO, 2006: 48 - 52.

[5]Winchester, S. The Man Who Loved China—The fantastic story of the eccentric scientist who unlocked the mysteries of the middle kingdom. New York: Harper Collins, 2008.

[6]曹天钦. 从抱朴子到马王堆 [A]// 李国豪, 等. 中国科技史探索 [C]. 上海: 上海古籍出版社, 1986.

[7]黄兴宗. 李约瑟博士 1943—44 旅华随行记 [A]// 李国豪, 等. 中国科技史探索 [C]. 上海: 上海古籍出版社, 1986.

[8]李国豪, 等. 中国科技史探索 [C]. 上海: 上海古籍出版社, 1986.

[9]李约瑟, 李大斐. 李约瑟游记 [C]. 余廷明等, 译. 贵阳: 贵州人民出版社, 1999.

[10]李约瑟, 李大斐. 战时中国的科学 [C]. 张仪尊, 译. 台北: 中华文化出版事业委员会, 1952.

[11]李约瑟, 罗南. 中华科学文明史. 上海交通大学科学史系, 译. 上海: 上海人民出版社, 2014.

[12] 李约瑟 . 李约瑟文录 [C]. 杭州 : 浙江文艺出版社 , 2004.

[13] 李约瑟 . 四海之内 [M]. 劳陇 , 译 . 北京 : 三联书店 , 1987.

[14] 李约瑟 . 文明的滴定 [M]. 张卜天 , 译 . 北京 : 商务印书馆 , 2016.

[15] 李约瑟 . 战时中国之科学 [C]. 徐贤恭 , 刘健康 , 译 . 书林书局 , 1947.

[16] 李约瑟 . 中国古代科学 [M]. 李彦 , 译 . 贵阳 : 贵州人民出版社 , 2009.

[17] 李约瑟 . 中国科学技术史 · 第二卷 · 科学思想史 [M]. 何兆武等 , 译 . 北京 : 科学出版社 / 上海 : 上海古籍出版社 , 1990.

[18] 李约瑟 . 中国科学技术史 · 第五卷第七分册 · 军事技术 : 火药的史诗 [M]. 刘晓燕等 , 译 . 北京 : 科学出版社 , 2005.

[19] 李约瑟 . 中国科学技术史 · 第一卷 · 导论 [M]. 袁翰青等 , 译 . 北京 : 科学出版社 / 上海 : 上海古籍出版社 , 1990.

[20] 李约瑟文献中心 . 李约瑟研究（第 1 辑）[C]. 上海 : 上海科学普及出版社 , 2000.

[21] 刘钝 , 王扬宗 . 中国科学与科学革命 : 李约瑟难题及其相关问题研究论著选 [C]. 沈阳 : 辽宁教育出版社 , 2002.

[22] 鲁桂珍 . 李约瑟的前半生 [A]// 李国豪 , 等 . 中国科技史探索 [C]. 上海 : 上海古籍出版社 , 1986.

[23] 潘吉星 . 李约瑟文集 [C]. 沈阳 : 辽宁科学技术出版社 , 1986.

[24] 钱雯 . 蓝碑 : 她引出了李约瑟 [M]. 上海 : 上海人民出版社 , 2000.

[25] 唐宏毅 . 东北大学在三台 [C]. 成都 : 四川大学出版社 , 1991.

[26] 王国忠 . 李约瑟与中国 [M]. 上海 : 上海科学普及出版社 . 1992.

[27] 王钱国忠 , 钟守华 . 李约瑟与中国古代文明图典 [M]. 北京 : 科学出版社 , 2005.

[28] 王钱国忠 . 李约瑟传 [M]. 上海 : 上海科学普及出版社 , 2007.

[29] 王钱国忠 . 李约瑟文献 50 年 : 1942—1992[M]. 贵阳 : 贵州人民出版社 , 1999.

[30] 王钱国忠 . 鲁桂珍与李约瑟 [M]. 贵阳 : 贵州人民出版社 , 1999.

[31] 王钱国忠 . 李约瑟大典 [M]. 北京 : 中国科学技术出版社 , 2012.

[32] 王钱国忠 . 李约瑟画传 [M]. 贵阳 : 贵州人民出版社 , 1999.

[33] 王钱国忠 . 东西方科学文化之桥 : 李约瑟研究 [C]. 北京 : 科学出版社 , 2003.

[34] 王晓，莫弗特. 大器晚成：李约瑟与《中国科学技术史》的故事 [M]. 郑州：大象出版社，2022.

[35] 王玉丰. 李约瑟与抗战中国的科学纪念展专辑 [C]. 高雄：科学工艺博物馆，2001.

[36] 文思淼. 李约瑟：揭开中国神秘面纱的人 [M]. 姜诚等，译. 上海：上海科学技术文献出版社，2009.

[37] 张孟闻. 李约瑟博士及其《中国科学技术史》[C]. 上海：华东师范大学出版社，1989.

3 其他图书

[1]Bernal, J. D.. The Social Function of Science[M]. New York: The Macmillan Company, 1939.

[2]Crowther, J. G. Fifty Years with Science[M]. London: Barrie & Jenkins, 1970.

[3]Crowther, J. G. The Progress of Science[M]. London: K. Paul, Trench, Trubner & Co., Ltd., 1934.

[4]《延安大学史》编委会. 延安大学史 [M]. 北京：人民出版社，2008.

[5] 爱泼斯坦. 历史不应忘记：爱泼斯坦的抗战记忆 [M]. 沈苏儒等，译. 北京：五洲传播出版社，2015.

[6] 爱泼斯坦. 我访问延安：1944 年的通讯和书书 [M]. 张扬等，译. 北京：新星出版社，2015.

[7] 北平研究院. 国立北平研究院概况 [M]. 国立北平研究院，1948.

[8] 布朗. 科学圣徒：J. D. 贝尔纳传 [M]. 潜伟等，译. 上海：上海辞书出版社，2014.

[9] 陈方正. 继承与叛逆：现代科学为何出现于西方 [M]. 香港：中华书局，2021.

[10] 陈宁宁. 抗战烽火中的河南大学 [M]. 郑州：河南大学出版社，2015.

[11] 程雨辰. 抗战时期重庆的科学技术 [M]. 重庆：重庆出版社，1995.

[12] 池子华. 救死扶伤的圣歌：林可胜与中国红十字会救护总队的故事 [M]. 济南：山东画报出版社，2018.

[13] 岱俊. 发现李庄 [M]. 福州：福建教育出版社，2015.

[14] 岱俊. 风过华西坝：战时教会五大学纪 [M]. 南京：江苏文艺出版社，2013.

[15] 岱峻. 消失的学术城 [M]. 天津：百花文艺出版社，2009.

[16] 樊锦诗. 敦煌石窟 [M]. 天津：天津人民美术出版社，2018.

[17] 高小余. 沙坪学灯耀千秋：重庆"沙磁文化区"抗战纪实 [M]. 重庆大学出版社，2015.

[18] 龚静染. 西迁东还：抗战后方人物的命运与沉浮 [M]. 成都：天地出版社. 2019.

[19] 国立编译馆. 国立编译馆工作概况 [M]. 国立编译馆，1948.

[20] 国立社会教育学院. 国立社会教育学院设立旨趣和研究实验 [M]. 国立社会教育学院，1947.

[21] 国立社会教育学院院长室. 国立社会教育学院概况 [M]. 国立社会教育学院，1948.

[22] 韩承德，等. 恬淡人生：夏培肃传 [M]. 北京：中国科学技术出版社，2020.

[23] 何丙郁. 学思历程的回忆：科学、人文、李约瑟 [M]. 北京：科学出版社，2007.

[24] 何平，夏茜. 李约瑟难题再求解：中国科技创新发力的历史反思 [M]. 上海：上海书店出版社，2016.

[25] 呼宝民. 一个伟大时代的记录者：伊斯雷尔·爱泼斯坦画传 [M]. 北京：中国画报出版社，2019.

[26] 经利彬，吴征镒，匡可任，等. 滇南本草图谱 [M]. 昆明：云南科技出版社. 2007.

[27] 李曙白、李燕南、等. 西迁浙大 [M]. 杭州：浙江大学出版社，2007.

[28] 李萱华. 北碚在抗战：纪念抗战胜利七十周年 [M]. 重庆：西南师范大学出版社，2016.

[29] 联教组织科学合作馆. 科学联络 [M]. 联教组织科学合作馆. 1948.

[30] 刘基、王嘉毅、丁虎生. 西北大学校史（1902—2012）[M]. 北京：教育科学出版社，2012.

[31] 刘隽湘. 医学科学家汤飞凡 [M]. 北京：人民卫生出版社，1999.

[32] 刘未鸣、詹红旗. 范旭东：民族化工奠基人 [M]. 北京：中国文史出版社，2019.

[33] 刘晓. 国立北平研究院简史 [M]. 北京：中国科学技术出版社，2014.

[34] 陆敏恂. 同济大学校馆：1907—2007[M]. 上海：同济大学出版社，2008.

[35] 马胜云. 李四光和他的时代 [M]. 北京：科学出版社，2012.

[36] 梅贻琦. 西南往事：梅贻琦西南联大时期日记 [M]. 北京：石油工业出版社，2019.

[37] 湄潭县政协委员会. 茶的途程 [M]. 贵阳：贵州科技出版社，2008.

[38] 南开大学党委宣传部，南开大学校史研究室. 抗战烽火中的南开大学 [M]. 郑州：河南大学出版社，2015.

[39] 农林部中央农业实验所. 农林部中央农业实验所概况 [M]. 农林部中央农业实验所，1947.

[40] 潘乃谷，王铭铭. 重归魁阁 [C]. 北京：社会科学文献出版社，2005.

[41] 乔安娜·毕格. 治病济世的心灵：李振翩教授回忆录 [M]. 阿朗，苏波，译. 北京：中国科学技术出版社，1986.

[42] 曲士培. 抗日战争时期解放区高等教育 [M]. 北京：北京大学出版社，2005.

[43] 任祥. 抗战时期云南高等教育的流变与绵延 [M]. 北京：商务印书馆，2012.

[44] 任之恭. 一位华裔物理学家的回忆录 [M]. 太原：山西高校联合出版社，1992.

[45] 石慧霞. 抗战烽火中的厦门大学 [M]. 郑州：河南大学出版社，2015.

[46] 司徒雷登. 在华五十年 [M]. 常江，译. 海口：海南出版社，2010.

[47] 苏光文. 大轰炸中的重庆陪都文化 [M]. 北京：中国文联出版社. 2015.

[48] 塔奇曼. 史迪威与美国在中国的经验 1911—1945[M]. 万里新，译. 北京：中信出版社，2015.

[49] 覃兆列、林天新. 碧水丹心：刘建康传 [M]. 上海：上海交通大学出版社，2015.

[50] 汤佩松. 为接朝霞顾夕阳：一位生理学科学家的回忆录 [M]. 北京：化学工业出版社，2021.

[51] 唐正芒，等. 中国西部抗战文化史 [M]. 北京：中共党史出版社，2004.

[52] 涂上飙，刘昕. 抗战烽火中的武汉大学 [M]. 郑州：河南大学出版社，2015.

[53] 汪洪亮. 抗战建国与边疆学术：华西坝教会五大学的边疆研究 [M]. 北京：中华书局，2020.

[54] 王公. 抗战时期营养保障体系的创建与中国营养学的建制化研究 [M]. 北京：清华大学出版社，2020.

[55] 王谷岩. 贝时璋传 [M]. 北京：科学出版社，2010.

[56] 吴学周. 吴学周日记 [Z]. 长春：长春市政协文史和学习委员会，1997.

[57] 王勇. 世界的工合，陕西的双石铺：中国工合运动在宝鸡凤县 [C]. 凤县：中共凤县县委，2015.

[58] 翁智远，屠听泉. 同济大学史第一卷（1907—1949）[M]. 上海：同济大学出版社，2007.

[59] 武衡. 科技战线五十年 [M]. 北京：科学技术文献出版社，1992.

[60] 谢鲁渤. 浙江大学前传：烛照的光焰 [M]. 杭州：浙江人民出版社，2011.

[61] 邢军纪. 最后的大师：叶企孙和他的时代 [M]. 北京：北京十月文艺出版社，2010.

[62] 徐光荣. 一代宗师：化学家张大煜传 [M]. 北京：科学出版社，2006.

[63] 严鹏. 战争与工业：抗日战争时期中国装备制造业的演化 [M]. 杭州：浙江大学出版社. 2018.

[64] 余少川. 中国机械工业的拓荒者王守竞 [M]. 昆明：云南大学出版社，1999.

[65] 余志华. 中国科学院早期领导人物传 [M]. 南昌：江西教育出版社，1999.

[66] 张曼菱. 西南联大行思录 [M]. 北京：三联书店，2013.

[67] 张在军. 东北大学往事，1931—1949[M]. 北京：九州出版社，2018.

[68] 张在军. 西南联大：抗战烽火中的一段传奇 [M]. 北京：金城出版社，2017.

[69] 张震. 中央军医学校研究（1902—1949）[D]. 长沙：湖南师范大学，2020.

[70] 中国人民政治协商会议贵州省委员会文史资料委员会. 贵州文史资料选辑 (28) [C]. 贵阳：贵州人民
出版社，1988.

[71] 中国人民政治协商会议西南地区文史资料写作会议. 抗战时期内迁西南的高等院校 [M]. 贵阳：贵州
民族出版社，1988.

[72] 国立中央研究院. 国立中央研究院概况 [M]. 国立中央研究院，1948.

[73] 重庆市档案馆，重庆师范大学. 中国战时首都档案文献·战时工业 [M]. 重庆：重庆出版社，2014.

[74] 重庆市沙坪坝区地方志办公室. 抗战时期的陪都沙磁文化区 [M]. 重庆：科学技术文献出版社重庆分
社，1989.

[75] 周勇，程武彦. 重庆抗战图史（上）[M]. 重庆：重庆出版社，2016.

[76] 竺可桢. 竺可桢全集 (10)[M]. 上海：上海科技教育出版社，2006.

[77] 竺可桢. 竺可桢全集 (9)[M]. 上海：上海科技教育出版社，2006.

4 论文

[1] 蔡年生. 我国抗生素事业的奠基人之一：张为申教授 [J]. 中国药学杂志，1986(06):363-364.

[2] 曹晋杰，邓建龙. 毛泽东与李振翩交往轶事 [J]. 湘潮（上半月),2012, 388(10):49.

[3] 陈浩望. 学贯中西的"双语诗人"翻译家陈逵教授 [J]. 文史春秋，2000(5):31-33.

[4] 陈均. 欧阳翥先生小传 [J]. 神经科学，1997(02):86-90.

[5] 程之范. 回忆李约瑟博士 [J]. 中华医史杂志，1995(03):163-164.

[6] 岱峻. 罗忠恕：战时游走欧美的布衣使者 [J]. 粤海风，2013, 95(02):24-32.

[7] 邓怡迷. 抗战时期中央地质调查所内迁述论 [J]. 重庆第二师范学院学报，2015,28(06):30-34.

[8] 范柏樟. 李四光创立的桂林科学实验馆 [J]. 中国科技史料，1990(01):75-78.

[9] 范铁权. 抗战时期的中国科学社 [J]. 西南交通大学学报 (社会科学版)，2006(06):101-105.

[10] 房鑫亮. 东南联合大学：抗战中的高等教育 [J]. 探索与争鸣，2006(08):51-55.

[11] 付邦红. 1946 年中国一份发展科学的长期计划 [J]. 广西民族学院学报 (自然科学版),2005(01):38-42.

[12] 付邦红. 李约瑟与中国共产党的早期情缘 [J]. 科学文化评论，2016,13(03):27-35.

[13] 付邦红. 李约瑟中国科技史研究动因新考 [J]. 自然辩证法通讯，2011,33(06):47-54+127.

[14] 高佳，潘洵. 抗日战争时期的中央研究院化学研究所 [J]. 大学化学，2017,32(03):75-83.

[15] 龚祖埙. 追怀曹天钦教授 [J]. 生命的化学 (中国生物化学会通讯)，1995(03):43-45.

[16] 郭贵春. 我记忆中的李约瑟博士和鲁桂珍女士 [J]. 科学技术哲学研究，2019,36(01):1-4.

[17] 郭俊桥. 平桂矿务局在抗战中的贡献评析 [J]. 桂林师范高等专科学校学报，2015,29(03):10-17.

[18] 郭世杰，李思孟. 李约瑟致张资珙的两封信 [J]. 中国科技史料，2003(02):84-87.

[19] 韩琦. 关于 17、18 世纪欧洲人对中国科学落后原因的论述 [J]. 自然科学史研究，1992(04):289-298.

[20] 侯江. 抗战内迁北碚的中央地质调查所与中国西部科学院 [J]. 地质学刊，2008,32(04):317-323.

[21] 胡国有. 南京大学化学系 [J]. 化学通报，1982(01):58-60.

[22] 胡升华. 北平研究院物理研究所工作述评 (1929—1949)[J]. 物理，1997(10):57-62.

[23] 胡琰梅. 中央博物院筹备处在李庄 [J]. 档案与建设，2019(07):85-91.

[24] 怀念刘金旭先生 [J]. 畜牧兽医学报，1992(01):21.

[25] 黄晞. 李约瑟与竺可桢在贵州遵义和湄潭相处的日子 [J]. 中国科技史料，1990(01):61-64.

[26] 黄振霞. 约瑟博士在湄潭 [J]. 贵州文史天地，1997(06):22-23.

[27] 汲立立. 英国文化委员会与英国文化外交 [J]. 公共外交季刊，2014, 20(04):67-73+127.

[28] 简令成，蔡起贵，钱迎倩. 怀念我们的老师吴素萱教授 [J]. 植物学通报，1989(01):61-63.

[29] 金大勋. 回忆抗战时期的中央卫生实验院 [J]. 营养学报，2006(02):104-105.

[30] 金大勋. 刘金旭教授 [J]. 营养学报，1992(04):448-450.

[31] 金锋. 中国传统大型灌溉农具水车 [J]. 农业考古，2013, 127(03):2.

[32] 赖继年. 留英生与当代中国 [D]. 南开大学，2012.

[33] 李刚. 欧阳翥教授之死 [J]. 书屋，2004(08):45-48.

[34] 李国志. 抗战时期李约瑟三次黔中之行 [J]. 贵州文史丛刊，2000(03):70-73.

[35] 李润生. 平桂矿务局 [J]. 有色金属工业，1995(08):43-42.

[36] 李学通. 陈立夫与战时国防科学技术策进会研究 [J]. 自然科学史研究，2021,40(04):474-486.

[37] 李彦昌. 科学慈善、医学研究与帝国网络：上海雷氏医学研究院的创办过程 [J]. 自然科学史研究，

2022,41(03):273-288.

[38] 李约瑟. 中国科学与技术的现状和前景 [J]. 科学文化评论, 2008(05):5-29.

[39] 李仲棠, 彭增权. 我国目前最大的露天磷矿: 昆阳磷矿 [J]. 化工矿山技术, 1984(03):59-60.

[40] 李竹. 国立中央博物院筹备处 [J]. 中国文化遗产, 2005(04):26-28.

[41] 梁之彦教授逝世 [J]. 同济医科大学学报, 1986(04):247.

[42] 林珏瑞. 马骏超教授生平事迹 [J]. 武夷科学, 1993,10(01):5-7.

[43] 林珏瑞. 马骏超先生在福建省采集昆虫标本概况 [J]. 武夷科学, 1993,10(01):9-11.

[44] 刘秉阳, 范明远. 魏曦教授的科学生涯 (1903—1989)[J]. 中国微生态学杂志, 1989(01):144-150.

[45] 刘重来. 1938 年复旦大学迁校北碚夏坝. 炎黄春秋, 2018(01):82-85.

[46] 刘鼎铭. 国立中央博物院筹备处 1933 年 4 月—1941 年 8 月筹备经过报告 [J]. 民国档案, 2008(02):
27-33.

[47] 刘钝, 莫弗特. 郑晓沧: 科学诗、李约瑟及其他 [J]. 自然科学史研究, 2007, 104(04):537-550.

[48] 刘广宽, 王海云. 扬历史风范　创一流台站: 记南京地震台 74 年的发展与成果 [J]. 防灾技术高等专
科学校学报, 2006(02):28-32+35.

[49] 刘国忠. 李约瑟博士与工合的情缘 [J]. 国际人才交流, 2020, 366(11):58-60.

[50] 刘进宝. 华尔纳敦煌考察团与哈佛燕京学社 [J]. 中国典籍与文化, 1999(03):105-108.

[51] 刘敬坤. 八年抗战中的中央大学 [J]. 炎黄春秋, 2002(05):74-79.

[52] 刘琨. 约瑟夫·洛克在华种质资源采集活动述评 [J]. 世界农业, 2018, 476(12):208-212.

[53] 刘晓. 从李书华与李约瑟的通信看战时中英科学合作 [J]. 广西民族大学学报 (自然科学版), 2007,
45(03):49-52.

[54] 罗应梅, 黄凯, 汤润雪, 等. 国立贵州大学校长张廷休及思想研究 [J]. 教育文化论坛, 2017,9(02):60-
63.

[55] 梅兴无. 中国第一代病毒学家汤飞凡 [J]. 炎黄春秋, 2020, 342(09):88-93.

[56] 潘吉星. 记李约瑟博士 1986 年最后一次中国之行 [J]. 自然杂志, 2005(02):119-123.

[57] 潘济华. 论豫湘桂战役期间战时 "农都" 的财产损失 [J]. 广西师范大学学报 (哲学社会科学版),
2016,51(01):91-96.

[58] 裴晓红. 风雨同舟话当年: 记曾经在贵州省农业改进所工作过的农业科学家 [J]. 贵州农业科学,
2005(S1):123-125.

[59] 彭淑敏. 为国育才 自强不息: 抗日战争时期的福建协和大学 (1938—1945)[J]. 民国研究, 2013(01):75-95.

[60] 钱建明. 抗战时期迁都重庆之中央研究院 [J]. 民国档案, 1998(02):3-8.

[61] 钱临照. 记李约瑟与《科学前哨》[J]. 自然辩证法通讯, 1995(05):41-42.

[62] 钱临照. 释墨经中光学、力学诸条 [A]//. 李石曾先生六十岁纪念论文集 [C]. 昆明: 北平研究院总办
事处, 1942.

[63] 钱永红 . 李约瑟与竺可桢的中国科学史研究 [J]. 山东科技大学学报 (社会科学版), 2011,13(06):7-18.

[64] 青宁生 . 我国首个微生态药品的创意者: 刘秉阳 [J]. 微生物学报, 2012,52(04):538-539.

[65] 邱晓娇 . 李约瑟与战时 "中英科学合作馆" 研究 [J]. 山西科技, 2019,34(06):78-81.

[66] 裘索 . 从事教育工作五十多年的高济宇教授 [J]. 化学通报, 1982(10):54-56+11.

[67] 萨本仁 . 抗日战争中的李约瑟博士 [J]. 抗日战争研究, 1997(02):193-207.

[68] 赛光平 . 论抗战时期的中央工业试验所 [J]. 民国档案, 1995(02):105-111.

[69] 邵俊敏 . 抗战工业史上的奇葩: 资源委员会中央机器厂研究 [J]. 兰州学刊, 2012, 222(03):60-65.

[70] 沈其益, 杨浪明 . 中华自然科学社简史 [J]. 中国科技史料, 1982(02):58-73.

[71] 沈祖炜 . 清末商部、农工商部活动述评 [J]. 中国社会经济史研究, 1983(02):100-110.

[72] 舒跃育, 汪李玲 . 一对中国夫妇与李约瑟博士的交往 [J]. 自然辩证法研究, 2019,35(10):83-89.

[73] 孙宅巍 . 抗战中的中央研究院 [J]. 抗日战争研究, 1993(01):141-156.

[74] 唐凌 . 柳州沙塘: 抗战时期的中国 "农都" [J]. 古今农业, 2015,105(03):72-82.

[75] 潘涛 . 从 "雪中送炭" 到 "架设桥梁": 竺可桢 20 世纪 40 年代日记中的李约瑟 [J]. 广西民族大学学报 (自然科学版), 2007, 45(03):36-48+58.

[76] 汪丰云, 顾家山, 蔡菊, 等 . 中国化学史系统研究的创始人: 李乔苹 [J]. 化学教育, 2012, 33(07):77-80.

[77] 汪洪亮 . 蜀中学者罗忠恕人生史研究的学术意义 [J]. 四川师范大学学报 (社会科学版), 2017,44(04):166-173.

[78] 王福海, 黄为民 . 蔡堡与抗战时期的中国蚕桑研究所 [J]. 钟山风雨, 2012, 71(04):55-56.

[79] 王福海, 黄为民 . 抗战时期的中国蚕桑研究所 [J]. 中国蚕业, 2006(02):99-100.

[80] 王公, 杨舰 . 李约瑟与抗战中的中国营养学 [J]. 自然科学史研究, 2021,40(02):246-261.

[81] 王佳楠, 杨舰 . 清华大学农业研究所的创建及发展: 战争与科学视角下的解析 [J]. 自然辩证法通讯, 2020,42(07):62-68.

[82] 王进东 . 心系西部建设 献身科研事业: 记我国冻土学家程国栋院士 [J]. 科协论坛, 2002(10):37-38.

[83] 王静 . 中国参与联合国创建的经过 [J]. 文史精华, 1995(10):4-12.

[84] 王俊明 . 民国时期的中央工业试验所 [J]. 中国科技史料, 2003(03):31-42.

[85] 王奎 . 商部 (农工商部) 与清末农业改良 [J]. 中国农史, 2006(03):3-12.

[86] 王淼, 赵静 . 李约瑟与竺可桢往来书信 (1950—1951)[J]. 广西民族大学学报 (自然科学版), 2020,26(01):24-29.

[87] 王钱国忠 . 曹天钦谢希德与李约瑟博士的深厚友谊 [J]. 科学新闻, 2000, 142(22):22-23.

[88] 王钱国忠 . 李约瑟与上海建筑师曹慈凯的交往 [J]. 档案春秋, 2008(04):26-27.

[89] 王扬宗 . 李约瑟识小二题 [J]. 科学文化评论, 2005(03):90-94.

[90] 王长兵, 张子军, 严城民. 云南省地质与矿产勘查的主要参考资料综述 [J]. 云南地质, 2018,37(04): 522-526.

[91] 韦浩明. 抗战时期的平桂矿务局 [J]. 广西地方志, 2004(02):46-50+20.

[92] 魏元光先生介绍 [J]. 承德石油高等专科学校学报, 2009,11(04):97.

[93] 夏辉. 纪念医学微生物学家刘秉阳教授 [J]. 中国医学人文, 2017,3(04):19-22.

[94] 萧惠英. 王吉民与医史博物馆 [J]. 医古文知识, 2003(02):31.

[95] 谢盛林. 著名爱国美籍华人李振翩教授 [J]. 湖南党史月刊, 1988(12):18-19.

[96] 徐凡. 抗战时期的国防科学技术策进会 [J]. 中国科技史杂志,2017,38(01):49-65.

[97] 徐凡. 抗战时期的国防科学技术策进会 [J]. 中国科技史杂志,2017,38(01):49-65.

[98] 徐伟. 西北史地考察团在敦煌 [J]. 艺术评鉴, 2017, 542(15):133-134.

[99] 徐迂亭. 李约瑟博士与中国科学 [J]. 自然杂志, 1980(12):17-18.

[100] 许立言, 叶晓青. 抗战时期李约瑟在中国的科学活动 [J]. 自然杂志, 1981(09):647-650.

[101] 许良廷. 邓稼先轶事 [J]. 党史纵览, 2004(07):24-28.

[102] 许为民, 张方华. 李约瑟与浙江大学 [J]. 自然辩证法通讯, 2001(03):65-68.

[103] 杨海挺. 西南联大清华大学国情普查研究所在呈贡 [J]. 思想战线, 2011,37(S1):195-197.

[104] 杨家润. 李约瑟与复旦大学 [J]. 档案与史学, 2001(02):50-52.

[105] 杨榕青, 李艳. 汤飞凡在云南 [J]. 云南档案, 2018, 316(06):28-30.

[106] 杨阳. 民国西北防疫处述论 [J]. 新乡学院学报, 2017,34(01):52-56.

[107] 杨振宁. 我的学习与研究经历 [J]. 物理, 2012,41(01):1-8.

[108] 尹晓冬, 姚远. 1945 年李约瑟博士访问西北大学初探 [J]. 西北大学学报（自然科学版）, 2013,43(04): 670-676.

[109] 尹晓冬, 朱重远. 张宗燧与科学大师们 [J]. 物理, 2015,44(07):460-468.

[110] 尹晓冬. 李约瑟博士与力学家胡乾善的交往 [J]. 科学文化评论, 2013,10(02):104-110.

[111] 尹赞勋. 计荣森先生传 [J]. 地质论评, 1942(06):323-336+400.

[112] 于鑫, 白欣, 刘树勇. 民国时期科学馆的科学教育活动研究 [J]. 自然辩证法研究, 2018,34(01):75-81.

[113] 于鑫, 白欣, 索南昂修. 民国贵州省立科学馆的科普工作 [J]. 科普研究,2017,12(02):96-104+110.

[114] 余廷明, 周星. 李约瑟与中英科学合作馆 [J]. 西南师范大学学报（哲学社会科学版）, 1996(01):84-87.

[115] 约瑟夫·A.万斯, 李文达, 王训练. 纪念彼得·米士教授 [A]// 中国地质学会地质学史研究会, 中国地质大学地质学史研究所. 地质学史论丛（4）[C]. 地质出版社,2002:6.

[116] 查有梁. 李约瑟与四川石室中学 [J]. 中华文化论坛, 1996(01): 108-109.

[117] 詹永锋, 王洪波, 邓辉. 民国时期中国地理研究所钩沉 [J]. 地理研究, 2014,33(09):1768-1777.

[118] 张大庆. 中国医学人文学科的早期发展：协和中文部 [J]. 北京大学学报（哲学社会科学版）, 2011,48(06):124-129.

[119]张凤琦.抗战时期内迁西南的中央研究院[J].抗战文化研究,2014(00):22-35.

[120]张珂.多彩的人生:著名地质学家、登山运动员、水彩艺术家米士教授[A]//广东省地质学会,中国国土资源作家协会.山语清音:第二届地学文化建设学术研讨会文集[C].羊城晚报出版社,2012:10.

[121]张藜.萨本铁的前半生[J].中国科技史杂志,2006(04):287-304+284.

[122]张玲.一本诞生于抗战硝烟中的珍贵药书:《滇南本草图谱》[J].云南档案,2020,346(10):29-31.

[123]张森水.周口店研究的主要成果和周口店精神:纪念北京人第一头盖骨发现60周年[J].文物春秋,1989(03):1-12.

[124]张晓明.抗战时期广西农事试验场的科研活动[J].沧桑,2010,112(10):133-134.

[125]赵惠康,杨爱华.金陵大学的三位联合国中国委员、顾问与教育电影:重读《回顾我国早期的电化教育》有感[J].电化教育研究,2009,189(01):108-113.

[126]赵惠昆.抗日战争时期云南的独特贡献[J].云南社会主义学院学报,2015,66(02):5-12.

[127]赵慧芝.任鸿隽年谱[J].中国科技史料,1988(02):52-62+16.

[128]赵慧芝.著名化学史家李乔苹及其成就[J].中国科技史料,1991(01):13-24.

[129]赵正.民国时期中央工业试验所的木材工业研究[J].咸阳师范学院学报,2017,32(02):38-43.

[130]郑集.梁之彦教授传略[J].生命的化学(中国生物化学会通讯),1987(01):3-4.

[131]郑集.一个生物化学老学生的自述:为祖国生化发展而奋斗[J].生理科学进展,1984(02):97-100.

[132]智效民.皈依佛法的数学家王季同[J].文史月刊,2015,314(08):45-50.

[133]周宁.国立中央研究院概况(1928—1948年)[J].民国档案,1990(04):55-69+12.

[134]周佩德.周仁传略[J].科学,1987(01):58-64+80.

[135]周肇基.李约瑟博士在甘肃[J].社会科学,1988(06):103-106.

[136]朱莲珍.中央卫生实验院的组建及其变迁[J].营养学报,2015,37(02):113-114.

[137]邹开歧.东北大学在三台[J].四川党史,1997(04):43-44.

[138]邹源椋,王伦信.抗战时期高校内迁与云南大学的师资建设[J].高等教育研究,2019,40(01):86-92.

[139]邹源椋.抗战时局变迁中的政学关系:以云南大学省改国立为中心的研究[J].学术探索,2019,239(10):151-156.

[140]Barrett G. Picturing Chinese science: wartime photographs in Joseph Needham's science diplomacy[J]. The British Journal for the History of Science. 2023, 56(2):185-203.

[141]Mougey, T. Needham at the crossroads: history, politics and international science in wartime China (1942-1946)[J]. The British Journal for the History of Science, 2017, 50(1): 83-109.

后 记

刘　晓
2023 年 12 月 15 日

　　20 世纪二三十年代，随着职业科学家群体的形成，政局总体趋向稳定，中国现代科学事业初步完成了体制化，表现为科技社团的次第成立、高等教育的规范发展、中央研究院以及科研相关政府部门的设立。而抗战时期是现代科学扎根本土社会，科学与国家关系面临转型的关键阶段。来自科学革命故乡的李约瑟系统地考察了现代科学在后发国家的境况，并深入探寻中国传统社会中的科学技术及其应用，进而思考科学与社会发展的互动关系，以及未来科学的组织与合作。"李约瑟之问"成为科学史研究中著名的启发性问题之一，不仅在于全面总结了中国古代科学技术成就，更因为抓住了现代科学在不同社会中如何发生与发展的关键问题。

　　自 20 世纪 70 年代末以来，中国现代科技史研究破冰起航，西学东渐史、科技社团机构史、教育史特别是留学史等，都取得了扎实丰硕的成果。抗战时期科技也在近 20 年进入了历史研究的窗口期。李约瑟作为抗战后期中国科学的见证者和参与者，广泛接触科学界人士和机构，积累了丰富的照片、报告和日记资料，还对中国科学的现状和前途有所评价，其史料价值和理论意义越来越引起重视。剑桥李约瑟研究所图书馆经过多年的档案整理工作，2015 年将这批珍贵的照片和日记完成数字化，湖南教育出版社及时策划了该选题，在李约瑟研究所所长梅建军教授的支持下，由中国科学院近现代科技史研究者刘晓和李约瑟研究所图书馆馆长莫弗特合作完成此书。其中，莫弗特负责资料和图片的整理，刘晓负责文字撰写。

　　李约瑟是中国现代科技史研究绕不开的人物。笔者在以"北平研究院"为题做博士论文的时候，便注意到他在来华前夕即被北平研究院聘为通讯研究员，北平研究院总办事处所在的昆明也是他战时中国之旅的第一站。二战结束不久，由北平研究院选派留法的钱三强曾来到剑桥等地，是他们半个世纪友谊的发端。李约瑟被中国学者誉为"雪中送炭的朋友"，在《中国科学技术史·物理学卷·第一分册》的题献中，他则心有灵犀地称钱三强为"雪中送炭的儒士与骑士"。2014 年，笔者获李氏基金访学李约瑟研究所，从事中英核科技交流的研究，并完成《国立北平研究院简史》的定稿。"明窗数编在，长与物华新"，阅览室中不同版本的《中国科学技术史》令人望而生畏，但走廊上标有旅行路线的战时中国地图却引人驻足，于是倍感荣幸也不免冒失地领受了任务。

在抗战期间颠沛流离和与世隔绝的条件下，科研教育机构的史料尤其是照片弥足珍贵，因此最初的设想是以图片为中心，围绕具体图片讲故事，只需配文字说明即可。显然，这种理解和计划过于简单。从图片入手，不唯很多场景和人物难以直接辨认，而且失去了故事主线和李约瑟的感受，更不用说照片无法全面反映李约瑟到访的地点，甚至只能算是一小部分。因此，只有结合李约瑟的日记、报告和信件，突破人名地名等障碍，彻底整理李约瑟的在华行程，将照片"镶嵌"于战时中英科学合作的大背景之下，才能充分发挥这批照片的价值。

关于李约瑟来华的机缘，笔者挖掘了英国文化委员会科学部秘书长柯如泽这一关键人物。两人同属剑桥左派，柯如泽是李约瑟来华的举荐者，而且共同推动战后国际科学合作组织的创建。后来翻译了李约瑟《科学以及战后世界组织中国际科学合作的地位》长篇报告，他在华开展科学合作的经验，为其发起并主持联合国教科文组织科学部提供了依据，同时说明李约瑟对现代科学的特质和未来组织有过深入的思考。

通过解读旅行报告和日记，对照地图，李约瑟的几次长途旅行得以全面呈现，而集中访问昆明和重庆的教学科研机构，则以单独章节进行介绍，全部照片也以更为合理的顺序穿插其中。几年里，笔者曾前往云南、福建、甘肃、陕西、四川等地，总是与李约瑟的足迹不期而遇。以这些行程为主线，许多场景和回忆便可以连缀起来，也让路途中的艰难险阻，平添了传奇色彩。

更重要的是，随着李约瑟访问行程的明晰，他心目中的科学形象也显露出轮廓：不仅在于教育科研机构的科学家和实验室，而且包括基础建设与经济发展、战时科学的动员与贡献、国际援助与合作的通道机制等，他甚至深入东南和西南前线了解战局发展，参观兵工厂与战地医院，现场目睹战争造成的破坏。这也提供了我们研究民国科技史的新颖视角。因此，现代科技史上的李约瑟，还有许多问题值得探讨。当前李约瑟的资料整理修订仍在持续，他在 20 世纪后半叶中英科技交流中的贡献也会得到更高的评价。我们看到，越来越多的学者正在作出令人瞩目的工作。

本项目开始于 2015 年。李约瑟研究所图书馆已有较好的资料基础，合作者莫弗特整理了数字化的照片和日记、报告，并对文字写作予以指导。在此我们共同感谢李约瑟研究所董事会以及梅建军所长、自然科学史研究所原所长刘钝教授对本项目的支持。中国科学院大学王扬宗教授多次悉心指导，解惑答疑，湖南教育出版社李小娜女士、曹卓卓女士对本书写作进度极为关注，为编辑和设计投入巨大的精力。犹记本书启动之际，出版社邀请樊洪业先生和我们一起考察湖南抗战遗址，大家流连忘返，至今历历在目。

写作中还得到了许多师友的帮助和鼓励。李约瑟研究所访学期间，遇到了佐佐木力教授、厚宇德教授、胡大年教授等许多学者，与他们的谈话总是让我获益匪浅，王晓博士从出版角度研究李约瑟的大书，让人深受启发。王洋、黄继辉、杨子轩等研究生参与过资料整理。中国科学院大学优秀教师科研能力提升项目和国家出版基金为本课题研究和出版先后提供了资助。其时也恰逢笔者从自然科学史研究所转往中国科学院大学教书，人事更迭，诸事缠身，以致此书延宕日久，陪伴走过不堪岁月。李约瑟最后的北方之旅，曾驻足汉长安未央宫旧址，抚古惜今，现在那里已被列为丝绸之路起点。正像本书的完稿，虽有许多不尽如人意之处，但预示着新的开始。

刘 晓

中国科学院大学科学技术史系教授,《科学文化评论》副主编,中国科学技术史学会中国现代科技史专委会秘书长,李约瑟研究所之友联谊会秘书长。著译有《卷舒开合任天真——何泽慧传》《国立北平研究院简史》《丘吉尔的原子弹》《美国科学史》《科学通史——从哲学到功用》等。

邮箱:liuxiao@ucas.ac.cn

莫弗特(John Moffett)

英国剑桥李约瑟研究所东亚科学史图书馆馆长。

邮箱:jm10019@cam.ac.uk

本书顾问:刘 钝 梅建军 王扬宗

策 划:李小娜

组 稿:李小娜 曹卓卓

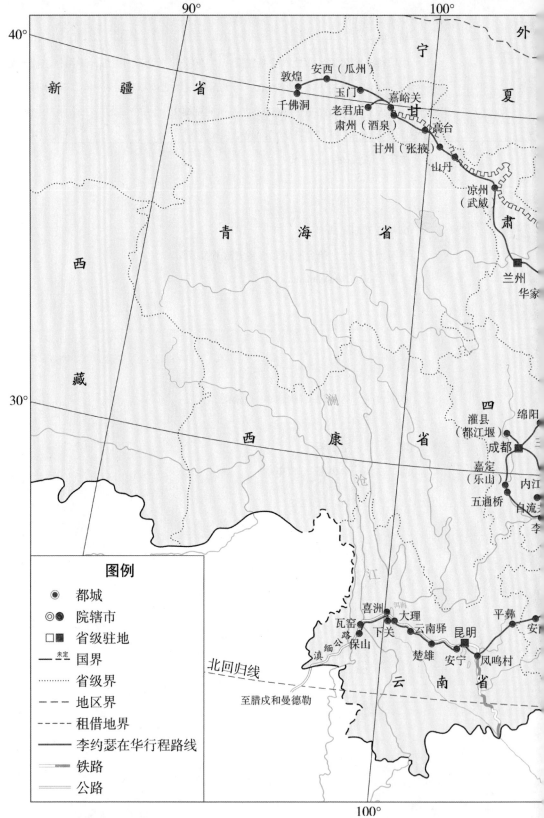

李约瑟在华行程路线图（1943—1946）

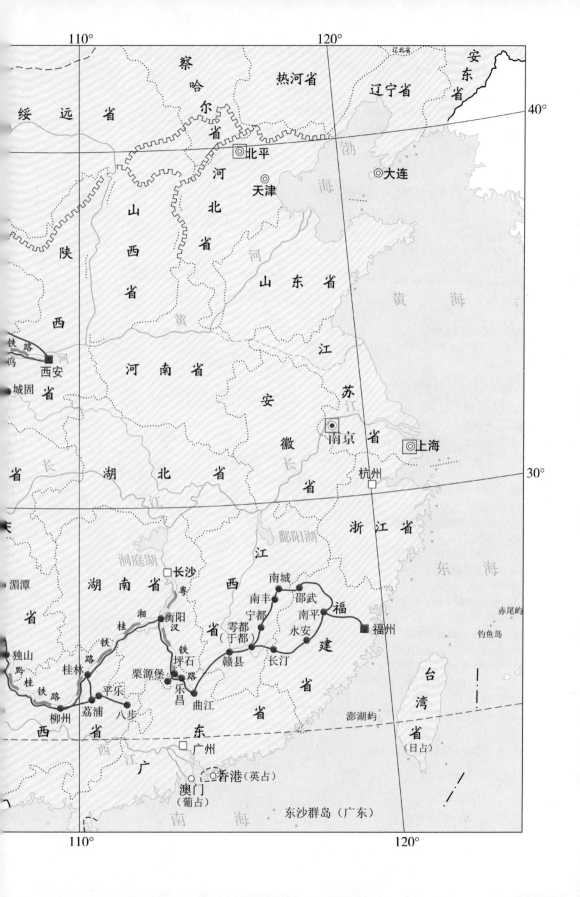

图书在版编目（CIP）数据

李约瑟镜头下的战时中国科学 / 刘晓，（英）约翰·莫
弗特著 . — 长沙：湖南教育出版社，2023.12
ISBN 978-7-5539-9963-0

Ⅰ . ①李… Ⅱ . ①刘… ②约… Ⅲ . ①科学事业史 –
史料 – 中国 – 近代 Ⅳ . ① G322.9

中国国家版本馆 CIP 数据核字 (2023) 第 255841 号

李约瑟镜头下的战时中国科学
LIYUESE JINGTOU XIA DE ZHANSHI ZHONGGUO KEXUE

刘晓　［英］约翰·莫弗特　著

责任编辑　　曹卓卓
责任校对　　朱艳红　吴斌　胡婷　王怀玉
书籍设计　　肖睿子

地图编制　　湖南地图出版社
出版发行　　湖南教育出版社
社　　址　　长沙市韶山北路 443 号
邮政编码　　410007
印　　刷　　湖南省众鑫印务有限公司
经　　销　　全国新华书店等
字　　数　　807 000
开　　本　　710 毫米 × 1000 毫米　1/16
印　　张　　56.25
版　　次　　2023 年 12 月第 1 版
印　　次　　2023 年 12 月第 1 次印刷
书　　号　　ISBN 978-7-5539-9963-0
审 图 号　　GS（2023）4660 号
定　　价　　236.00 元

Ling Shao-Wen's biol. lab. Lunch @
mess — had djiang bao rjo again.
In aft. wrote; Tea in. Dinner at Mr.
Chen's with Bob Drummond (Amer +)
Major Gould & Gen. Lu. Lots of Master &
comic Drummond-Gould argument.

Thurs. 10th. | typed Kweiyang memo for
            | office morning & afternoon.
lunch in mess (djiang bao rjo again)
tea in — dinner in mess with famous
winter stunning Fo-Hsi. Polit. discn, after and

Fri. 11th | engine repairs finishing in the
          | morning; went to BMM and
got alcohol 150 gals. tea c Gould, Hemingway
Kweiyang pres chee Shih & wife.
Got 30,000 from Gould
In erg. dinr in town + Lings & Chono   1400

Sat. 12th. (OFF)   tip to servant 600

Seen off by Lu, Ling, Chono, Liu, Li & Ting!
Through Sanchiao station
9 am
through Chengtjen 清鎮
hsien 10 am
through Pingba 平垻
(really 平壩 like
Shapingba) hsien 11 am
lao Anhsün 安順 93 km

   1. Munch ta chia ablast
            627

Miao tribeswoman met on the
road; headdress hats like B pointed up,
upper dress very wide break;
pleated skirt

dark
blue
check

paler
blue
show
breasts

you have a whole side ring neck

and recapture of Lunghai by the Ch;
but Kweilin and Wuchow gone

Mon 25th. Off @ 8 after delicious bkft.
Coffee etc. | messbill 275   dep. Yungping
Got to Hsiakuan after
uneventful trip 1½, lunched on pears &
sweet shaoling, off for Hsichow after
getting 70 gals - alc OK
6 days late Lao Hsichow 6 pm after
2 nasty muddy places.   Reunion.

dep Hsichow
Tues 26th around the
rich Tali
Packed vale
Lecture at 11 neighbhd
World-Outlook landonners
of Science → Tea wear flat
Lunch c̄ Hsiaos hat covered
off @ 2½. with bright
Stopped awhile green-shiny
circuiting Tali oilcloth
to examine one and blue
of the pagodas bright
with △. blanket.
Lovely view Hat has pointed
& quiet smoke - & decorated streamers

k quiet smoke - Her lumbago much better.
Reached Hsiakuan 5½ & installed in Yen
family (great merchant) house, by kind
arrangement of Pres. Wei. Major-domo
楊丈 文 Mr. Took Chih-De to 27th. Amer-
Field Hosp. Major Romberg to fix appointm

Fri. Jun 16th. up @ 5, couldn't be because rainclouds dark. Booked room against return.

Got to Liangfeng through bad rain & had bkfst & nice of yutiao & douch Then up to Geol Institute & took so 20 pictures of Li Se-Kuang's objects (a slab distortions and right-angle bent pebble). Of @ 7½.

scenery typical characteristic Kuangsi-Kue peaks standing out of the plain.

Reached Lipu 荔浦 10 am just 100 km from Kweilin

Road surface very variable, in ge rough but not much traffic, spoilt big torrent runoffs, where spoilt Consid. anim. husbandry here and thin.

ferry before Pinglo 平樂 noon. no restaurant there so on & on Tongan 同安 1¼ - 1½ tea & pro on the 3 pm dao Chungshan 鍾山 & had lunch. People, as gener

9/5

桂林

源頭

恭城 104

八米

平樂 34 87 39 鐘山 23 150 to Pingle 縣

柳江 65 34 蒼梧 賀縣 蓮縣

Liu–Lipu 104 }138
– Pinglo 34
lo – Chungshan 87 }126 }160
ungshan – Bapu 39
– Liuchiang 65 }138
hiang – Liuchow 73

⅔ ferry
✳ Amer RC Misoⁿˢ

298

¶ Best information available at
pu is that Bapu – Lienhsien road is
ing repaired and will be ready in 10 days
Pinglo & Chungshan road in many
ches permits 40 mph & much better
n it looks.

urious bridge between Tongan and
gshan, a floating boat built the width
e river, and permanently moored.

ile crossing river @ Pinglo saw a
f boats coming up with a capstan on
r one winding in a rope i.e. the pullers
e ship and not on the shore! ✡

90

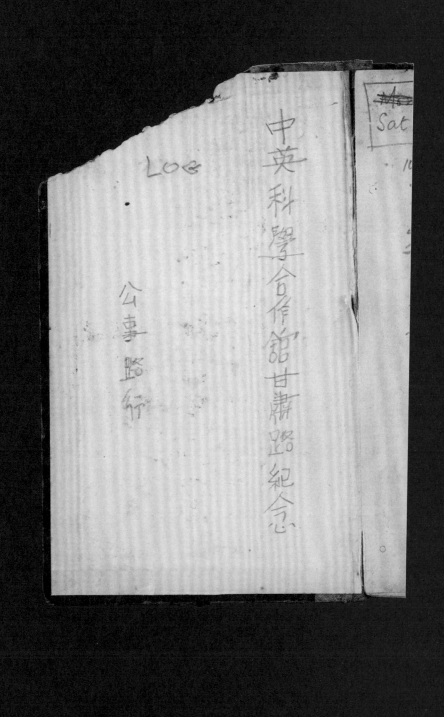

中英科學合作館甘肅路紀念

LOG

公事路行

狄 馬 可

Ti Ma-Kõo   Marco (Pol?)

Dixon Malcolm

林 莰 謀

Fenby 何納安

Holbrech

高 茹 書

Crowther   "cloudy but bright"

MS苦 施 陜 壆 霷   霷

Mai-Chih first

山 如 怦 pên stupid clumsy

續 pin confused

檳 ping betel

平 ping ordinary

山若 萍 ping duckweed, drifting

孫 光 俊 ✓

王 萬 ✗ 盛

} Yun
  sto

Seals wanted

斐

王大業章 Yunen stone

陽桂珍 Yunen stone

黃興宗 ✓ Yumen stone

廓威 廖鴻英

廖鴻英 ✓

㐌[師]問 歐陽幸 歐陽幸

南太安

梅 mei   傲 Ao-Mei   梅 After Kennedy Winter
or 麥 Mai   薔 wild   薔
wheat   sprout   strawberry

王 蕾 玲

愛 靈 Spirit of love   理 Mrs Lee Nutze 利 利
or 梨 苙

蘭 Grandiflora orchid   庭 ting court   苙 monkey nut

德 繡 Lac Teh-Hiu embroidery   呂 麗

世仁   沈詩章

王應來

over a coupla nights here & we'll take him
on to rejoin the convoy @ Shuangshihpu

41   Lunch 2400 at Bus Station.
Started on typing reports   With Ellison
in afternoon.   to Tingdze up
Out for walk with △ ~~the~~ before supr.

    Dg. aft. at tea time aching pain
in left ~~t~~ lime on, crushed while
sitg. crosslegged in truck ?
Tiresome.

    Supr in but no appetite.
Some other guests with children
made a moon-altar in the great
courtyard with its pond and the moon
came up lovely.   Sandalwood burning.
KW & LL to supr. Visited the Taose's moon-
altar in the temple courtyard — v. small

中
秋

           hts. &
           woods behind

— red   太陰
           星
           神
           位

3 cups of wine
incense
candles
plats. of fruit & mooncakes

黃金華 knew us from the newspapers & wouldn't accept any money saying it was omangte yingkai (duty) Then through a middle-sized salt-boiling village and along above the swollen Foudjiang till 3 km within sight of Mienyang 綿陽. Negotiated a severe subsidence of a culvert and on to the ferry but no chance of crossing. A small stone bridge almost submerged and then a roaring flood. No ferry working.

So back to the truck and after some enquiries found an empty air-raid evacuation house (belonging to a bank), 宋大太 v. kind & got v. nice rooms, set up everything and had nice super, opened 1 tin butter & 1 of jam.

Night v. bad; continuous thunder and lightning, couldn't sleep much, pouring rain. In the morning on going our to

from C'tu
成.
extending
3 km.

A ferry-pt.
B large 龍王 temple full of soldiers
C Bank house
D house beside the road, where we parked our truck
E culvert subsidence
F short stone bridge, wch on the 31st.
G shops, carried away
Arrow shows water com

Fri. 31st

at Mien

甘肅

敦煌

Joseph Needham, October 1943

Most of my nos. appear to be Chang nos. and need conversion to Tunhuang Institute nos. (1960)

to the N

10

und

e above

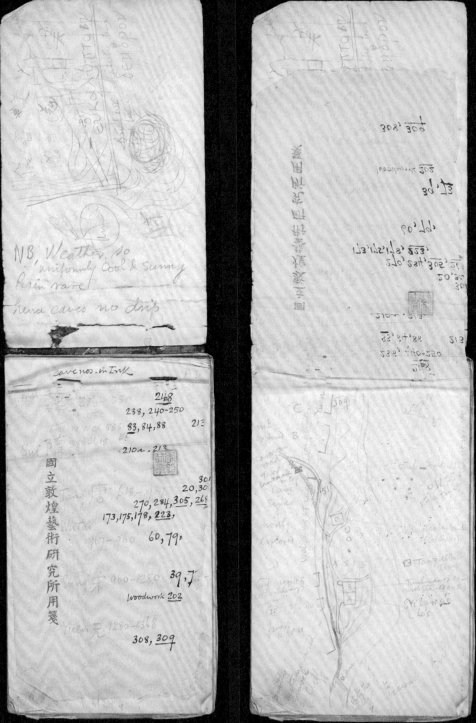

NB, Weather no
'uniformly cool & sunny
Rain rare
Hena caves no drip

Caveno. in Ink

248
238, 240-250
83,84,88   213
210a . 213
                301
            20,30
270, 284, 305, 268
173,175,178, 223,
60,79,
39, 7,
Woodwork 202
308, 309

國立敦煌藝術研究所用箋

注　意

一　駕駛人駕駛車輛時應遵守駕駛人管
　　理規則及其他一切公路交通規章
二　駕駛人執照祇准本人使用不得轉借
　　冒替
三　駕駛人須隨車這帶執照遇有檢查應
　　即交驗
四　執照所登記各項如有異動時應即報
　　告所在地公路交通管理機關聲請變
　　更登記
五　執照如有損毀或遺失時須取具保證
　　書至原發照機關聲請補發
六　駕駛人缺到公路交通管理機關通知
　　或傳訊時應按時親自報到不得遲延
七　駕駛人執照遇達章吊扣或因特種規
　　定須暫時繳存外得由領照人永遠存
　　執惟每年四月一日至六月三十日遵
　　請所在地公路交通管理機關查驗一
　　次

1

國交字 11242 號

姓名　李納瑟

年齡　43

籍貫　英國

照期　發日 32 年 7 月 30 日

補照　期日

年　月　日

經發执照機關

盖　章

2